工业和信息化精品系列教材

PHP 网站开发实例教程

黑马程序员 ◎ 编著

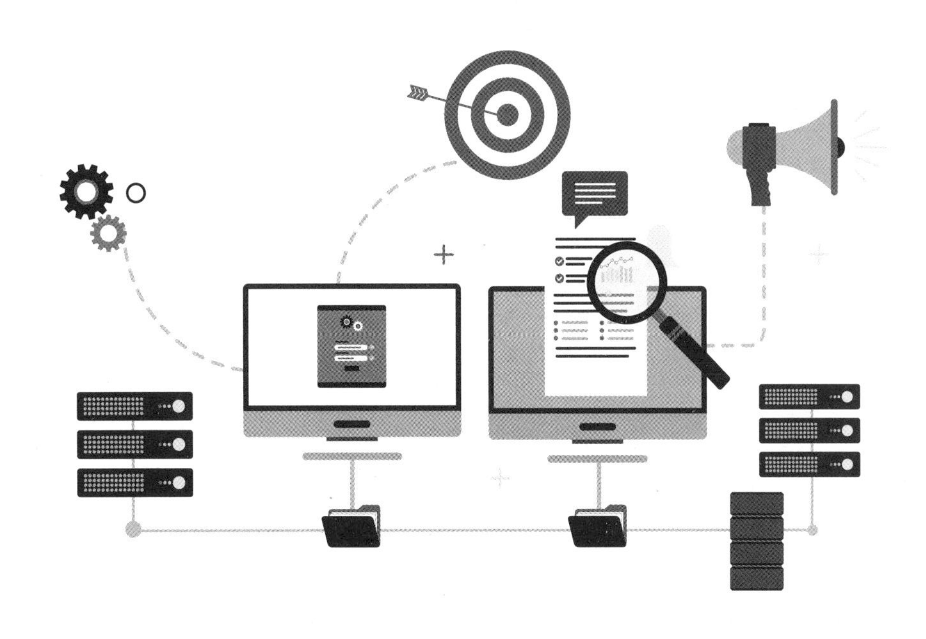

人 民 邮 电 出 版 社
北 京

图书在版编目（CIP）数据

PHP网站开发实例教程 / 黑马程序员编著. -- 3版
. -- 北京 : 人民邮电出版社, 2024.5
工业和信息化精品系列教材
ISBN 978-7-115-63654-6

Ⅰ. ①P… Ⅱ. ①黑… Ⅲ. ①PHP语言—程序设计—高
等学校—教材 Ⅳ. ①TP312.8

中国国家版本馆CIP数据核字(2024)第023420号

内容提要

本书作为面向 PHP 初学者的入门级教材，以通俗易懂的语言、丰富的图解和实用的案例，详细讲解如何使用 PHP 开发网站。

全书共 11 章。第 1 章讲解 PHP 开发环境的搭建，第 2～5 章讲解 PHP 基础知识，第 6 章讲解 PHP 面向对象编程的相关内容，第 7 章和第 8 章讲解 PHP 框架的基础知识，第 9 章讲解 PDO 扩展和 Smarty 模板引擎，第 10 章和第 11 章讲解项目实战和 Laravel 框架。

本书适合作为高等教育本、专科院校计算机相关专业的教材，也可作为广大计算机编程爱好者的自学参考书。

◆ 编　　著　黑马程序员
　责任编辑　范博涛
　责任印制　焦志炜
◆ 人民邮电出版社出版发行　　北京市丰台区成寿寺路 11 号
　邮编　100164　　电子邮件　315@ptpress.com.cn
　网址　https://www.ptpress.com.cn
　山东华立印务有限公司印刷
◆ 开本：787×1092　1/16
　印张：13.5　　2024 年 5 月第 3 版
　字数：323 千字　　2025 年 1 月山东第 3 次印刷

定价：49.80 元

读者服务热线：(010)81055256　印装质量热线：(010)81055316
反盗版热线：(010)81055315
广告经营许可证：京东市监广登字 20170147 号

FOREWORD

序言

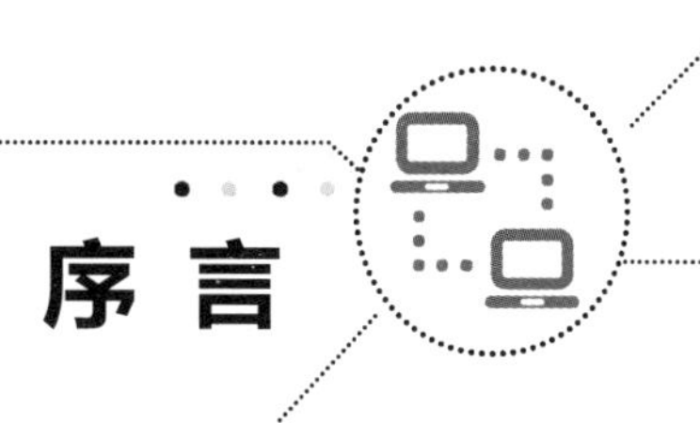

本书的创作公司——江苏传智播客教育科技股份有限公司（简称“传智教育”）作为我国第一个实现 A 股 IPO 上市的教育企业，是一家培养高精尖数字化专业人才的公司，主要培养人工智能、大数据、智能制造、软件开发、区块链、数据分析、网络营销、新媒体等领域的人才。传智教育自成立以来贯彻国家科技发展战略，讲授的内容涵盖了各种前沿技术，已向我国高科技企业输送数十万名技术人员，为企业数字化转型、升级提供了强有力的人才支撑。

传智教育的教师团队由一批来自互联网企业或研究机构，且拥有 10 年以上开发经验的 IT 从业人员组成，他们负责研究、开发教学模式和课程内容。传智教育具有完善的课程研发体系，一直走在整个行业的前列，在行业内树立了良好的口碑。传智教育在教育领域有 2 个子品牌：黑马程序员和院校邦。

一、黑马程序员——高端 IT 教育品牌

黑马程序员的学员多为大学毕业后想从事 IT 行业，但各方面的条件还达不到岗位要求的年轻人。黑马程序员的学员筛选制度非常严格，包括了严格的技术测试、自学能力测试、性格测试、压力测试、品德测试等。严格的筛选制度确保了学员质量，可在一定程度上降低企业的用人风险。

自黑马程序员成立以来，教学研发团队一直致力于打造精品课程资源，不断在产、学、研 3 个层面创新自己的执教理念与教学方针，并集中黑马程序员的优势力量，有针对性地出版了计算机系列教材百余种，制作教学视频数百套，发表各类技术文章数千篇。

二、院校邦——院校服务品牌

院校邦以“协万千院校育人、助天下英才圆梦”为核心理念，立足于中国职业教育改革，为高校提供健全的校企合作解决方案，通过原创教材、高校教辅平台、师资培训、院校公开课、实习实训、协同育人、专业共建、“传智杯”大赛等，形成了系统的高校合作模式。院校邦旨在帮助高校深化教学改革，实现高校人才培养与企业发展的合作共赢。

（一）为学生提供的配套服务

1. 请同学们登录“传智高校学习平台”，免费获取海量学习资源。该平台可以帮助同学们解决各类学习问题。

2. 针对学习过程中存在的压力过大等问题，院校邦为同学们量身打造了 IT 学习小助手——邦小苑，可为同学们提供教材配套学习资源。同学们快来关注“邦小苑”微信公众号。

（二）为教师提供的配套服务

1. 院校邦为其所有教材精心设计了“教案+授课资源+考试系统+题库+教学辅助案例”的系列教学资源。教师可登录“传智高校教辅平台”免费使用。

2. 针对教学过程中存在的授课压力过大等问题，教师可添加“码大牛” QQ（2770814393），或者添加“码大牛”微信（18910502673），获取最新的教学辅助资源。

前 言　PREFACE

本书在编写的过程中，结合党的二十大精神进教材、进课堂、进头脑的要求，将知识教育与素质教育相结合，通过案例学习加深学生对知识的认识与理解，注重培养学生的创新精神、实践能力和社会责任感。本书的案例以实际需求为出发点进行设计，激发学生的学习兴趣和动手能力，并融入素质教育的相关内容，引导学生树立正确的世界观、人生观和价值观，进一步提升学生的职业素养，落实德才兼备、高素质和高技能的人才培养要求。此外，编者依据书中的内容提供线上学习资源，体现现代信息技术与教育教学的深度融合，进一步推动教育数字化发展。

本书在《PHP 网站开发实例教程（第 2 版）》的基础上进行改版，对书中的开发环境、知识点和案例进行了优化升级，主要改动如下。

① 将 PHP 版本从 7.2 升级到 8.2，将 MySQL 版本从 5.7 升级到 8.0。

② 将 Laravel 框架版本从 5.5 升级到 10.0。

③ 增加了对 PHP 基础知识的讲解，包括 PHP 语法基础、函数与数组、PHP 进阶、PHP 操作 MySQL 和面向对象等内容。

④ 目录结构更加清晰，各章学习目标更加明确，知识点讲解的顺序更加合理。

⑤ 融入素质教育相关内容。

◆ 为什么要学习本书

本书采用“知识讲解+案例实践”的方式安排内容，及时有效地引导学生将学过的知识点进行运用，培养学生分析问题和解决问题的综合能力。

◆ 如何使用本书

全书共 11 章，各章内容介绍如下。

- 第 1 章主要讲解 PHP 和网站的相关概念、开发环境的搭建，以及 Web 服务器的配置。
- 第 2 章讲解 PHP 语法基础，包括基本语法、变量、常量、表达式、数据类型、运算符、流程控制及文件包含语句。
- 第 3 章讲解 PHP 函数与数组，包括如何定义和调用函数，如何使用字符串函数、数学函数、时间和日期函数，数组的基本使用和遍历，以及常见数组函数的使用。
- 第 4 章讲解 PHP 进阶的相关知识，包括错误处理、HTTP、表单传值、会话技术、图像处理、目录和文件操作，以及正则表达式等。
- 第 5 章讲解如何使用 PHP 操作 MySQL，包括 MySQL 的获取、安装、配置和启动、登录，PHP 中的数据库扩展及 MySQLi 扩展的使用。
- 第 6 章讲解 PHP 面向对象编程，包括初识面向对象、类与对象的使用、类常量和静态成员、继承、抽象类和接口。

- 第 7 章和第 8 章主要讲解 PHP 框架的相关知识，内容包括初识框架、MVC 设计模式、框架的单一入口和路由、命名空间、自动加载、划分框架目录结构、使用 Composer 管理项目、框架基础搭建、反射、异常处理。
- 第 9 章主要讲解 PDO 扩展和 Smarty 模板引擎，包括如何使用 PDO 扩展，如何在自定义框架中封装数据库操作类，以及如何安装和使用 Smarty 模板引擎。
- 第 10 章讲解项目实战——内容管理系统，首先对内容管理系统的后台功能和前台功能进行详细的分析，再运用前面所学知识实现相关功能的开发。
- 第 11 章讲解 Laravel 框架，内容包括初识 Laravel、路由、控制器、视图、模型。此外，本书的配套源代码中还提供了使用 Laravel 框架实现内容管理系统的开发文档，以便学生拓展学习。

在学习过程中，建议读者一定要亲自动手实践本书中的案例。学习完一个知识点后，要及时进行测试与练习，以巩固学习内容。如果在实践的过程中遇到问题，建议多思考，厘清思路，认真分析问题产生的原因，并在解决问题后总结经验。

◆ 致谢

本书的编写和整理工作由江苏传智播客教育科技股份有限公司完成，主要参与人员有高美云、韩冬、王颖等，全体编写人员在编写过程中付出了辛勤的汗水，此外，还有很多试读人员参与了本书的试读工作并给出了宝贵的建议，在此一并表示由衷的感谢。

◆ 意见反馈

尽管编者付出了最大的努力，但书中难免会有不妥之处，欢迎读者朋友们提出宝贵意见。您在阅读本书时，如果发现任何问题或不认同之处，可以通过电子邮件与编者联系，来信请发送至 itcast_book@vip.sina.com。

传智教育 黑马程序员
2024 年 3 月于北京

目录

CONTENTS

第 1 章

初识PHP

学习目标

★ 熟悉 PHP 的概念，能够描述 PHP 的作用。

★ 熟悉 PHP 的特点，能够归纳 PHP 的 5 个特点。

★ 熟悉网站的概念，能够说出网站发展经历的 3 个时代。

★ 熟悉网站的访问，能够说出网站的访问流程。

★ 掌握 Visual Studio Code 的安装，能够独立安装和配置 Visual Studio Code。

★ 掌握 Apache HTTP Server 的安装，能够独立安装和配置 Apache HTTP Server。

★ 掌握 PHP 的安装，能够独立安装和配置 PHP。

★ 掌握虚拟主机的配置，能够根据需求配置虚拟主机。

★ 掌握访问权限的设置，能够根据需求设置虚拟主机的访问权限。

PHP 自发布以来，因其能够快速开发 Web 应用，具有丰富的函数并且开放源代码，故在 Web 应用开发中迅速占据了重要位置。为了使读者对 PHP 有初步的认识，本章将对 PHP 和网站的概念、Visual Studio Code 编辑器的安装、开发环境的搭建和 Web 服务器的配置进行详细讲解。

1.1 PHP 简介

1.1.1 PHP 概述

页面超文本预处理器（Page Hypertext Preprocessor，PHP）是一种跨平台、开源、免费的脚本语言，其语法风格融合了 C、Java 和 Perl 的特点。PHP 语法简单、易学，对初学者而言，可以快速入门。

PHP 最初是 Personal Home Page（个人主页）的缩写，它是其作者为了展示个人履历和统计网页流量而编写的一个简单的“表单解释器”（Form Interpreter）。后来，其作者使用 C 语言重新编写了这个表单解释器，用以实现对数据库的访问，将相应程序和表单解释器整合起来称为 PHP/FI。从最初的 PHP/FI 到现在的 PHP 7、PHP 8，PHP 经过了多次重新编写和改进，发展十分迅速。

PHP 运行在服务器端，通常用于开发动态网站，将数据库中的数据读取出来展示到页面，实现网站内容的动态变化，增强用户和网站之间的交互。

PHP 常见的运行环境有 WAMP 环境、LAMP 环境和 LNMP 环境。WAMP 环境由 Windows、Apache HTTP Server、MySQL 以及 PHP 组成；LAMP 环境将 Windows 换成 Linux，其他软件与 WAMP 相同；LNMP 环境将 Apache HTTP Server 换成 Nginx，其他软件与 LAMP 相同。在开发过程中，通常使用 Windows 操作系统，本书也是基于 Windows 操作系统搭建开发环境的。

1.1.2 PHP 的特点

PHP 应用广泛，深受开发者的欢迎，以下是 PHP 的特点。

1. 开源免费

PHP 是开源软件，且拥有庞大的开源社区支持，开发者可以免费使用。

2. 跨平台性

PHP 的跨平台性很好，方便移植，在 Linux 平台和 Windows 平台上都可以运行。

3. 面向对象

PHP 提供了类和对象的语法，支持面向对象编程。随着 PHP 版本的更新，PHP 面向对象编程有了显著的改进，能够更好地支持大型项目的开发。

4. 支持多种数据库

PHP 支持开放式数据库互连（Open Database Connectivity，ODBC），使用 PHP 可以连接任何支持 ODBC 的数据库，如 MySQL、Oracle、SQL Server 和 DB2 等。其中，PHP 经常和 MySQL 一起使用。

5. 快捷性

PHP 中可以嵌入 HTML，编辑简单、实用性强、程序开发快。而且，目前有很多流行的基于 MVC 设计模式的 PHP 框架，可以提高开发速度。例如，国外流行的 PHP 框架有 Zend Framework、Laravel、Yii、Symfony、CodeIgniter 等；国内也有比较流行的框架，如 ThinkPHP。

1.2 网站简介

PHP 在网站开发中发挥着重要的作用，它可以实现网页的动态变化，使网站的内容更加丰富。使用 PHP，可以实现不同类型网站的搭建，以满足用户的不同需求。本节将对网站的相关内容进行讲解。

1.2.1 网站概述

网站（Website）是指在互联网上根据一定的规则，使用超文本标记语言（HyperText Markup Language，HTML）制作的用于展示特定内容的相关网页集合。常见的网站类型有新闻、视频、购物、微博、论坛等，这些不同类型的网站可以满足用户的不同需求。

随着互联网技术的不断发展，网站的发展主要经历了以下 3 个时代。

1. Web 1.0 时代

Web 1.0 时代也称为数据展示时代，以数据为核心。网站的主要功能是展示信息，供用户浏览，用户和网站之间没有交互，这样的网站也被称为静态网站。静态网站的网页主要通过 HTML、CSS 和 JavaScript 搭建。

2. Web 2.0 时代

Web 2.0 时代也称为用户交互时代，以用户为核心。网站根据用户的选择和需求，筛选和处理数据，并将其动态地展示给用户，此时的网站被称为动态网站。为了实现这种互动和动态性，后端语言成为必不可少的工具，用于对后台逻辑和数据进行处理。

3. Web 3.0 时代

Web 3.0 时代强调以用户为主导，用户在浏览网站时有更大的自由空间。系统更加智能，可以自动匹配用户所需要的数据，最直观的体现就是大数据、人工智能等技术的应用。

从网站发展的 3 个时代可以看出，网站的发展由以数据为主变成了以用户为主，将用户从信息获取者演变成数据主导者，最终目标就是让网站变得智能化，更好地服务用户。

1.2.2　网站的访问

通常情况下，用户通过在个人终端（如计算机、手机）上的浏览器中输入访问地址来访问相应网站。访问网站其实访问的是目标主机（服务器）中的某一个资源，这些资源通过超文本传送协议（HyperText Transfer Protocol，HTTP）或超文本传输安全协议（HyperText Transfer Protocol Secure，HTTPS）传送给用户，最终显示到个人终端的屏幕中。

用户在浏览器的地址栏中输入的访问地址称为统一资源定位符（Uniform Resource Locator，URL）。在服务器中，每一个资源都有一个 URL，用于标识它的位置，通过 URL，用户可以快速访问到某个资源。URL 的组成如下。

```
网络协议://主机地址:端口/资源路径?参数
```

对 URL 中各个组成部分的具体解释如下。

- 网络协议：在网络中传输数据使用的协议，常见的协议有 HTTP 或 HTTPS。一般用户在浏览器中输入访问地址时可以省略协议，浏览器会自动补充协议。
- 主机地址：网站服务器的访问地址，可以通过 IP 地址或域名访问。由于 IP 地址不利于用户记忆和使用，所以通常使用域名访问。
- 端口：访问服务器中的哪一个端口。一台服务器中可能会有多个端口，用于提供不同的服务。例如，HTTP 的默认端口为 80，HTTPS 的默认端口为 443。当使用默认端口时，在 URL 中可以省略端口。
- 资源路径：服务器中的资源对应的路径。
- 参数：浏览器为服务器提供的参数信息，通常是“名字=值”的形式。如果有多个参数，使用“&”字符进行分隔。如果不需要参数，则可以省略。

值得一提的是，HTTP 是一种明文协议，数据在传输过程中容易被第三方截获，导致信息泄露。随着互联网对安全性的要求越来越高，目前很多大型网站都使用 HTTPS 作为传输协议。HTTPS 在 HTTP 的基础上对数据进行加密，提高了安全性。

1.3　搭建开发环境

无论是在学习中还是在项目开发中，开发环境的不同可能会导致很多问题。因此，在讲解如何使用 PHP 开发项目前，需讲解如何在 Windows 操作系统中搭建开发环境，确保读者的开发环境和本书使用的环境一致。本节将对 Visual Studio Code、Apache HTTP Server 和 PHP 的安装进行详细讲解。

1.3.1　安装 Visual Studio Code

Visual Studio Code（简称 VS Code）是由微软开发的一款代码编辑器，具有免费、开源、轻量级、高性能、跨平台等特点。下面讲解如何下载、安装和使用 VS Code 编辑器。

① 打开浏览器，访问 VS Code 编辑器的官方网站，如图 1-1 所示。在图 1-1 所示的页面中，单击“Download for Windows”按钮，该页面会自动识别当前的操作系统并下载相应的安装包。

② 如果需要下载其他系统的安装包，单击按钮右侧的小箭头“⌄”打开下拉菜单，就可以进行其他系统安装包的下载，如图 1-2 所示。

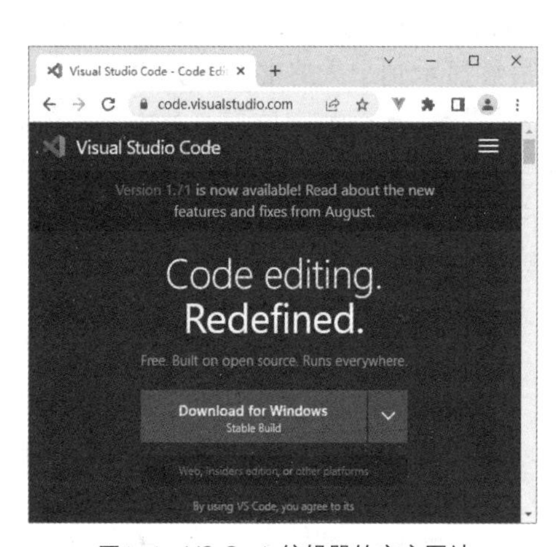

图1-1　VS Code编辑器的官方网站

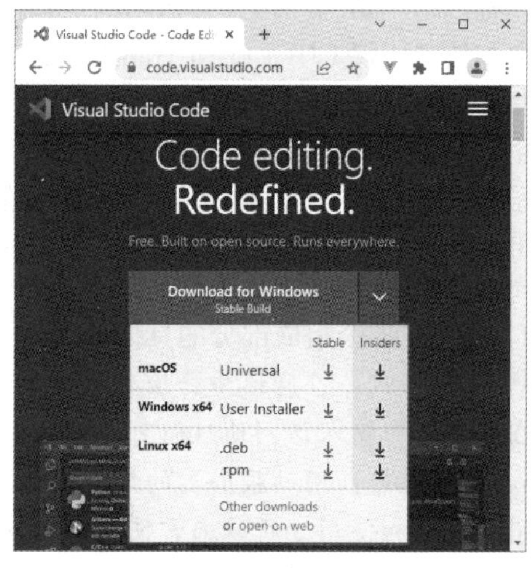

图1-2　其他系统安装包的下载

③ 下载 VS Code 编辑器的安装包后，在下载目录中找到该安装包，如图 1-3 所示。双击安装包，启动安装程序，然后按照程序的提示一步一步进行操作，直到 VS Code 安装完成。

④ VS Code 编辑器安装成功后，启动该编辑器即可进入其初始界面，如图 1-4 所示。

⑤ VS Code 编辑器的默认语言是英文，如果想要切换为中文，单击图 1-4 中左侧栏的第 5 个图标，在搜索框中输入关键词“Chinese”找到中文语言扩展，单击“Install”按钮进行安装，如图 1-5 所示。

图1-3　VS Code编辑器的安装包

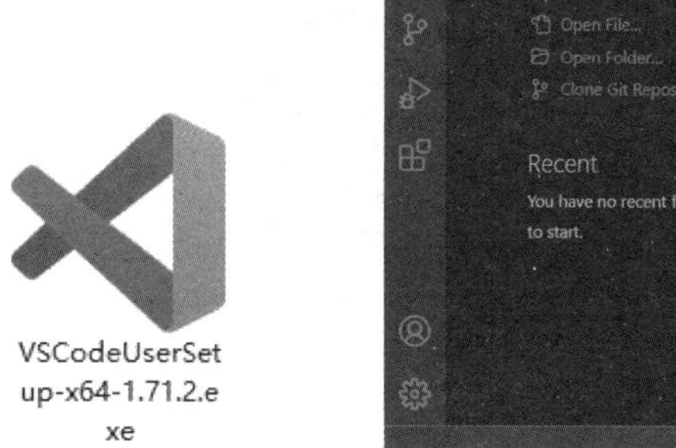

图1-4　VS Code编辑器的初始界面

⑥ 中文语言扩展安装成功后，需要重新启动 VS Code 编辑器才会生效。重新启动 VS Code 编辑器后，VS Code 编辑器的中文界面如图 1-6 所示。

图1-5　安装中文语言扩展

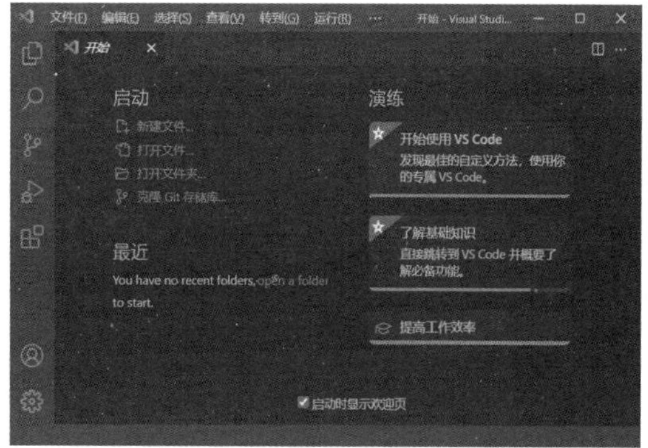

图1-6　VS Code编辑器的中文界面

从图 1-6 可以看出，当前 VS Code 编辑器的语言已经成功切换为中文。

⑦ 创建 D:\www 文件夹作为项目的根目录，单击图 1-6 中的“打开文件夹”，打开 D:\www 文件夹，在该文件夹中创建 index.html 以查看编辑器的显示效果，index.html 的示例代码如下。

```
<!DOCTYPE html>
<html>
<head>
  <meta charset="UTF-8">
  <title>Document</title>
</head>
<body>
  Hello
</body>
</html>
```

VS Code 编辑器代码编辑环境如图 1-7 所示。

在图 1-7 中，左侧是资源管理器。在资源管理器中，可以查看项目的目录结构。在资源管理器中选择一个文件后，即可在右侧的代码编辑区域对该文件进行编辑。

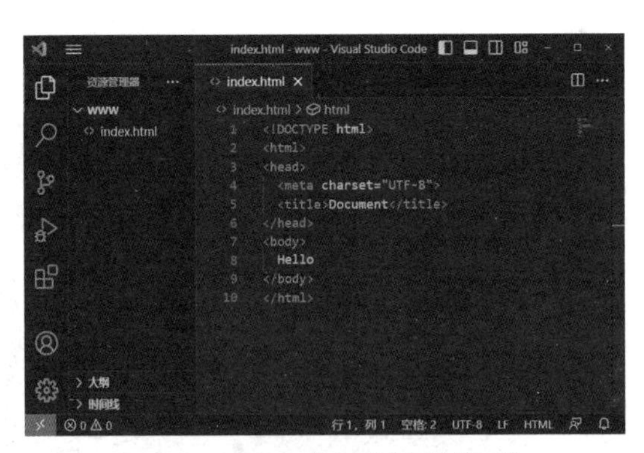

图1-7　VS Code编辑器代码编辑环境

1.3.2　安装 Apache HTTP Server

Apache HTTP Server（简称 Apache）是 Apache 软件基金会发布的一款 Web 服务器软件，因其具有开源、跨平台和高安全性的特点而被广泛使用。下面讲解如何安装 Apache。

1. 获取 Apache

通常情况下，我们可以从软件的官方网站获取软件包。但是 Apache 的官方网站只提供源代码，源代码不能直接安装，需要先手动编译才能安装。由于手动编译比较麻烦，这里我们选择已经编译好的 Apache 软件包。

在 Apache 官方网站中，找到适用于 Windows 系统的第三方编译版本的超链接，具体如图 1-8 所示。

在图 1-8 中，Bitnami WAMP Stack、WampServer、XAMPP 网站提供的是包含 Apache、MySQL、PHP 等软件的集成包，为了单独安装 Apache，应使用 ApacheHaus 或 Apache Lounge 网站提供的软件包。

本书以 Apache Lounge 网站提供的软件包为例进行讲解，从 Apache Lounge 网站获取软件包，如图 1-9 所示。

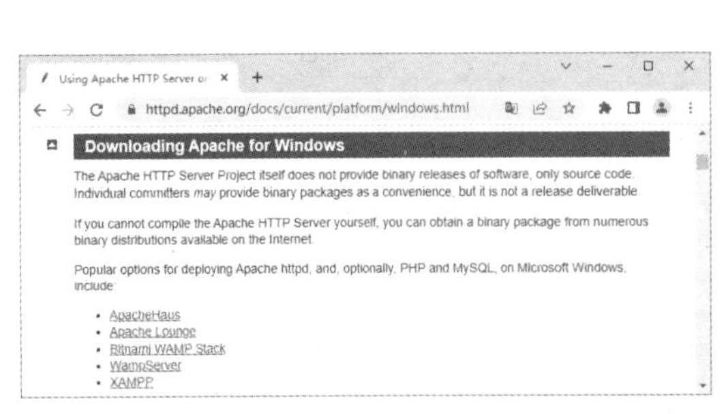

图1-8　适用于Windows系统的第三方编译版本的超链接

图1-9　从Apache Lounge网站获取软件包

在图 1-9 中，找到 httpd-2.4.55-win64-VS17.zip 软件包并下载即可。

值得一提的是，Apache 软件包使用 Microsoft Visual C++ 2017 进行编译，在安装 Apache 前需要先安装 Microsoft Visual C++ 2017 运行库。

2. 准备工作

在 C 盘根目录下创建一个名称为 web 的文件夹，作为开发环境的安装位置，并在 web

文件夹中创建 apache2.4 子文件夹，用于存放 Apache 的文件。

3. 解压与配置

将下载的软件包解压到 Apache 的安装目录中，并配置服务器的根目录和域名，具体步骤如下。

① 将软件包 httpd-2.4.55-win64-VS17.zip 中 apache24 目录下的文件解压到 C:\web\apache2.4 目录下。解压后，Apache 目录结构如图 1-10 所示。

图1-10　Apache目录结构

图 1-10 中，bin 是 Apache 的应用程序所在的目录，conf 是配置文件目录，htdocs 是默认的网站根目录，modules 是 Apache 的动态加载模块所在的目录。

② 配置服务器根目录。使用 VS Code 编辑器打开 Apache 的配置文件 conf\httpd.conf，找到第 37 行配置，具体内容如下。

```
Define SRVROOT "c:/Apache24"
```

将上述配置中的路径修改为 C:/web/apache2.4，修改后的配置如下。

```
Define SRVROOT "C:/web/apache2.4"
```

需要说明的是，配置文件通常使用“/”作为路径分隔符，而 Windows 系统通常使用“\”作为路径分隔符。因此，本书在描述配置文件中的路径时，统一使用“/”作为路径分隔符，在描述 Windows 系统中的路径时，统一使用“\”作为路径分隔符。

③ 配置服务器域名。在 VS Code 编辑器中按“Ctrl+F”组合键搜索 ServerName，找到如下配置。

```
#ServerName www.example.com:80
```

上述配置开头的“#”表示该行是注释文本，删除“#”使这行配置生效，修改后的配置如下。

```
ServerName www.example.com:80
```

在上述配置中，可以根据需要将“www.example.com:80”修改成其他域名和端口号。

多学一招：Apache 的常用配置项

为了使读者熟悉 Apache 配置文件 httpd.conf 的使用，下面对 Apache 的常用配置项进行说明，具体如表 1-1 所示。

表 1-1 Apache 的常用配置项

配置项	说明
ServerRoot "${SRVROOT}"	服务器的根目录
Listen 80	服务器监听的端口号，例如 80、8080
LoadModule	需要加载的模块
ServerAdmin admin@example.com	服务器管理员的邮箱地址
ServerName www.example.com:80	服务器的域名
DocumentRoot "${SRVROOT}/htdocs"	网站根目录
ErrorLog "logs/error.log"	用于记录错误日志

值得一提的是，读者可以根据实际需要对 Apache 的常用配置项进行修改，如果修改时出现错误，会造成 Apache 无法安装或无法启动。建议读者在修改前先备份配置文件。

4. 安装 Apache 服务

Apache 服务是指运行在 Apache 服务器上的服务，Apache 服务器本身提供基础的 Web 服务器功能，但它也可以通过加载和配置不同的模块来提供额外的功能和服务。下面讲解如何安装 Apache 服务，具体步骤如下。

① 在“开始”菜单的搜索框中输入“cmd”找到命令提示符工具，选择“以管理员身份运行”。

② 打开命令提示符窗口后，切换到 Apache 的 bin 目录，具体命令如下。

```
cd C:\web\apache2.4\bin
```

③ 执行安装 Apache 服务的命令，具体命令如下。

```
httpd -k install -n Apache2.4
```

在上述命令中，httpd 表示 Apache 的服务程序 httpd.exe，–k install 表示将 Apache 安装为 Windows 系统的服务，–n Apache2.4 表示将 Apache 服务的名称设置为 Apache2.4。

安装 Apache 服务的结果如图 1–11 所示。

如果需要卸载 Apache 服务，可以使用如下命令进行卸载。

```
httpd -k uninstall -n Apache2.4
```

5. 启动 Apache 服务

Apache 提供了服务监视工具 Apache Service Monitor，用于管理 Apache 服务的启动和停止。该工具即 bin 目录下的 ApacheMonitor.exe，双击它后 Windows 系统的任务栏中会出现 Apache 服务器图标，单击图标并选择 Apache2.4 会弹出控制菜单，具体如图 1–12 所示。

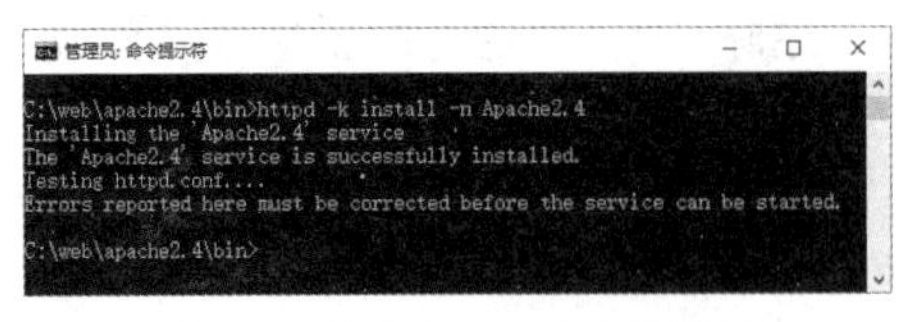

图1–11 安装Apache服务的结果

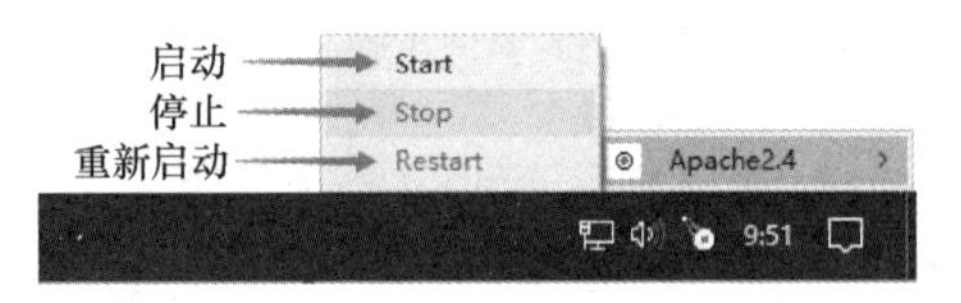

图1–12 Apache任务栏图标及控制菜单

从图 1–12 可以看出，通过服务监视工具可以方便地控制 Apache 服务的启动、停止和重新启动。当单击 Start 时，图标由变为，表示 Apache 服务启动成功。

启动 Apache 服务后，通过浏览器访问 http://localhost，如果看到图 1–13 所示的画面，说明 Apache 正常运行。

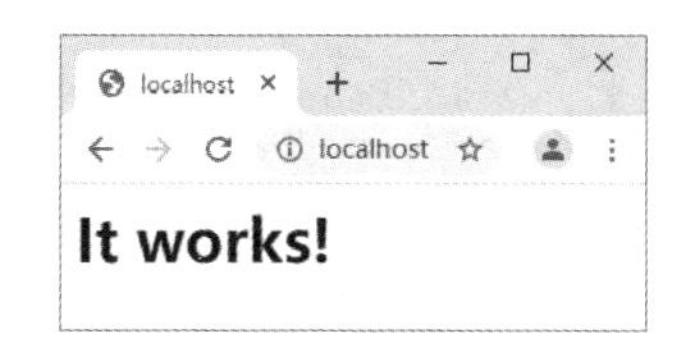

图1-13　通过浏览器访问http://localhost

图 1-13 所示的“It works!”是 htdocs\index.html 这个网页的运行结果。htdocs 目录是 Apache 默认站点，安装 Apache 服务器时会自动创建一个默认站点作为项目的根目录。读者也可以在 htdocs 目录下创建其他网页，通过“http://localhost/网页文件名”访问这些网页。

1.3.3　安装 PHP

若要解析和执行 PHP 脚本，需要先安装 PHP 软件。PHP 既可以独立运行，也可以作为 Apache 的模块运行。下面讲解如何将 PHP 安装为 Apache 的模块。

1. 获取 PHP

PHP 的官方网站提供 PHP 最新版本的软件包，如图 1-14 所示。

在图 1-14 中，PHP 的版本是 8.2.3、8.1.16 和 8.0.28，本书使用 8.2.3 版本进行讲解。

PHP 提供了线程安全（Thread Safe）与非线程安全（Non Thread Safe）两种软件包，在与 Apache 搭配使用时，应选择 Thread Safe 软件包。在下载页面中找到 php-8.2.3-Win32-vs16-x64.zip 软件包并下载即可。

2. 准备工作

在 C 盘的 web 目录中创建 php8.2 文件夹，将 PHP 安装到此文件夹中进行管理。

3. 解压与配置

① 解压下载的 PHP 软件包，解压后的文件保存到 C:\web\php8.2 目录中，如图 1-15 所示。

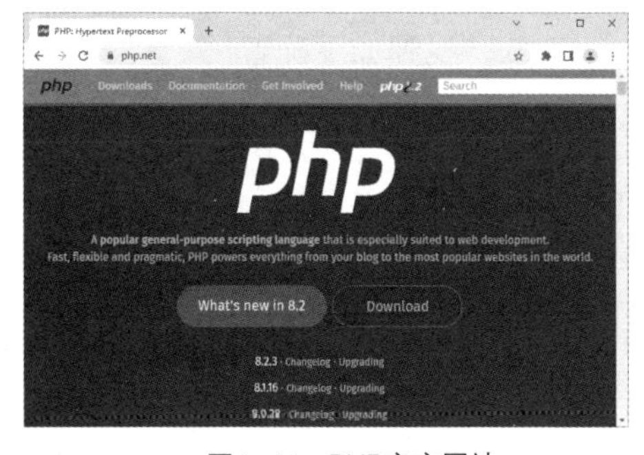

图1-14　PHP官方网站

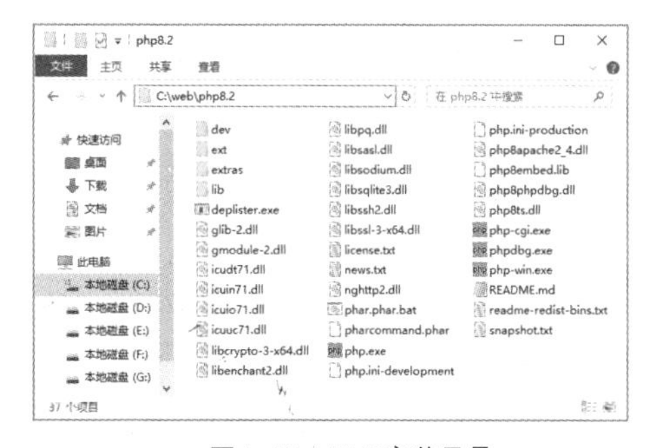

图1-15　PHP安装目录

在图 1-15 中，ext 是 PHP 扩展文件所在的目录，php.exe 是 PHP 的命令行应用程序，php8apache2_4.dll 是 Apache 的 DLL（Dynamic Linked Library，动态连接库）模块。

PHP 的安装目录中默认没有 PHP 的配置文件，需要我们手动创建。在 PHP 安装目录中，有两个示例配置文件，其中，php.ini-development 是适合开发环境的示例配置文件，php.ini-production 是适合生产环境的示例配置文件。对初学者来说，推荐使用适合开发环境的示例配置文件。

② 复制 php.ini-development 文件，将复制而来的文件重命名为 php.ini，作为 PHP 的配

置文件。

③ 配置 PHP 扩展的目录，在配置文件中搜索文本“extension_dir”，找到如下配置。

```
;extension_dir = "ext"
```

上述配置开头的“;”表示该行是注释文本，删除“;”使这行配置生效，将扩展路径修改为 C:/web/php8.2/ext，修改后的配置如下。

```
extension_dir = "C:/web/php8.2/ext"
```

④ 配置 PHP 时区，搜索文本“date.timezone”，找到如下配置。

```
;date.timezone =
```

时区可以配置为 UTC（协调世界时）或 PRC（中国时区），修改后的配置如下。

```
date.timezone = PRC
```

4. 在 Apache 中引入 PHP 模块

打开 Apache 配置文件 httpd.conf，在第 186 行（前面有一些 LoadModule 配置）的位置引入 PHP 模块，具体配置如下。

```
1 LoadModule php_module "C:/web/php8.2/php8apache2_4.dll"
2 <FilesMatch "\.php$">
3     setHandler application/x-httpd-php
4 </FilesMatch>
5 PHPIniDir "C:/web/php8.2"
6 LoadFile "C:/web/php8.2/libssh2.dll"
```

在上述代码中，第 1 行配置表示将 PHP 作为 Apache 的模块来加载。第 2～4 行配置用于匹配以.php 为扩展名的文件，将其交给 PHP 来处理。第 5 行配置指定 PHP 配置文件 php.ini 所在的目录。第 6 行配置加载 PHP 安装目录中的 libssh2.dll 文件，确保 PHP 的 cURL 扩展能够正确加载。

5. 配置索引页

索引页是指访问一个目录时自动打开的文件。例如，index.html 是默认索引页，在访问 http://localhost 时实际上访问的是 http://localhost/index.html。

在 Apache 配置文件 httpd.conf 中搜索 DirectoryIndex，找到如下配置。

```
1 <IfModule dir_module>
2     DirectoryIndex index.html
3 </IfModule>
```

在上述配置中，第 2 行的 index.html 是默认索引页。

将 index.php 也添加为默认索引页，具体配置如下。

```
1 <IfModule dir_module>
2     DirectoryIndex index.html index.php
3 </IfModule>
```

上述配置表示在访问某个目录时，首先检测是否存在 index.html，如果有，则显示；否则就继续检查是否存在 index.php。

值得一提的是，如果一个目录中不存在索引页文件，在默认情况下，Apache 会显示该目录下的文件列表。

6. 重新启动 Apache 服务器

修改 Apache 配置文件后，需要重新启动 Apache 服务器才能使配置生效。单击 Windows 系统任务栏中的 Apache 服务器图标，选择 Apache2.4，单击 Restart 就可以重新启动 Apache 服务器。

重新启动 Apache 服务器后，PHP 若成功安装为 Apache 的扩展模块，则会随 Apache 服务器一起启动。

7. 测试 PHP 模块是否安装成功

使用 VS Code 编辑器在 C:\web\apache2.4\htdocs 目录中创建 test.php 文件，该文件的代码如下。

```
1 <?php
2     phpinfo();
3 ?>
```

上述代码使用 phpinfo()函数将 PHP 的状态信息输出到网页中。

通过浏览器访问 http://localhost/test.php，如果读者看到图 1-16 所示的 PHP 配置信息，说明配置成功。否则，需要检查配置。

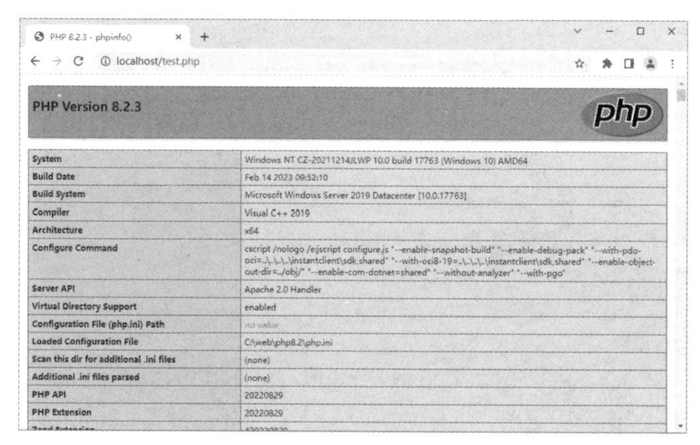

图1-16　PHP配置信息

1.4　配置 Web 服务器

安装Web 服务器后，为了更好地使用服务器，还需要对其进行配置。本节将对Web 服务器的配置进行讲解，并通过案例练习配置虚拟主机。

1.4.1　配置虚拟主机

在实际开发中，可能会同时开发多个项目，这就需要管理多个项目目录。为了能够同时管理多个项目，需要配置虚拟主机。

虚拟主机能够实现在一台服务器中管理多个项目，每一个项目都有独立的域名和目录。在 Apache 服务器中配置多个虚拟主机，可以实现通过域名访问指定项目。下面讲解如何配置虚拟主机。

1. 解析域名

在项目的开发阶段，有时需要使用域名访问本机的 Web 服务器，通过更改 hosts 文件可以将任意域名解析到本地。

在 Windows 系统中以管理员身份打开命令提示符窗口，在命令提示符窗口中使用记事本打开 hosts 文件，具体命令如下。

```
notepad C:\Windows\System32\drivers\etc\hosts
```

在 hosts 文件中配置 IP 地址和域名的映射关系，具体内容如下。

```
127.0.0.1 www.php.test
```

在上述配置中，当访问 www.php.test 这个域名时，会自动解析到 127.0.0.1，实现通过域名访问本机的 Web 服务器。需要注意的是，这种域名解析方式只对本机有效。

2. 配置虚拟主机

配置虚拟主机可以实现在一台服务器上部署多个网站，虽然服务器的 IP 地址相同，但是当用户使用不同域名访问时，访问到的是不同的网站。配置虚拟主机的步骤如下。

① 启用虚拟主机配置文件，在 httpd.conf 中搜索“httpd-vhosts”，删除“#”，具体配置如下。

```
Include conf/extra/httpd-vhosts.conf
```

在上述配置中，Include 表示从另一个文件中加载配置，conf/extra/httpd-vhosts.conf 是虚拟主机文件路径。

② 在 httpd-vhosts.conf 中配置虚拟主机，将文件中原有的配置删除或全部使用“#”注释起来，添加两个虚拟主机——localhost 和 www.php.test，这两个虚拟主机的站点目录不同，具体配置如下。

```
1 <VirtualHost *:80>
2     DocumentRoot "C:/web/apache2.4/htdocs"
3     ServerName localhost
4 </VirtualHost>
5 <VirtualHost *:80>
6     DocumentRoot "C:/web/apache2.4/htdocs/www.php.test"
7     ServerName www.php.test
8 </VirtualHost>
```

在上述配置中，添加了 localhost 和 www.php.test 虚拟主机，其中，“*:80”表示任意 IP 地址的 80 端口，DocumentRoot 表示文档根目录，ServerName 表示服务器名。

③ 修改 Apache 的配置文件后，重启 Apache 服务器，使配置文件生效。

④ 在 Apache 的 htdocs 目录中创建 www.php.test 目录，并在该目录中创建 index.html 文件，文件内容为“Welcome www.php.test”。

通过浏览器访问这两个虚拟主机，运行结果如图 1-17 所示。

图1-17　访问虚拟主机

1.4.2 设置目录访问权限

设置目录访问权限可以限制指定用户访问服务器中的指定文件和目录，防止恶意访问影响服务器安全。

在 Apache 中，可以使用目录指令来设置目录访问权限。常用的目录指令如表 1-2 所示。

表 1-2　Apache 中常用的目录指令

指令	作用	常用可选值
AllowOverride	指定是否允许读取分布式配置文件	None：不允许读取分布式配置文件 All：允许读取分布式配置文件
Require	指定访问目录的权限	all granted：允许所有访问 all denied：阻止所有访问 local：允许本地访问
Options	指定目录的选项和功能	Indexes：目录浏览功能 FollowSymLinks：使用符号链接

表 1–2 中，在 Indexes、FollowSymLinks 前面添加“-”表示禁用相应功能，添加“+”或省略“+”表示启用相应功能。

在 Apache 中设置目录访问权限有两种方式，具体介绍如下。

1. 通过 httpd.conf 配置文件进行设置

httpd.conf 中默认添加根目录和 htdocs 目录的配置，根目录的默认配置如下。

```
<Directory />
   AllowOverride None
   Require all denied
</Directory>
```

在上述配置中，<Directory>用于开始对目录进行配置，上述配置表示根目录禁止读取分布式配置文件，并且阻止所有访问。

httpd.conf 配置文件中 htdocs 目录的默认配置如下。

```
<Directory "${SRVROOT}/htdocs">
   Options Indexes FollowSymLinks
   AllowOverride None
   Require all granted
</Directory>
```

<Directory>中的路径可以自定义，上述配置表示 htdocs 目录启用目录浏览功能，允许使用符号链接，允许所有访问。

值得一提的是，当启用目录浏览功能时，如果用户访问的目录中没有默认索引页（如 index.html、index.php），就会显示文件列表。启用目录浏览功能可方便查看服务器上的文件，但是服务器上的重要文件也可以被随意访问，会降低服务器的安全性。

默认情况下，httpd.conf 配置文件中对根目录和 htdocs 目录的配置不需要修改，读者了解即可。

2. 通过分布式配置文件进行设置

分布式配置文件是指分布在每个目录下的配置文件，文件扩展名为.htaccess。Apache 在读取分布式配置文件时，会从磁盘根目录一直查找到当前访问的目录，如果当前访问的目录下有.htaccess 文件就会读取。子目录的配置文件会覆盖父级目录的配置文件。分布式配置文件的优点是不需要重启 Apache 服务器配置就能生效；缺点是读取这些文件会增加服务器的负担，降低服务器的性能。

1.4.3 【案例】根据需求配置虚拟主机

1. 需求分析

本案例要求配置域名为 www.admin.test 的虚拟主机，站点目录为 C:\web\www\www.admin.test，关闭目录浏览功能，开启分布式配置文件，只允许本地访问。

2. 实现思路

① 在 hosts 文件中配置 IP 地址和域名的映射关系，虚拟主机 www.admin.test 映射的 IP 地址是 127.0.0.1。

② 在 httpd-vhost.conf 文件中配置虚拟主机 www.admin.test，使用 Options -Indexes 关闭目录浏览功能，使用 AllowOverride All 配置项开启分布式配置文件，使用 Require local 配置项允许本地访问。

③ 创建站点目录 C:\web\www\www.admin.test，在该目录下创建 index.html 文件，通过浏览器访问该文件，查看虚拟主机是否配置正确。

3. 代码实现

本书在配套源码包中提供了本案例的开发文档和完整代码，读者可以参考进行学习。

本章小结

本章首先讲解了 PHP 和网站的相关知识；然后讲解了开发环境的搭建，主要包括 VS Code 编辑器的安装、Apache 和 PHP 的安装；最后讲解了如何配置 Web 服务器，主要包括配置虚拟主机和设置目录访问权限，并通过案例展示了如何根据需求配置虚拟主机。通过对本章的学习，读者能够对 PHP 有初步的认识，并能掌握如何搭建开发环境和配置 Web 服务器。

课后练习

一、填空题

1. Apache 服务器的默认端口号是________。
2. Apache 服务器的配置文件是________。
3. Apache 服务器配置虚拟主机的文件是________。
4. PHP 的配置文件是________。
5. 在命令提示符窗口中，执行________命令可卸载名称为 Apache 的服务。

二、判断题

1. PHP 的配置文件是 my.ini。(　　)
2. 安装 Apache 前需要确保系统已经安装了 Microsoft Visual C++ 2017 运行库。(　　)
3. 在 httpd.conf 文件中可以实现虚拟主机的创建。(　　)
4. PHP 既可以独立运行，也可以作为 Apache 的模块运行。(　　)
5. PHP 是一种跨平台、开源、收费的语言。(　　)

三、选择题

1. 下列选项中，能够在 Apache 中加载 PHP 模块的是（ ）。

A. FilesMatch B. PHPIniDir C. LoadModule D. 以上选项都不正确

2. Apache 的默认端口号是（ ）。

A. 80 B. 90 C. 8000 D. 9000

3. PHP 开发环境中需要用到的 Web 服务是（ ）。

A. Apache B. PHP C. MySQL D. Visual Studio Code

4. 搭建开发环境时安装的 Apache 属于（ ）服务器。

A. SMTP B. FTP C. Web D. 以上都不是

5. 下列选项中，不属于 PHP 特点的是（ ）。

A. 收费 B. 跨平台 C. 面向对象 D 支持多种数据库

四、简答题

1. 请简述网站的发展历程。

2. 请简要描述配置虚拟主机的方式。

五、程序题

配置一个域名为 www.example.test 的虚拟主机，将网站根目录指向 C:\web\test。

第2章

PHP语法基础

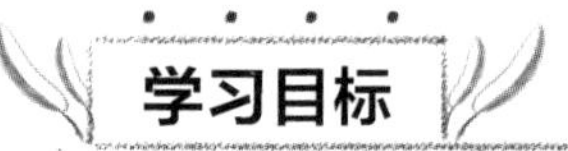

★ 掌握PHP标记、注释和输出语句，能够在程序中正确使用PHP标记和输出语句。

★ 熟悉标识符和关键字的使用方法，能够在程序中正确使用标识符和关键字。

★ 掌握变量、常量和表达式的使用方法，能够在程序中正确使用变量、常量和表达式。

★ 掌握数据类型的使用方法，能够使用不同的数据类型操作数据。

★ 掌握运算符的使用方法，能够在程序中使用运算符完成数据运算。

★ 掌握PHP的流程控制方法，能够使用分支结构、循环结构和跳转语句控制程序的执行流程。

★ 掌握文件包含语句的使用方法，能够根据需求使用不同的文件包含语句。

学习一门语言就像盖大楼一样，要想盖一幢安全、稳固的大楼，必须要有一个坚实的地基。同样地，要想熟练使用PHP语言编程，必须充分了解PHP语言的基础知识。本章将对PHP语法基础进行详细讲解。

2.1 基本语法

2.1.1 PHP标记

为了让解析器解析PHP代码，需要使用PHP标记对代码进行标识。PHP标记有两个使用场景，一个场景是在HTML代码中嵌入PHP代码，另一个场景是在全部是PHP代码的文件中。

PHP支持标准标记和短标记，具体如表2-1所示。

表2-1 PHP支持的标记

标记类型	开始标记	结束标记
标准标记	<?php	?>
短标记	<?	?>

为了让读者更好地理解 PHP 标记，下面对表 2–1 中的两种标记的使用进行详细讲解。

1. 标准标记

标准标记以“<?php”开始，以“?>”结束，下面演示在 HTML 代码中使用标准标记，示例代码如下。

```
<body>
  <p>Hello HTML</p>
  <p>
    <?php 此处编写 PHP 代码 ?>
  </p>
</body>
```

在上述示例代码中，“<?php”是 PHP 开始标记，“?>”是 PHP 结束标记，“此处编写 PHP 代码”处是 PHP 代码。

如果在全部是 PHP 代码的文件中使用标准标记，PHP 开始标记要顶格书写，PHP 结束标记可以省略。下面演示在全部是 PHP 代码的文件中使用标准标记，示例代码如下。

```
<?php
此处编写 PHP 代码
```

在上述示例代码中，“<?php”位于文件的第 1 行，省略了“?>”。

2. 短标记

短标记以“<?”开始，以“?>”结束。在 HTML 代码中使用短标记时，结束标记不可以省略，在全部是 PHP 代码的文件中使用短标记时，结束标记可以省略。下面演示在 HTML 代码中使用短标记，示例代码如下。

```
<?
此处编写 PHP 代码
?>
```

需要说明的是，在 php.ini 配置文件中，通过 short_open_tag 配置项可以设置短标记的开启或关闭。如果 short_open_tag 的值为 On，则可以使用短标记；如果 short_open_tag 的值为 Off，则不能使用短标记。

注意：

如果脚本中包含 XML（eXtensible Markup Language，可扩展标记语言）内容，应避免使用短标记。这是因为“<?”是 XML 解析器的一个处理指令，如果脚本中包含 XML 内容并使用了短标记，PHP 解析器可能会混淆 XML 处理指令和 PHP 短标记。

脚下留心：正确使用语句结束符

在全部是 PHP 代码的文件中，如果省略 PHP 结束标记，那么每条语句的结尾都需要写上语句结束符“;”。如果没有写语句结束符，运行程序时会报错。在有 PHP 结束标记的情况下，最后一条语句的结束符可以省略。

下面演示不添加语句结束符时程序的运行结果。

在 htdocs 目录下创建 test.php，示例代码如下。

```
<?php
echo '生命在于运动！'
```

在上述示例代码中，最后一行代码的结尾没有添加语句结束符，通过浏览器访问 test.php，运行结果如图 2-1 所示。

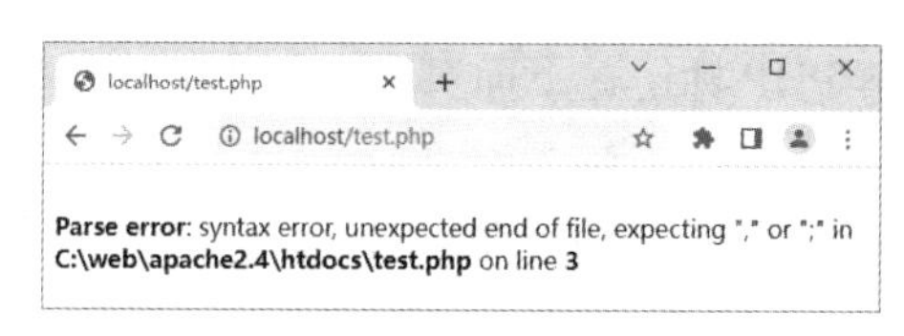

图2-1 访问test.php文件的运行结果

在图 2-1 中，Parse error 表示解析错误，syntax error 表示语法错误。

2.1.2 注释

为了方便开发人员阅读和维护代码，可以为代码添加注释，通过注释对代码进行解释说明。当解析器解析程序时，会自动忽略注释内容。

PHP 中常用的注释为单行注释和多行注释，单行注释有两种，分别是“//”和“#”。使用单行注释的示例代码如下。

```
echo '生命在于运动！';        // 单行注释
echo 'Hello, PHP';          # 单行注释
```

在上述示例代码中，以“//”或“#”开始，到该行结束或 PHP 标记结束之前的内容都是注释内容。在 PHP 开发中，通常使用“//”注释，“#”了解即可。

多行注释以“/*”开始，以“*/”结束。使用多行注释的示例代码如下。

```
/*
  多行注释
*/
echo '生命在于运动！';
```

在上述示例代码中，“/*”和“*/”之间的内容为多行注释的内容。

2.1.3 输出语句

输出语句用于输出不同类型的数据。PHP 提供了很多输出语句，常用的有 echo、print、print_r()和 var_dump()。下面对这 4 种常用的输出语句进行讲解。

1. echo

echo 用于将数据以字符串形式输出，输出多个数据时使用逗号“,”分隔，示例代码如下。

```
echo 'true';                  // 输出结果：true
echo 'result=', '4';          // 输出结果：result=4
```

在上述示例代码中，“true”“result=”“4”都是字符串。

2. print

print 与 echo 的用法类似，区别在于 print 一次只能输出一个数据，示例代码如下。

```
print '生命在于运动！';          // 输出结果：生命在于运动！
```

3. print_r()

print_r()一次可以输出一个或多个数据，示例代码如下。

```
print_r('hello');                  // 输出结果：hello
print_r(array(1, 1.6));            // 输出结果：Array([0]=>1[1]=>1.6)
```

在上述示例代码中，“hello”是字符串，“array(1, 1.6)”是数组。

4. var_dump()

var_dump()一次可以输出一个或多个数据，输出结果中包含数据的类型和值，示例代码如下。

```
var_dump('hello');              // 输出结果：string(5) "hello"
var_dump(array(1, 1.6)); // 输出结果：array(2) { [0]=> int(1) [1]=> float(1.6) }
```

在上述示例代码的输出结果中，“string(5) "hello"”表示“hello”是字符串，字符串的长度是 5；“int(1)”表示整型数据 1，“float(1.6)”表示浮点型数据 1.6。

print_r()和 var_dump()的区别是，print_r()输出的内容简洁，易于阅读；var_dump()输出的内容详细，包含数据的类型和长度，方便全面了解数据的信息。

上述内容中提到的字符串、数组、整型和浮点型属于数据类型。数据类型相关内容会在 2.3 节中讲解，此处读者只需了解这些输出语句的使用方式。

多学一招：echo 语句的简写语法

在 PHP 中，在“<?=”后面直接输出内容的写法称为 echo 语句的简写语法，具体语法格式如下。

```
<?=要输出的内容?>
```

在上述语法格式中，“<?=”是 PHP 的开始标记“<?php”和 echo 语句的简写，其完整形式为“<?php echo ”，“?>”是结束标记。

下面演示使用 echo 语句的简写语法输出字符串，示例代码如下。

```
<?='apple'?>
```

在上述示例代码中，在“<?=”后面直接输出字符串“apple”，程序的输出结果为“apple”。

2.1.4　标识符

在编写程序时，经常需要使用一些符号来标记某些实体，如变量名、函数名、类名、方法名等，这些符号被称为标识符。定义标识符时要遵循一定的规则，具体规则如下。

- 标识符由字母、数字和下画线组成。
- 标识符必须以字母或下画线开头。
- 标识符用作变量名时，区分大小写。

下面列举一些合法的标识符，具体示例如下。

```
test
_test
test88
```

下面列举一些非法的标识符，具体示例如下。

```
66test
123
te st
*test
```

2.1.5　关键字

关键字是 PHP 预先定义好并赋予了特殊含义的单词，也称作保留字。在使用关键字时，需要注意以下两点。

① 关键字不能作为常量、函数名或类名使用。

② 关键字不推荐作为变量名使用，容易混淆。

为了便于读者学习，下面列举一些 PHP 中常见的关键字，如表 2-2 所示。

表 2-2 常见的关键字

__halt_compiler()	abstract	and	array()	as
break	callable	case	catch	class
clone	const	continue	declare	default
die()	do	echo	else	elseif
empty()	enddeclare	endfor	endforeach	endif
endswitch	endwhile	eval()	exit()	extends
final	finally	fn	for	foreach
function	global	goto	if	implements
include	include_once	instanceof	insteadof	interface
isset()	list()	match	namespace	new
or	print	private	protected	public
readonly	require	require_once	return	static
switch	throw	trait	try	unset()
use	var	while	xor	yield
yield from	__CLASS__	__DIR__	__FILE__	__FUNCTION__
__LINE__	__METHOD__	__NAMESPACE__	__TRAIT__	

上述关键字中，每个关键字都有特殊的作用。例如，class 关键字用于定义类，const 关键字用于定义常量，function 关键字用于定义函数。这些关键字将在本书后面的章节中陆续进行讲解，这里只需要了解。

随着 PHP 版本的更新，关键字也在不断发生变化，推荐读者查阅 PHP 官方手册来获取最新的关键字列表。

2.1.6 【案例】在网页中嵌入 PHP 代码

1. 需求分析

通常情况下，网页文件以.html 为扩展名，如果想要网页中的内容动态变化，可以在网页中嵌入 PHP 代码。本案例将实现在网页中嵌入 PHP 代码，输出“生命在于运动!”。

2. 实现思路

① 使用 VS Code 编辑器创建 demo01.php 文件，在该文件中编写一个简单的网页。

② 在 demo01.php 中嵌入 PHP 代码，使用 PHP 标记和输出语句输出“生命在于运动!”。

3. 代码实现

本书在配套源码包中提供了本案例的开发文档和完整代码，读者可以参考进行学习。

2.2 变量、常量和表达式

在 PHP 中，变量和常量都用于保存数据。变量用于保存可变的数据，常量用于保存不变的数据。表达式用于完成对变量或常量的赋值和运算，本节将对变量、常量和表达式进行详细讲解。

2.2.1　变量

在程序运行期间，会产生一些临时数据，这些数据可以通过变量保存。变量是保存可变数据的容器，变量的表示方式为“$变量名”，变量名遵循标识符的命名规则，例如“$num”就是一个变量。

在 PHP 中，不需要事先声明就可以对变量进行赋值和使用。变量赋值的方式分为两种，一种是传值赋值，另一种是引用赋值。下面对这两种变量赋值的方式进行讲解。

1. 传值赋值

传值赋值是将“=”右边的数据赋值给左边的变量，传值赋值的示例代码如下。

```
$a = 10;           // 定义变量$a，赋值为 10
$b = $a;           // 将$a 的值赋值给$b
$a = 100;          // 将$a 的值修改为 100
echo $b;           // 输出$b 的值，结果为 10
```

在上述示例代码中，“$a = 10;”“$b = $a;”“$a = 100;”都是对变量的传值赋值，当变量$a 的值修改为 100 时，变量$b 的值依然是 10。

2. 引用赋值

引用赋值是在要赋值的变量前添加“&”符号。在引用赋值后，如果其中一个变量的值发生改变，另一个变量的值也会发生改变。引用赋值的示例代码如下。

```
$a = 10;           // 定义变量$a，赋值为 10
$b = &$a;          // 将$a 的值引用赋值给$b
$a = 100;          // 将$a 的值修改为 100
echo $b;           // 输出$b 的值，结果为 100
```

在上述示例代码中，$b 相当于$a 的别名，当变量$a 的值修改为 100 时，变量$b 的值也变成了 100。

2.2.2　可变变量

在开发过程中，为了方便动态地改变一个变量的名称，PHP 提供了一种特殊的变量用法：可变变量。可变变量是将一个变量的值作为变量的名称，以实现动态改变变量的名称。

可变变量的实现非常简单，只需在一个变量前多加一个“$”符号。例如，可变变量$$a 相当于使用变量$a 对应的值作为$$a 变量的名称，示例代码如下。

```
$a = 'say';
$say = 'Hello';
$Hello = 'Lucy';
echo $a;                // 输出结果：say
echo $$a;               // 输出结果：Hello
echo $$$a;              // 输出结果：Lucy
```

需要注意的是，如果上述示例中变量$a 的值是数字，那么可变变量$$a 就是非法标识符。因此，开发时应根据实际情况使用可变变量。

2.2.3　常量

常量是保存不变数据的容器，常量一旦被定义就不能被修改或重新定义。例如，数学中的圆周率 π 就是常量，其值是固定且不能被改变的。

定义常量的方式有两种，分别是使用 define()函数和 const 关键字。下面对这两种定义

常量的方式进行讲解。

1. define()函数

在使用 define()函数前，先简单介绍函数的作用。函数是一段可重复使用的代码块，用于完成指定的操作，调用函数时传入参数，函数执行成功后返回处理结果。

使用 define()函数的语法格式如下。

```
define($name, $value, $case_insensitive);
```

在上述语法格式中，define()函数有 3 个参数，$name 表示常量名称，通常使用大写字母；$value 是常量值；$case_insensitive 用于指定常量名称是否区分大小写，默认值为 false，表示常量名区分大小写。

下面演示如何使用 define()函数定义常量，示例代码如下。

```
define('PAI', '3.14');
```

在上述示例代码中，定义的常量名称是 PAI，常量值是 3.14。

define()函数的第 3 个参数如果设置为 true，表示常量名不区分大小写。值得一提的是，自 PHP 8.0 开始，定义的常量要严格区分大小写，如果将 define()函数的第 3 个参数设置为 true 会产生警告。

若要获取常量的值，可以使用 echo 输出语句或 constant()函数。注意，使用 constant()函数获取常量值时不会直接输出，还需要搭配输出语句输出常量值，示例代码如下。

```
echo '圆周率=', PAI;                    // 输出结果：圆周率=3.14
echo '圆周率=', constant('PAI');        // 输出结果：圆周率=3.14
```

2. const 关键字

使用 const 关键字定义常量时，在 const 关键字后面跟上常量名称，再使用“=”给常量赋值。给常量赋值时，除了使用具体的值外，还可以使用表达式，示例代码如下。

```
const R = 5;
echo '半径=', R;                // 输出结果：半径=5
const D = 2 * R;
echo '直径=', D;                // 输出结果：直径=10
```

在上述示例代码中，给常量 R 赋值时，使用具体的值 5；给常量 D 赋值时，使用了表达式“2 * R”。

2.2.4 预定义常量

PHP 预定义了一些常量，以方便开发人员直接使用。常用的预定义常量如表 2-3 所示。

表 2-3 常用的预定义常量

预定义常量名	功能描述
PHP_VERSION	获取 PHP 的版本信息
PHP_OS	获取运行 PHP 的操作系统信息
PHP_INT_MAX	获取当前 PHP 版本支持的最大整型数字
PHP_INT_SIZE	获取当前 PHP 版本的整数大小，以字节为单位
E_ERROR	表示运行时致命性错误
E_WARNING	表示运行时警告错误（非致命）
E_PARSE	表示编译时解析错误
E_NOTICE	表示运行时提醒信息

预定义常量的使用非常简单，使用“echo 常量名;”语句即可查看预定义常量的值，下面演示如何使用预定义常量，示例代码如下。

```
echo PHP_VERSION;         // 输出结果：8.2.3
echo PHP_OS;              // 输出结果：WINNT
```

2.2.5　表达式

表达式是 PHP 的基石，任何有值的内容都可以理解为表达式。例如，“1”是一个值为 1 的表达式；“$a = 1”表示将表达式“1”的值赋值给$a，此时“$a = 1”也构成了一个表达式，该表达式的值为 1；“1 + 4”也是一个表达式，表示将 1 和 4 相加，表达式的值为 5。下面通过代码演示表达式的使用方法。

```
echo $a = 1;          // 输出表达式“$a = 1”的值
echo $a + 4;          // 输出表达式“$a + 4”的值
$a = $a + 4;          // 将表达式“$a + 4”的值赋值给$a
$b = $a = 1;          // 将表达式“$a = 1”的值赋值给$b
echo 5, 6;            // 输出表达式“5”和表达式“6”的值
var_dump($b);         // 输出表达式“$b”的值
var_dump($a + $b); // 输出表达式“$a + $b”的值
```

从上述代码可以看出，利用表达式可以非常灵活地编写代码。

2.2.6　【案例】显示服务器信息

1. 需求分析

在后台项目的开发中，为了让系统管理员更好地了解服务器的相关信息，通常会在后台首页显示一些系统信息和统计数据。学习了变量与常量的知识后，下面通过“显示服务器信息”的案例对本节所学的知识进行练习。本案例要求在表格中显示 PHP 的版本号和操作系统类型。

2. 实现思路

① 使用 VS Code 编辑器创建 demo02.php 文件，在文件中编写表格，显示服务器信息。

② 在表格中使用预定义常量 PHP_VERSION 获取 PHP 版本号，使用预定义常量 PHP_OS 获取操作系统类型。

3. 代码实现

本书在配套源码包中提供了本案例的开发文档和完整代码，读者可以参考进行学习。

2.3　数据类型

任何一门编程语言都离不开对数据的处理。每个数据都有其对应的数据类型，不同的数据类型可以存储不同的数据。本节将对数据类型进行详细讲解。

2.3.1　数据类型分类

PHP 的数据类型分为 3 类，分别是标量类型、复合类型和特殊类型，具体如图 2-2 所示。

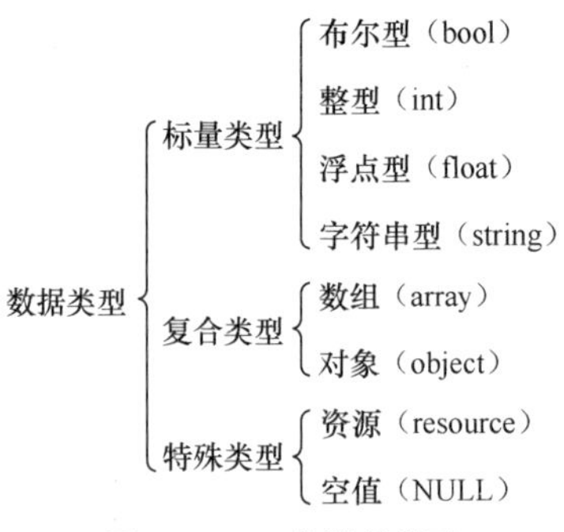

图2-2 PHP的数据类型

图 2-2 中的复合类型和特殊类型会在后面的章节中讲解，下面对标量类型中的布尔型、整型、浮点型和字符串型进行讲解。

1. 布尔型

布尔型有 true 和 false 两个值，表示逻辑上的“真”和“假”，true 和 false 不区分大小写，通常使用布尔型的值进行逻辑判断。下面定义两个布尔型变量，示例代码如下。

```
$flag1 = true;
$flag2 = false;
```

在上述示例代码中，将 true 赋值给变量$flag1，将 false 赋值给变量$flag2。

2. 整型

整型用于表示整数，可以是二进制数、八进制数、十进制数和十六进制数，且前面可以加上“+”或“-”符号，表示正数或负数。

在计算机中，二进制数、八进制数和十六进制数是常用的表示数字的方式，二进制数、八进制数和十六进制数的表示方式如下。

- 二进制数由 0 和 1 组成，需要加前缀 0b 或 0B。
- 八进制数由 0～7 组成，需要加前缀 0。
- 十六进制数由 0～9 和 A～F（或 a～f）组成，需要加前缀 0x 或 0X。

下面使用二进制数、八进制数、十进制数和十六进制数定义整型变量，示例代码如下。

```
$bin = 0b111011;                 // 二进制数
$oct = 073;                      // 八进制数
$dec = 59;                       // 十进制数
$hex = 0x3b;                     // 十六进制数
```

在上述示例代码中，二进制数 0b111011、八进制数 073 和十六进制数 0x3b 转换成十进制数都是 59。

整数在 32 位操作系统中的取值范围是-2147483648 ～ 2147483647，在 64 位操作系统中的取值范围是-9223372036854775808 ～ 9223372036854775807。当定义的整数超出操作系统的取值范围时，整数会被转换为浮点数。

下面以 64 位操作系统为例，演示整型数值超出取值范围的情况，示例代码如下。

```
$number1 = 9223372036854775807;     // 正常取值范围的整型数据
var_dump($number1);                 // 输出结果：int(9223372036854775807)
$number2 = 9223372036854775808;     // 超出取值范围的整型数据
var_dump($number2);                 // 输出结果：float(9.223372036854776E+18)
```

从上述示例代码的输出结果可以看出，变量$number2 的值超出系统的取值范围，被转换为了浮点数。

3. 浮点型

浮点型用于表示浮点数，程序中的浮点数类似数学中的小数。浮点数的有效位数是 14 位，有效位数是指从最左边第一个不为 0 的数开始，直到末尾数的个数，且不包括小数点。

在 PHP 中，通常使用两种方式表示浮点数，分别是标准格式和科学记数法格式。下面使用标准格式定义浮点型变量，示例代码如下。

```
$fnum1 = 1.759;
$fnum2 = -4.382;
```

当浮点数的位数较多时，使用科学记数法格式可以简化浮点数的书写形式。科学记数法是一种记数的方法，用于表示一个数与 10 的 n 次幂相乘的形式。在代码中一般使用 E 或 e 表示 10 的幂。例如，5×10^3 可以写成 5E3 或 5e3。下面使用科学记数法格式定义浮点型变量，示例代码如下。

```
$fnum3 = 1.234E-2;        // 1.234E-2 等同于 1.234×10^-2
$fnum4 = 7.469E-4;        // 7.469E-4 等同于 7.469×10^-4
```

4. 字符串型

字符串型用于表示字符串，字符串是由连续的字符组成的字符序列，需要使用单引号或双引号标注。下面定义字符串型变量，示例代码如下。

```
$str1 = 'Hello';        // 单引号字符串
$str2 = "PHP";          // 双引号字符串
```

单引号字符串和双引号字符串的区别是：如果字符串中包含变量，单引号字符串中的变量不会被解析，只会将变量作为普通字符处理，而双引号字符串中的变量会被解析成具体的值。下面演示在单引号字符串和双引号字符串中使用变量，示例代码如下。

```
$country = '中国';
echo '张三来自$country';          // 输出结果：张三来自$country
echo "张三来自$country";          // 输出结果：张三来自中国
```

在上述示例代码中，单引号字符串中的变量$country 被原样输出，双引号字符串中的变量$country 被解析为“中国”。

当双引号字符串中出现变量时，可能会出现变量名和字符串混淆的情况。为了能够让 PHP 识别双引号字符串中的变量名，可以使用“{}”对变量名进行界定，示例代码如下。

```
$ap = 'ma';
$apple = 'test';
echo "$apple";           // 输出结果：test
echo "{$ap}ple";         // 输出结果：maple
```

在上述示例代码中，当变量$ap 与字符串 ple 连在一起时，会被当成$apple 变量，此时使用“{}”将变量$ap 标注起来，即可正确解析$ap 变量。

在双引号字符串中使用双引号时，使用“\"”表示双引号，在单引号字符串中使用单引号时，使用“\'”表示单引号，示例代码如下。

```
echo "在双引号字符串中使用\"双引号\"";      // 输出结果：在双引号字符串中使用"双引号"
echo '在单引号字符串中使用\'单引号\'';      // 输出结果：在单引号字符串中使用'单引号'
```

从上述示例代码可以看出，在单引号和双引号前面添加反斜线“\”，可以实现单引号和双引号的原样输出，这种添加反斜线的字符（如“\"”“\'”）又被称为转义字符。

转义字符是用于改变字符的解释或含义的特殊字符序列，通常使用转义字符表示一些特殊字符或执行指定的操作。当反斜线与特定的字母或字符组合在一起时，会产生特定的效果。双引号字符串还支持其他常用转义字符，具体如表 2-4 所示。

表 2-4 双引号字符串支持的其他常用转义字符

转义字符	含义
\n	换行（ASCII 字符集中的 LF）
\r	回车（ASCII 字符集中的 CR）
\t	水平制表符（ASCII 字符集中的 HT）
\v	垂直制表符（ASCII 字符集中的 VT）
\e	Escape（ASCII 字符集中的 ESC）
\f	换页（ASCII 字符集中的 FF）
\\	反斜线
\$	美元符

需要说明的是，在单引号字符串中使用转义字符时，转义字符会被原样输出。

2.3.2 数据类型检测

当对数据进行运算时，数据类型不符合预期可能会导致程序出错。例如，两个数字相加，这两个数字的数据类型应该是整型或浮点型，如果是其他数据类型，运算可能会出错。

为了检测数据的数据类型是否符合预期，PHP 提供了一组形式为“is_*()”的内置函数，函数的参数是要检测的数据，函数的返回值是检测结果，返回值 true 表示数据类型符合预期，返回值 false 表示数据类型不符合预期。数据类型检测函数如表 2-5 所示。

表 2-5 数据类型检测函数

函数	功能描述
is_bool(mixed $value)	检测是否为布尔型
is_string(mixed $value)	检测是否为字符串型
is_float(mixed $value)	检测是否为浮点型
is_int(mixed $value)	检测是否为整型
is_null(mixed $value)	检测是否为空值
is_array(mixed $value)	检测是否为数组
is_resource(mixed $value)	检测是否为资源
is_object(mixed $value)	检测是否为对象
is_numeric(mixed $value)	检测是否为数字或由数字组成的字符串

表 2-5 中，函数的参数$value 前面的 mixed 表示参数$value 允许的数据类型，mixed 是一种伪类型，表示允许多种不同的数据类型。另外，在称呼 PHP 中的函数时，通常省略函数的参数，如 is_bool()函数、is_string()函数。

为了便于读者理解数据类型检测函数的使用，下面使用 var_dump()输出数据类型检测函数的结果，示例代码如下。

```
var_dump(is_bool('1'));              // 输出结果：bool(false)
var_dump(is_string('php'));          // 输出结果：bool(true)
var_dump(is_float(23));              // 输出结果：bool(false)
var_dump(is_int(23.0));              // 输出结果：bool(false)
var_dump(is_numeric(45.6));          // 输出结果：bool(true)
```

在上述示例代码中，使用is_bool()函数检测字符串“1”是不是布尔型，输出结果为false；使用is_string()函数检测字符串“php”是不是字符串型，输出结果为true；使用is_float()函数检测数字23是不是浮点型，输出结果为false；使用is_int()函数检测数字23.0是不是整型，输出结果为false；使用is_numeric()函数检测数字45.6是不是数字或由数字组成的字符串，输出结果为true。

2.3.3 数据类型转换

当参与运算的两个数据的数据类型不同时，需要将这两个数据转换成相同的数据类型。通常情况下，数据类型转换分为自动类型转换和强制类型转换，下面对这两种转换方式进行详细介绍。

1. 自动类型转换

自动类型转换由PHP内部自动完成，开发人员无法干预。在标量类型中，如果参与运算的两个数据的数据类型不同，PHP会自动将这两个数据转换成相同的类型再运算。常见的自动类型转换有3种，具体介绍如下。

（1）自动转换成布尔型

运算时，整型0、浮点型0.0、空字符串和字符串0会被转换为false，其他值被转换为true。

下面演示将整型0、浮点型0.0、空字符串、字符串0和布尔值false比较，示例代码如下。

```
var_dump(0 == false);          // 输出结果: bool(true)
var_dump(0.0 == false);        // 输出结果: bool(true)
var_dump('' == false);         // 输出结果: bool(true)
var_dump('0' == false);        // 输出结果: bool(true)
```

在上述示例代码中，“==”是比较运算符，用于比较两个值是否相等，将整型0、浮点型0.0、空字符串、字符串0和布尔值false进行比较时，只有“==”左边的值被转换成false，最终的比较结果才为true。上述示例代码的输出结果都为true，说明整型0、浮点型0.0、空字符串和字符串0被转换成了false。

关于比较运算符的相关内容会在2.4.5小节中进行详细讲解，此处主要演示自动类型转换。

下面演示将整型1、3、-5、浮点型4.0和布尔值true比较，示例代码如下。

```
var_dump(1 == true);           // 输出结果: bool(true)
var_dump(3 == true);           // 输出结果: bool(true)
var_dump(-5 == true);          // 输出结果: bool(true)
var_dump(4.0 == true);         // 输出结果: bool(true)
```

上述示例代码的输出结果都为true，说明整型1、3、-5、浮点型4.0被转换成了true。

（2）自动转换成整型

当布尔型数据自动转换成整型时，true会被转换成整型1，false会被转换成整型0，示例代码如下。

```
var_dump(true + 1);                // 输出结果: int(2)
var_dump(false + 1);               // 输出结果: int(1)
```

在上述示例代码中，表达式“true + 1”的输出结果是2，说明true被自动转换成了整型1；表达式“false + 1”的输出结果是1，说明false被自动转换成了整型0。

当字符串型数据自动转换成整型时，如果字符串是数字或以数字开头，则直接转换为该数值，示例代码如下。

```
var_dump('1' + 1);                 // 输出结果: int(2)
```

```
var_dump('1PHP' + 1);              // 输出结果: int(2)
```

在上述示例代码中，字符串“1”和“1PHP”都被自动转换成了整型 1。

（3）自动转换成字符串型

当布尔型数据自动转换成字符串型时，true 被转换成字符串“1”，false 被转换成空字符串，示例代码如下。

```
echo 'true 被转换成字符串: ' . true;           // 输出结果: true 被转换成字符串: 1
echo 'false 被转换成字符串: ' . false;         // 输出结果: false 被转换成字符串:
```

在上述示例代码中，“.”是字符串连接符，用于对两个数据进行字符串连接，true 自动转换成了字符串“1”，false 自动转换成了空字符串。

当整型或浮点型数据自动转换成字符串型时，数值直接被转换成字符串，示例代码如下。

```
var_dump(1 . 'PHP');               // 输出结果: string(4) "1PHP"
var_dump(3.14 . 'PHP');            // 输出结果: string(7) "3.14PHP"
```

在上述示例代码中，整型 1 自动转换成了字符串“1”，浮点型 3.14 自动转换成了字符串“3.14”。

2. 强制类型转换

强制类型转换是指将某个变量或数据转换成指定的数据类型，强制类型转换的语法格式如下。

```
(目标类型)变量或数据
```

在上述语法格式中，在变量或数据前添加小括号“( )”指定目标类型，即可将变量或数据强制转换成想要的数据类型。强制类型转换中的目标类型具体如表 2-6 所示。

表 2-6　强制类型转换中的目标类型

目标类型	功能描述	目标类型	功能描述
bool	强制转为布尔型	float	强制转为浮点型
string	强制转为字符串型	array	强制转为数组
int	强制转为整型	object	强制转为对象

下面演示如何对数据进行强制类型转换，示例代码如下。

```
var_dump((bool)-5.9);              // 输出结果: bool(true)
var_dump((int)'hello');            // 输出结果: int(0)
var_dump((float)false);            // 输出结果: float(0)
var_dump((string)12);              // 输出结果: string(2) "12"
```

2.4　运算符

运算符是用来对数据进行计算的符号，通过一系列值或表达式的变化产生另外一个值。本节将对 PHP 中常用的运算符进行详细讲解。

2.4.1　算术运算符

算术运算符是用来对整型或浮点型的数据进行数学运算的符号。常用的算术运算符的作用及示例如表 2-7 所示。

表 2-7　常用的算术运算符

运算符	作用	示例	结果
+	加	echo 5 + 5;	10
−	减	echo 6 − 4;	2
*	乘	echo 3 * 4;	12
/	除	echo 5 / 5;	1
%	取模（即算术中的求余数）	echo 7 % 5;	2
**	幂运算	echo 3 ** 4;	81

在使用算术运算符的过程中，应注意以下两点。

① 进行数学运算时，运算顺序要遵循数学中的“先乘除、后加减”的原则。

② 进行取模运算时，运算结果的正负取决于被模数（%左边的数）的正负，与模数（%右边的数）的正负无关。例如，(−8)%7 = −1，而 8%(−7)= 1。

2.4.2　赋值运算符

赋值运算符用于对两个操作数进行相应的运算，这两个操作数可以是变量、常量或表达式。常用的赋值运算符的作用及示例如表 2–8 所示。

表 2-8　常用的赋值运算符

运算符	作用	示例	结果
=	赋值	$a = 3; $b = 2;	$a = 3; $b = 2;
+=	加并赋值	$a = 3; $b = 2; $a += $b;	$a = 5; $b = 2;
−=	减并赋值	$a = 3; $b = 2; $a −= $b;	$a = 1; $b = 2;
*=	乘并赋值	$a = 3; $b = 2; $a *= $b;	$a = 6; $b = 2;
/=	除并赋值	$a = 3; $b = 2; $a /= $b;	$a = 1.5; $b = 2;
%=	模并赋值	$a = 3; $b = 2; $a %= $b;	$a = 1; $b = 2;
.=	连接并赋值	$a = 'abc'; $a .= 'def';	$a = 'abcdef';
**=	幂运算并赋值	$a = 2; $a **= 5;	$a = 32;

在表 2–8 中，“=”表示赋值，而非数学意义上的相等关系。

在 PHP 中，一条赋值语句可以对多个变量进行赋值，示例代码如下。

```
$first = $second = $third = 3;
```

上述示例代码同时为 3 个变量赋值，赋值语句的执行顺序是从右到左，即先将 3 赋值给变量$third，然后再把变量$third 的值赋值给变量$second，最后把变量$second 的值赋值给变量$first。

“+=”“−=”“*=”“/=”“%=”“.=”“**=”表示先将运算符左边的变量与右边的值进行运算，再把运算结果赋值给左边的变量。以“+=”为例，示例代码如下。

```
$a = 5;
$a += 4;        // 等同于$a = $a + 4;
```

在上述示例代码中，变量$a 先与 4 相加，即 5 + 4，结果为 9，再将 9 赋值给变量$a，变量$a 最终的值为 9。

2.4.3 【案例】商品价格计算

1. 需求分析

若用户在一个全场 8 折的网站中购买了 2 斤香蕉、1 斤苹果和 3 斤橘子，它们的价格分别为 7.99 元/斤、6.89 元/斤、3.99 元/斤，那么如何使用 PHP 程序来计算此用户实际需要支付的费用呢？下面通过变量、常量、算术运算符和赋值运算符等相关知识来实现商品价格计算。

2. 实现思路

① 使用常量保存商品折扣，使用变量保存用户购买的商品名称、价格和购买数量。

② 计算用户购买的每件商品的价格和所有商品的价格。

③ 以表格的形式显示用户所购买的商品信息和该用户实际需要支付的费用。

3. 代码实现

本书在配套源码包中提供了本案例的开发文档和完整代码，读者可以参考进行学习。

2.4.4 错误控制运算符

PHP 中有一个特殊的运算符——错误控制运算符“@”，它适合在可能出现错误的代码前使用。使用了错误控制运算符后，当代码出现错误时，不会直接将错误显示给用户。使用错误控制运算符的示例代码如下。

```
$num1 = $a + 1;            // 运行此行代码会出现警告
$num2 = @$a + 1;           // 运行此行代码不会出现警告
```

在上述示例代码中，未使用错误控制运算符的表达式“$a + 1”执行后会出现警告，警告信息为变量$a 未定义；使用错误控制运算符的表达式“@$a + 1”对运算结果进行错误控制，不会显示警告信息。

需要注意的是，错误控制运算符只针对就近的表达式，如果想要对整个表达式的结果进行错误控制，需要将整个表达式使用小括号“()”标注起来。

2.4.5 比较运算符

比较运算符用于对两个数据进行比较，其结果是一个布尔型的 true 或 false。常用的比较运算符的作用及示例如表 2-9 所示。

表 2-9　常用的比较运算符

运算符	作用	示例	比较结果
==	等于	5 == 4	false
!=	不等于	5 != 4	true
<>	不等于	5 <> 4	true
===	全等于	5 === 5	true
!==	不全等于	5 !== '5'	true
>	大于	5 > 5	false
>=	大于或等于	5 >= 5	true
<	小于	5 < 5	false
<=	小于或等于	5 <= 5	true

在使用比较运算符时需要注意以下两点。

① 比较两个数据类型不同的数据时，PHP 会自动将其转换成相同的数据类型后再比较，例如，将 3 与 3.14 比较时，会先将 3 转换成浮点型 3.0，再与 3.14 比较。

② “===”与“!==”运算符在进行比较时，不仅要比较数值是否相等，还要比较其数据类型是否相同。而“==”和“!=”运算符在比较时，只比较数值是否相等。

2.4.6　合并运算符

合并运算符“??”用于简单的数据存在性判定，使用合并运算符的表达式的语法格式如下。

```
<条件表达式> ?? <表达式>
```

在上述语法格式中，先判断条件表达式的值是否存在，如果存在，则返回条件表达式的值；如果不存在或为 NULL，则返回表达式的值。

下面演示合并运算符的使用，示例代码如下。

```
$age = NULL;
echo $age ?? 18;          // 输出结果：18
$age = 20;
echo $age ?? 18;          // 输出结果：20
```

在上述代码中，当$age 的值为 NULL 时，输出结果为 18；当$age 的值为 20 时，输出结果为 20。

2.4.7　三元运算符

三元运算符又称为三目运算符，它是一种特殊的运算符，使用三元运算符的表达式的语法格式如下。

```
<条件表达式> ? <表达式 1> : <表达式 2>
```

在上述语法格式中，先求条件表达式的值，如果为 true，则返回表达式 1 的执行结果；如果为 false，则返回表达式 2 的执行结果。

下面演示三元运算符的使用，示例代码如下。

```
echo $age >= 18 ? '已成年' : '未成年';
```

在上述示例代码中，如果变量$age 的值大于或等于 18，输出结果为“已成年”；如果小于 18，输出结果为“未成年”。

2.4.8　逻辑运算符

逻辑运算符是用于逻辑判断的符号，表达式返回值类型是布尔型。逻辑运算符的作用及示例如表 2-10 所示。

表 2-10　逻辑运算符

运算符	作用	示例	结果
&&	与	$a && $b	$a 和$b 都为 true，则结果为 true，否则为 false
||	或	$a || $b	$a 和$b 中至少有一个为 true，则结果为 true，否则为 false
!	非	!$a	若$a 为 false，则结果为 true，否则为 false
xor	异或	$a xor $b	$a 和$b 一个为 true，一个为 false，则结果为 true，否则为 false

续表

运算符	作用	示例	结果
and	与	$a and $b	与“&&”运算符的作用相同，但优先级较低
or	或	$a or $b	与“||” 运算符的作用相同，但优先级较低

对于“与”操作和“或”操作，在实际开发中需要注意以下两点。

① 当使用“&&”和“and”连接两个表达式时，如果运算符左边表达式的值为 false，则整个表达式的结果为 false，运算符右边的表达式不会执行。

② 当使用“||”和“or”连接两个表达式时，如果运算符左边表达式的值为 true，则整个表达式的结果为 true，运算符右边的表达式不会执行。

2.4.9 递增与递减运算符

递增与递减运算符也称为自增与自减运算符，它可以被看作一种特定形式的复合赋值运算符。递增与递减运算符的作用及示例如表 2-11 所示。

表 2-11 递增与递减运算符

运算符	作用	示例	结果
++	递增（前）	$a = 2; $b = ++$a;	$a = 3; $b = 3;
	递增（后）	$a = 2; $b = $a++;	$a = 3; $b = 2;
--	递减（前）	$a = 2; $b = --$a;	$a = 1; $b = 1;
	递减（后）	$a = 2; $b = $a--;	$a = 1; $b = 2;

从表 2-11 可知，在进行递增或递减运算时，如果运算符（++或--）放在操作数的前面，则先进行递增或递减运算，再进行其他运算。反之，如果运算符放在操作数的后面，则先进行其他运算，再进行递增或递减运算。

2.4.10 位运算符

位运算符是针对二进制位进行运算的符号。位运算符的作用及示例如表 2-12 所示。

表 2-12 位运算符

运算符	作用	示例	结果
&	按位与	$a & $b	$a 和$b 各二进制位进行“与”操作后的结果
|	按位或	$a | $b	$a 和$b 各二进制位进行“或”操作后的结果
~	按位非	~$a	$a 的各二进制位进行“非”操作后的结果
^	按位异或	$a ^ $b	$a 和$b 各二进制位进行“异或”操作后的结果
<<	左移	$a << $b	将$a 各二进制位左移 b 位（左移一位相当于该数乘以 2）
>>	右移	$a >> $b	将$a 各二进制位右移 b 位（右移一位相当于该数除以 2）

在实际开发中，一般只对整型和字符进行位运算。在对整型进行位运算之前，程序会将所有的操作数转换成二进制数，再逐位运算。在对字符进行位运算时，先将字符转换成对应的 ASCII（数字）再进行位运算，然后把运算结果（数字）转换成对应的字符。

为了让读者更好地理解位运算符，下面使用“&”运算符对整型和字符进行位运算，具体示例如下。

（1）使用“&”运算符对整型进行运算

对整型 3 和 9 进行按位与运算，示例代码如下。

```
echo 3 & 9;        // 输出结果：1
```

在上述示例代码中，3 对应的二进制数为 00000011，9 对应的二进制数为 00001001，上述示例代码的演算过程如下。

```
      00000011
&     00001001
———————————————
      00000001
```

在上述演算过程中，如果两个二进制位都为 1，则相应位的运算结果为 1，否则为 0。上述运算结果为 00000001，对应数值为 1。

（2）使用“&”运算符对字符进行运算

对字符“A”和“B”进行按位与运算，示例代码如下。

```
echo "A" & "B";  // 输出结果：@
```

在上述示例代码中，字符“A”的 ASCII 是 65，65 对应的二进制数是 1000001；字符“B”的 ASCII 是 66，66 对应的二进制数是 1000010。上述示例代码的演算过程如下。

```
      1000001
&     1000010
———————————————
      1000000
```

上述运算结果为 1000000，对应数值为 64，转换成字符是“@”。

需要注意的是，对字符串进行位运算时，如果字符串的长度不一样，则从两个字符串的开始位置处开始计算，多余的字符自动转换为空。例如，字符“A”和字符串“AB”进行位运算，只对字符“A”和字符串“AB”中的“A”进行运算。

2.4.11　运算符优先级

当在一个表达式中使用多个运算符时，这些运算符会遵循一定的先后顺序，这个顺序就是运算符的优先级。运算符的优先级如表 2-13 所示。

表 2-13　运算符的优先级

结合方向	运算符
右关联	**
不适用	+、-、++、--、~、@
左关联	Instanceof
不适用	!
左关联	*、/、%
左关联	+、-、.
左关联	<<、>>
左关联	.
无关联	<、<=、>、>=
无关联	==、!=、===、!==、<>、<=>

续表

结合方向	运算符
左关联	&
左关联	^
左关联	|
左关联	&&
左关联	||
右关联	??
无关联	?:
右关联	=、+=、-=、*=、**=、/=、.=、%=、&=、|=、^=、<<=、>>=、??=
左关联	and
左关联	xor
左关联	or

在表 2-13 中，运算符 instanceof 是类型运算符，会在面向对象编程中用到。运算符的优先级由上至下递减，同一行的运算符具有相同的优先级。结合方向中的左关联表示同级运算符的执行顺序为从左到右；右关联表示执行顺序为从右到左；不适用表示运算符只有一个操作数，没有执行顺序；无关联表示这些运算符不能连在一起使用，例如“1 < 2 > 1”的使用方法是错误的。

在表达式中，使用小括号“()”可以提升运算符的优先级，示例代码如下。

```
$num1 = 4 + 3 * 2;        // 运算结果为10
$num2 = (4 + 3) * 2;      // 运算结果为14
```

在上述示例代码中，表达式“4 + 3 * 2”的执行顺序为先进行乘法运算，再进行加法运算；表达式“(4 + 3) * 2”的执行顺序为先进行小括号内的加法运算，再进行乘法运算。

2.5 流程控制

在 PHP 中，流程控制是指控制代码的执行流程。流程控制有三大结构，分别是顺序结构、分支结构和循环结构。前面编写的代码都是按照自上而下的顺序逐条执行的，这种代码就是顺序结构。除了顺序结构，在开发中还会用到分支结构和循环结构，如果不想继续执行循环语句，可以使用跳转语句控制代码的执行流程。本节将对分支结构、循环结构和跳转语句进行详细讲解。

2.5.1 分支结构

在生活中，我们经常会根据不同的情况做出不同的选择。例如，在出行时，会根据目的地的远近选择交通方式，如果目的地比较近，会选择骑自行车；如果目的地距离适中，会选择坐公交车或地铁；如果目的地比较远，会选择乘坐火车或飞机。

分支结构就是对某个条件进行判断，通过不同的判断结果执行不同的语句。分支结构常用的语句有 if、if...else、if...else if...else 和 switch，下面对这 4 种语句进行详细讲解。

1. if 语句

if 语句也称为单分支语句，用于实现当满足某种条件时就进行某种处理，具体语法如下。

```
if (条件表达式) {
    代码段
}
```

在上述语法中，条件表达式的值是一个布尔值，当该值为 true 时，执行"{}"中的代码段，否则不进行任何处理。当代码段只有一条语句时，"{}"可以省略。

if 语句的执行流程如图 2-3 所示。

下面演示如何使用 if 语句判断$a 是否大于$b，示例代码如下。

```
$a = 10;
$b = 5;
if ($a > $b) {
    echo '$a 大于$b';
}
```

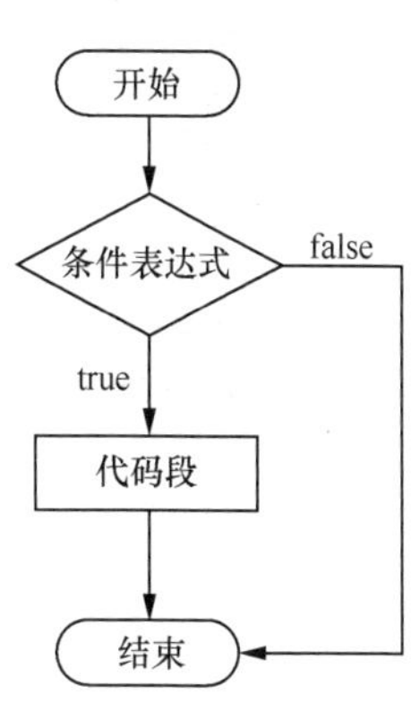

图2-3　if语句的执行流程

在上述示例代码中，变量$a 的值是 10，变量$b 的值是 5，if 语句的条件表达式"$a > $b"的值为 true，执行"{}"中的代码段，输出"$a 大于$b"。

2. if…else 语句

if…else 语句也称为双分支语句，用于实现当满足某种条件时进行某种处理，否则进行另一种处理，具体语法如下。

```
if (条件表达式) {
    代码段 1
} else {
    代码段 2
}
```

在上述语法中，当条件表达式的值为 true 时，执行代码段 1；当条件表达式的值为 false 时，执行代码段 2。if…else 语句的执行流程如图 2-4 所示。

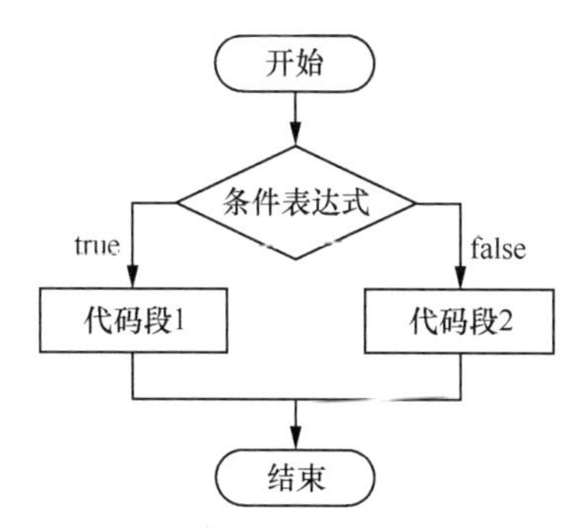

图2-4　if…else语句的执行流程

下面演示如何使用 if…else 语句判断$a 是否大于$b，示例代码如下。

```
$a = 10;
$b = 5;
if ($a > $b) {
    echo '$a 大于$b';
} else {
    echo '$a 小于或等于$b';
```

```
}
```

在上述示例代码中，变量$a 的值是 10，变量$b 的值是 5，if…else 语句的条件表达式“$a > $b”的值为 true，输出“$a 大于$b”。如果将$b 的值修改为 15，则输出“$a 小于或等于$b”。

3. if…else if…else 语句

if…else if…else 语句也称为多分支语句，用于对多种条件进行判断，并进行相应的处理。具体语法如下。

```
if (条件表达式 1) {
    代码段 1
} else if (条件表达式 2) {
    代码段 2
}
……
else if (条件表达式 n) {
    代码段 n
} else {
    代码段 n+1
}
```

在上述语法中，当条件表达式 1 为 true 时，执行代码段 1，否则继续判断条件表达式 2，若为 true，则执行代码段 2，依次类推；若所有条件都为 false，则执行代码段 n+1。

值得一提的是，在 if…else if…else 语句中，“else if”中的空格可以省略，即“else if”可以写成“elseif”。

if…else if…else 语句的执行流程如图 2-5 所示。

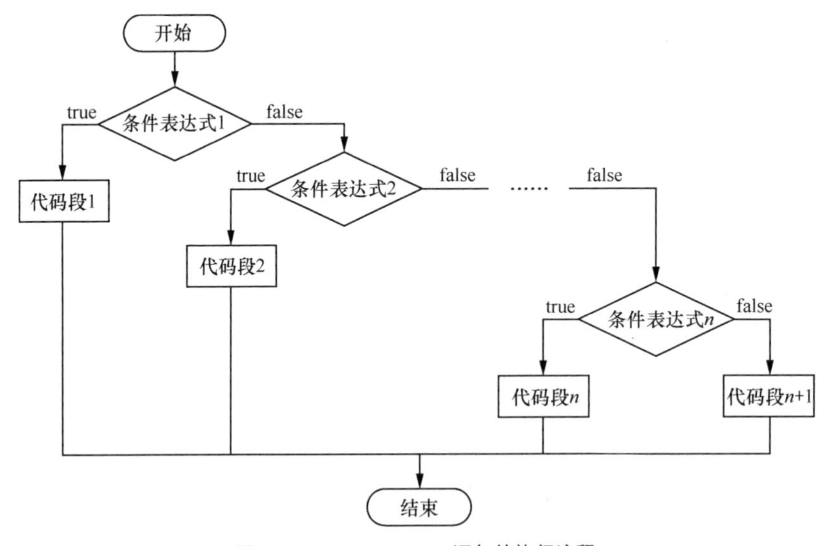

图2-5　if…else if…else语句的执行流程

下面演示如何使用 if…else if…else 语句判断考试分数的等级，示例代码如下。

```
1 $score = 75;
2 if ($score >= 90) {
3     echo '优秀';
4 } else if ($score >= 80)  {
5     echo '良好';
```

```
6 } else if ($score >= 70) {
7     echo '一般';
8 } else if ($score >= 60) {
9     echo '及格';
10 } else {
11     echo '不及格';
12 }
```

在上述示例代码中，变量$score 的值是 75，第 2～4 行代码的 if 语句用于判断$score 大于等于 90 分的情况，判断结果为 false，执行第 4～6 行代码的 else if 语句，判断结果为 false，继续执行第 6～8 行代码的 else if 语句，此时判断结果为 true，执行该语句中的代码段，输出“一般”。

4. switch 语句

switch 语句也是多分支语句，用于将表达式与多个不同的值比较，最终执行不同的代码段。switch 语句的语法如下。

```
switch (表达式) {
    case 值 1:
        代码段 1;
        break;
    case 值 2:
        代码段 2;
        break;
    ……
    case 值 n:
        代码段 n;
        break;
    default:
        代码段 n+1;
}
```

在上述语法中，首先计算表达式的值，然后将计算出的值与 case 语句中的值依次比较，case 语句中值的数据类型可以是标量类型、数组和 NULL。如果有匹配的值，则执行 case 语句后对应的代码段；如果没有匹配的值，则执行 default 语句中的代码段。

值得一提的是，case 语句中的 break 语句用于跳出 switch 语句。如果 case 语句中没有 break 语句，程序会执行到最后一个 case 语句和 default 语句。

下面使用 switch 语句根据给定的数值输出中文格式的星期，若给定的数值为 1 则输出星期一，若给定的数值为 2 则输出星期二，依次类推，示例代码如下。

```
1 $week = 5;
2 switch ($week) {
3     case 1:
4         echo '星期一';
5         break;
6     case 2:
7         echo '星期二';
8         break;
9     case 3:
10        echo '星期三';
11        break;
12    case 4:
```

```
13          echo '星期四';
14          break;
15      case 5:
16          echo '星期五';
17          break;
18      case 6:
19          echo '星期六';
20          break;
21      case 7:
22          echo '星期日';
23          break;
24      default:
25          echo '输入的数字不正确...';
26 }
```

在上述示例代码中，第 1 行代码定义了变量$week 的值为 5，第 2～26 行代码使用 switch 语句判断$week 的值并输出对应的星期值，程序的输出结果为星期五。如果上述示例代码中所有的 case 语句中没有 break 语句，则执行到最后一个 case 语句和 default 语句，程序的输出结果为“星期五星期六星期日输入的数字不正确...”。

2.5.2 【案例】判断学生成绩等级

1. 需求分析

假设学生成绩大于或等于 90 且小于或等于 100 分，等级为 A 级；成绩大于或等于 80 且小于 90 分，等级为 B 级；成绩大于或等于 70 且小于 80 分，等级为 C 级；成绩大于或等于 60 且小于 70 分，等级为 D 级；成绩大于或等于 0 且小于 60 分，等级为 E 级。下面通过比较运算符、逻辑运算符和分支结构语句实现学生成绩等级的判断。

2. 实现思路

① 创建 score.php 文件，定义变量保存学生的姓名和分数。

② 使用 if...else 语句判断分数是不是有效数值，整型或浮点型都是有效数值。

③ 使用 if...else if...else 语句判断学生的成绩等级。

④ 输出学生的姓名、分数和等级。

3. 代码实现

本书在配套源码包中提供了本案例的开发文档和完整代码，读者可以参考进行学习。

2.5.3 循环结构

在实际生活中，经常会有重复做同一件事情的情况。例如，学生在操场跑步，操场的跑道一圈为 400 米，如果学生跑 800 米需要沿着跑道跑 2 圈，如果学生跑 1200 米需要沿着跑道跑 3 圈。将跑 1 圈看作重复的行为，跑 800 米需要重复做 2 次，跑 1200 米需要重复做 3 次。

PHP 中的循环结构可以实现重复做某一件事，循环结构常用的语句有 while、do...while、for 和 foreach，其中，foreach 语句用于遍历数组，使用 foreach 语句遍历数组的相关内容会在第 3 章讲解，本小节对循环结构的其他 3 种语句进行讲解。

1. while 语句

while 语句用于根据循环条件判断是否重复执行某一段代码，具体语法如下。

```
while (循环条件) {
```

```
    循环体
}
```

在上述语法中，当循环条件为 true 时，执行循环体，循环体是一段可以重复执行的代码，当循环条件为 false 时，结束整个循环。需要注意的是，如果循环条件永远为 true，会出现死循环。while 语句的执行流程如图 2-6 所示。

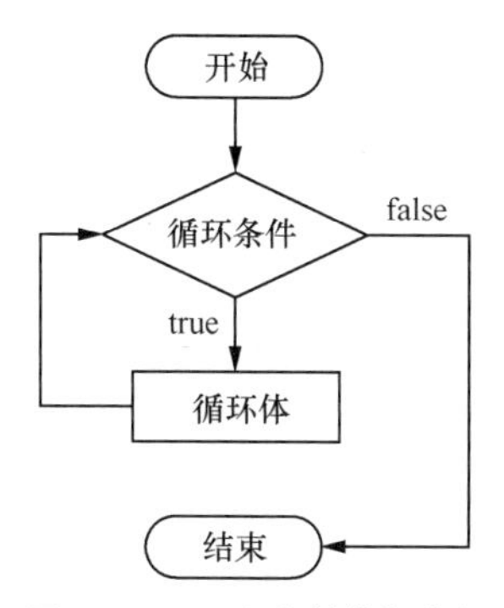

图2-6　while语句的执行流程

下面演示如何使用 while 语句输出 5 个“☆”字符，示例代码如下。

```
1 $i = 5;
2 while ($i > 0) {
3     echo '☆';
4     $i = $i - 1;
5 }
```

在上述代码中，变量$i 的初始值为 5，第 2 行代码判断$i 是否大于 0，如果判断结果为 true，则执行第 3 行和第 4 行代码。第 3 行代码输出“☆”，第 4 行代码将$i 的值减 1。$i 的值减 1 后，继续执行第 2 行代码，直到$i 的值为 0 时，不满足循环条件，退出循环。

2. do...while 语句

do...while 语句与 while 语句功能类似，其区别在于，while 语句先判断循环条件再执行循环体，do...while 语句先无条件执行一次循环体再判断循环条件。do...while 语句的语法格式如下。

```
do {
    循环体
} while (循环条件);
```

在上述语法中，先执行循环体后再判断循环条件，当循环条件为 true 时，继续执行循环体，否则结束循环。do...while 语句的执行流程如图 2-7 所示。

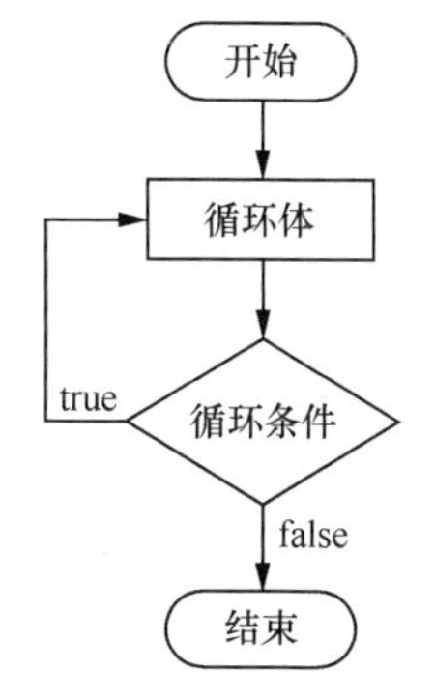

图2-7　do...while语句的执行流程

下面演示如何使用 do...while 语句输出 5 个“☆”字符，示例代码如下。

```
1 $i = 5;
2 do {
3     echo '☆';
4     $i = $i - 1;
5 } while ($i > 0);
```

在上述代码中，变量$i 的初始值为 5，执行第 3 行和第 4 行代码后，再判断$i 是否大于 0，如果大于 0 则继续循环。当$i 的值为 0 时，不满足循环条件，退出循环。

3. for 语句

for 语句适合在循环次数已知的情况下使用，for 语句的语法格式如下。

```
for (初始化表达式; 循环条件; 操作表达式) {
    循环体
}
```

上述语法中，for 关键字后面的小括号“()”中包括 3 部分内容，分别为初始化表达式、循环条件和操作表达式，它们之间用“;”分隔。其中，初始化表达式用于给循环变量设置初始值，接着判断循环条件，当循环条件为 true 时执行循环体，操作表达式用于设置每次循环结束后执行的操作，如对循环变量进行递增或递减。for 语句的执行流程如图 2-8 所示。

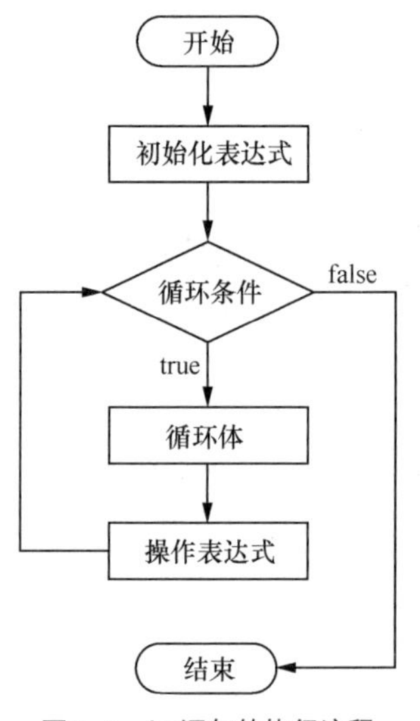

图2-8 for语句的执行流程

下面演示如何使用 for 语句输出 5 个“☆”字符，示例代码如下。

```
1 for ($i = 5; $i > 0; $i--) {
2     echo '☆';
3 }
```

在上述代码中，变量$i 的初始值为 5，判断$i 是否大于 0，如果判断结果为 true，则执行第 2 行代码，输出“☆”，通过操作表达式“$i--”将$i 减 1。$i 减 1 后继续判断$i 是否大于 0，如果大于 0 则继续循环，直到$i 的值为 0 时，不满足条件，退出循环。

多学一招：流程控制语句的替代语法

替代语法是在 HTML 模板中嵌入 PHP 代码时的一种可读性更好的语法，其基本形式就是把 if、switch、while、for、foreach 的左大括号“{”换成冒号“:”，把右大括号“}”

分别换成“endif;”“endswitch;”“endwhile;”“endfor;”“endforeach;”。

下面演示如何使用 for 语句的替代语法输出 5 个“☆”字符到表格中，具体代码如下。

```
1 <table>
2   <?php for ($i = 5; $i > 0; $i--) : ?>
3   <tr>
4     <td><?='☆'?></td>
5   </tr>
6   <?php endfor; ?>
7 </table>
```

在上述代码中，第 2 行代码使用 for 语句的替代语法循环 5 次，第 4 行代码使用 PHP 标记和 echo 语句的简写形式输出“☆”字符。

从上述代码可以看出，表格中 for 语句的开始位置和结束位置很明确，可以避免分不清 for 语句的开始位置和结束位置，增强了代码的可读性。

2.5.4 循环嵌套

循环嵌套是指在一个循环语句的循环体中再定义一个循环语句。while、do...while、for 语句都可以进行嵌套，并且它们之间也可以互相嵌套，其中最常见的是 for 语句循环嵌套 for 语句，具体语法格式如下。

```
for (初始化表达式; 循环条件; 操作表达式) {            // 外层循环
    for (初始化表达式; 循环条件; 操作表达式) {        // 内层循环
        循环体
    }
}
```

下面使用循环嵌套输出五角星组成的直角三角形，直角三角形的效果如图 2-9 所示。

☆
☆☆
☆☆☆
☆☆☆☆
☆☆☆☆☆

图2-9 直角三角形

从图 2-9 可以看出，直角三角形由五角星“☆”构成，一共 5 行，第 1 行 1 个五角星，第 2 行 2 个五角星，依次类推。

通过上述规律，实现输出直角三角形需要使用两个 for 循环语句，一个 for 语句用于控制三角形的行数，另一个 for 语句用于控制每行“☆”的个数，并且“☆”的个数和行数相等。

下面演示如何使用循环嵌套输出直角三角形，示例代码如下。

```
1 <?php
2 for ($i = 1; $i <= 5; $i++) {              // 控制三角形的行
3     for ($j = 1; $j <= $i; $j++) {         // 控制每行☆的个数
4         echo '☆';
5     }
6     echo '<br>';
```

```
7 }
```

在上述代码中，第 2 行代码用于控制三角形的行，第 3 行代码用于控制每行“☆”的个数。上述代码中循环嵌套的执行流程如下。

第 1 步：第 2 行代码中$i 的初始值为 1，判断条件为$i <= 5 为 true，首次进入外层循环。

第 2 步：第 3 行代码$j 的初始值为 1，判断条件$j <= $i 的结果为 true，首次进入内层循环体，输出一个“☆”。

第 3 步：执行第 3 行代码中内层循环的操作表达式$j++，将$j 的值变为 2。

第 4 步：执行第 3 行代码中的判断条件$j <= $i，判断结果为 false，内层循环结束，执行第 6 行代码，输出换行符。

第 5 步：执行第 2 行代码中外层循环的操作表达式$i++，将$i 的值变为 2。

第 6 步：执行第 2 行代码中的判断条件$i <= 5，判断结果为 true，继续执行内层循环。

第 7 步：此时$i 的值为 2，内层循环会执行 2 次，即在第 2 行输出两个“☆”，内层循环结束并输出换行符。

第 8 步：依次类推，$i 的值为 3，内层循环会执行 3 次，输出 3 个“☆”，直到$i 的值为 6 时，外层循环结束。

2.5.5 【案例】九九乘法表

1. 需求分析

九九乘法表体现了数字之间乘法的规律，是数学中必学的内容。请使用循环语句实现九九乘法表，具体实现效果如图 2-10 所示。

1×1=1								
1×2=2	2×2=4							
1×3=3	2×3=6	3×3=9						
1×4=4	2×4=8	3×4=12	4×4=16					
1×5=5	2×5=10	3×5=15	4×5=20	5×5=25				
1×6=6	2×6=12	3×6=18	4×6=24	5×6=30	6×6=36			
1×7=7	2×7=14	3×7=21	4×7=28	5×7=35	6×7=42	7×7=49		
1×8=8	2×8=16	3×8=24	4×8=32	5×8=40	6×8=48	7×8=56	8×8=64	
1×9=9	2×9=18	3×9=27	4×9=36	5×9=45	6×9=54	7×9=63	8×9=72	9×9=81

图2-10 九九乘法表

2. 实现思路

在图 2-10 中，九九乘法表共 9 层，假设顶层是第 1 层，第 1 层由 1 个单元格组成，第 2 层由 2 个单元格组成，依次往下递增，直到第 9 层由 9 个单元格组成。单元格中的内容，以 2×3=6 为例，2 和 3 是乘数，6 是积。

通过分析图 2-10 中的九九乘法表，可以得出以下规律。

- 每层单元格中乘号左边的乘数从 1 开始，从左向右依次递增，直到等于层数为止。
- 每层单元格中乘号右边的乘数和这一层的层数相等，例如，第 2 层乘号右边的乘数都是 2，第 3 层乘号右边的乘数都是 3。

通过以上规律可以得出，实现九九乘法表需要使用两个 for 语句得到每层的两个乘数，九九乘法表的具体实现步骤如下。

① 在第一个 for 语句中循环每层的乘号右边的乘数，将循环变量作为第二个 for 语句的循环条件。

② 在第二个 for 语句中循环每层的乘号左边的乘数。

③ 输出每层中表格的两个乘数和积。

3. 代码实现

本书在配套源码包中提供了本案例的开发文档和完整代码，读者可以参考进行学习。

2.5.6 跳转语句

在循环结构中，如果想要控制程序的执行流程，例如满足特定条件时跳出循环或者结束循环，可以使用跳转语句来实现。PHP 常用的跳转语句有 break 语句和 continue 语句，它们的区别在于，break 语句是终止当前循环，跳出循环体；continue 语句是结束本次循环的执行，开始下一轮循环。

下面统计 1～100 的奇数和，使用 for 语句循环变量$i 的值，在循环体中，使用 if 语句判断变量$i 的值，若为奇数，则对$i 的值进行累加；若为偶数，则使用 continue 语句结束本次循环，$i 不进行累加，示例代码如下。

```
1 $sum = 0;
2 for ($i = 1; $i<= 100; $i++) {
3     if ($i % 2 == 0) {
4         continue;
5     }
6     $sum += $i;
7 }
8 echo '$sum = ' . $sum;
```

在上述示例代码中，变量$sum 保存 1～100 的奇数和。第 2～7 行代码使用 for 语句循环 1～100 的数；第 3～5 行代码判断如果当前的数是偶数，则结束本次循环，进入下一次循环；第 6 行代码表示如果当前的数是奇数，则将当前的数累加到变量$sum 中。第 8 行代码输出$sum 的值，输出结果为“$sum = 2500”。

如果将示例代码中的第 4 行代码修改为 break，当$i 递增到 2 时，该循环终止执行，最终输出的结果为“$sum = 1”。

2.6 文件包含语句

在程序开发中，通常会将页面的公共代码提取出来，放到单独的文件中，然后使用 PHP 提供的文件包含语句，将公共文件包含进来，从而实现代码的复用。例如，项目中的初始化文件、配置文件、HTML 模板文件等都是公共文件。文件包含语句包括 include、require、include_once 和 require_once 语句，本节将对文件包含语句的使用方法进行详细讲解。

2.6.1 include 语句和 require 语句

include 语句和 require 语句都可以引入外部文件，这两个语句的区别是，当引入的外部文件出现错误时，include 语句和 require 语句的处理方式不同：include 语句会出现警告，程序继续运行；require 语句会产生警告和致命错误，程序停止运行。

include 语句和 require 语句的语法类似，下面以 include 语句为例进行讲解。include 语句的语法格式如下。

```
// 第 1 种写法
include '完整路径文件名';
// 第 2 种写法
include('完整路径文件名');
```

在上述语法格式中，include 语句的两种写法不同，实现的功能相同，完整路径文件名是指被包含文件所在的绝对路径或相对路径。

绝对路径是指从盘符开始的路径，如“C:/web/test.php”；相对路径是指从当前路径开始的路径，如引入当前所在目录下的 test.php 文件，相对路径就是“./test.php”。相对路径中的“./”表示当前目录，“../”表示当前目录的上级目录。

下面演示使用 include 语句引入外部文件，具体步骤如下。

① 创建 test.php，具体代码如下。

```
<?php
echo 'ok';
```

② 创建 index.php，使用 include 语句引入 test.php，具体代码如下。

```
<?php
include './test.php';
```

通过浏览器访问 index.php，运行结果如图 2-11 所示。

从图 2-11 中可以看出，index.php 文件的输出内容为“ok”，说明使用文件包含语句引入了 test.php 文件。

下面演示使用 include 语句和 require 语句引入不存在的文件的区别，具体步骤如下。

① 创建 import.php，具体代码如下。

```
1 <?php
2 include './wrongFile.php';            // 此行代码会产生警告
3 echo 'Hello,PHP';                     // 此行代码会执行
```

在上述代码中，第 2 行代码使用 include 语句引入 wrongFile.php 文件，该文件是一个不存在的文件，第 3 行代码输出“Hello,PHP”字符串，通过浏览器访问 import.php，运行结果如图 2-12 所示。

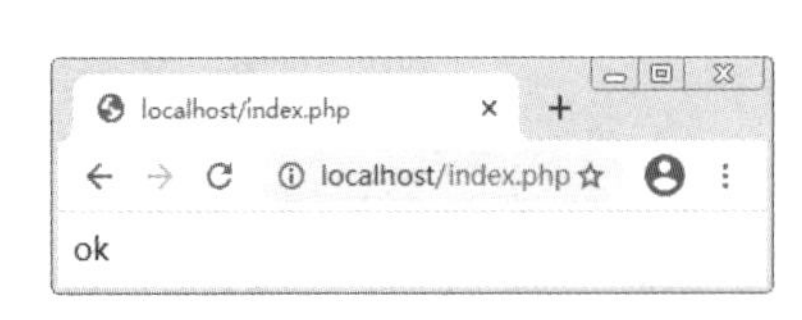

图2-11　index.php文件的运行结果

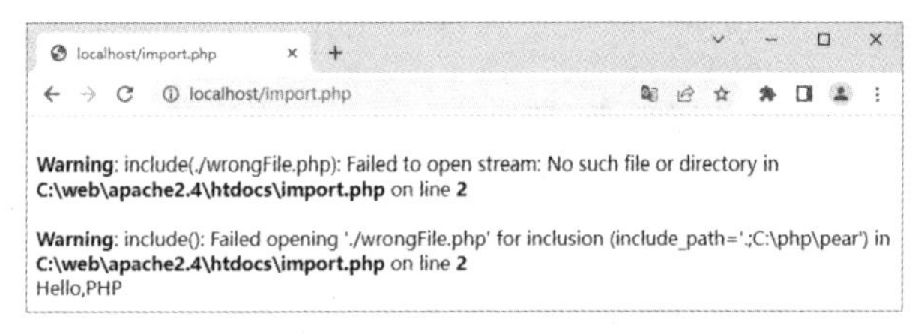

图2-12　import.php文件的运行结果（1）

从图 2-12 的输出结果可以看出，虽然运行程序后产生了警告，但是依然输出了“Hello,PHP”，说明使用 include 语句引入的外部文件不存在时，运行程序会产生警告，但程序继续运行。

② 修改 import.php 文件，具体代码如下。

```
1 <?php
2 require './wrongFile.php';            // 此行代码会产生警告和致命错误
3 echo 'Hello,PHP';                     // 此行代码不会执行
```

在上述代码中，第 2 行代码使用 require 语句引入 wrongFile.php 文件，通过浏览器访问 import.php，运行结果如图 2-13 所示。

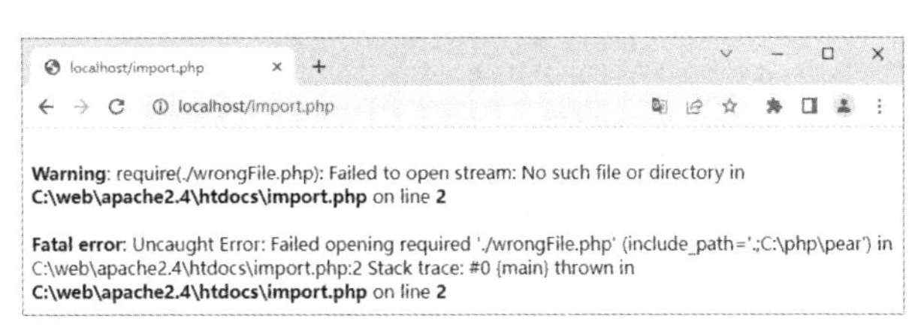

图2-13　import.php文件的运行结果（2）

从图 2-13 的输出结果可以看出，程序运行后产生了警告和致命错误，没有输出任何内容，说明使用 require 语句引入的外部文件不存在时，运行程序会产生警告和致命错误，程序停止运行。

2.6.2　include_once 语句和 require_once 语句

使用 include_once 和 require_once 语句引入外部文件时会检查该文件是否在程序中已经被引入过。如果已经引入，则外部文件不会被再次引入，以避免重复引入文件。

include_once 和 require_once 语句的语法和 include 语句的语法相同。下面以 include_once 语句为例进行讲解。为了演示使用 include_once 语句和 include 语句引入外部文件的区别，在 for 语句中引入外部文件，统计引入外部文件的次数，具体实现步骤如下。

① 创建 once.php 外部文件，具体代码如下。

```
<?php
$sum = $i++;
```

在上述代码中，定义$sum 变量，统计文件被引入的次数。

② 创建 include_once.php 文件，具体代码如下。

```
1  <?php
2  for ($i = 1; $i <= 5; $i++) {
3     include_once './once.php';
4  }
5  echo '使用 include_once 语句引入外部文件的次数：' . $sum;
6  echo '<br>';
7  for ($i = 1; $i <= 5; $i++) {
8     include './once.php';
9  }
10 echo '使用 include 语句引入外部文件的次数：' . $sum;
```

在上述代码中，第 2～4 行代码在 for 语句中使用 include_once 语句引入 once.php 文件，第 5 行代码输出 once.php 中$sum 的值，第 7～9 行代码在 for 语句中使用 include 语句引入 once.php 文件，第 10 行代码输出 once.php 中$sum 的值。include_once.php 文件的运行结果如图 2-14 所示。

从图 2-14 的输出结果可以看出，include_once 语句的输出结果为 1，表示只引入了 1 次 once.php 文件；include 语句的输出结果为 5，表示引入了 5 次 once.php 文件。

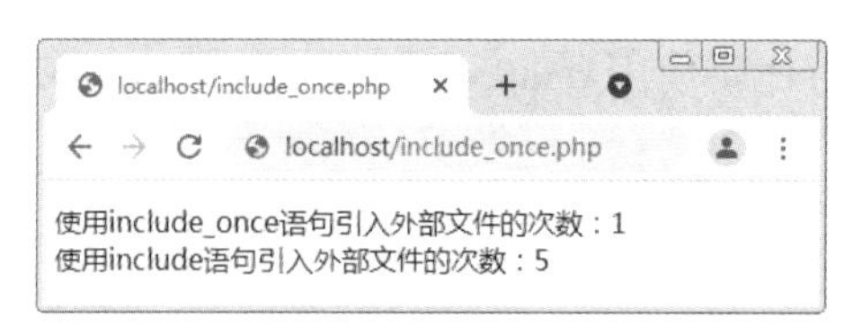

图2-14　include_once.php文件的运行结果

本章小结

本章首先讲解了 PHP 的基本语法，接着讲解了变量、常量和表达式，然后讲解了数据类型和运算符，最后讲解了流程控制和文件包含语句。通过学习本章的内容，读者应掌握 PHP 的基本语法，学会编写 PHP 脚本，掌握常用的数据类型和运算符的使用方法，能够使用流程控制语句控制程序的执行流程。

课后练习

一、填空题

1. PHP 的标准标记是以________开始，以?>结束。
2. PHP 的预定义常量________用于获取运行 PHP 的操作系统。
3. PHP 中用于定义常量的函数是________。
4. 结束循环跳出循环体的语句是________。
5. 结束本次循环，开始下一层循环的语句是________。

二、判断题

1. “&&”与“and”实现的功能相同，但是前者比后者优先级高。(　　)
2. 关键字可以作为常量、函数名或类名使用，方便记忆。(　　)
3. 运算符中“or”的优先级最高。(　　)
4. 自增运算符在前是指先进行自增运算后再执行其他运算。(　　)
5. 比较运算符中的“<>”用于判断变量大于或小于某个值。(　　)

三、选择题

1. 下列选项中，关于标识符的说法错误的是（　　）。

A. 在项目中，类名、方法名、函数名、变量名等都被称为标识符
B. 标识符由字母、数字和下画线组成
C. 当标识符由多个单词组成时，可直接进行拼接，没有格式要求
D. 标识符用作变量名时，区分大小写

2. 下列运算符中，优先级最高的是（　　）。

A. &　　　　B. !
C. |　　　　D. 以上答案全部正确

3. 下列选项中，递增递减语句正确的是（　　）。

A. +$a+　　　　B. +$a-
C. +-$a　　　　D. $a++

4. 下列选项中，不属于 PHP 关键字的是（　　）。

A. static　　B. class

C. add　　D. use

5. 下列选项中，对比较运算符的描述错误的是（　　）。

A. ===表示等于　　B. <>表示不等于

C. !=表示不等于　　D. >=表示大于或等于

四、简答题

1. 请列举 PHP 中常用的预定义常量。
2. 请列举 PHP 所支持的数据类型。

五、程序题

1. 使用 PHP 程序实现交换两个变量的值。
2. 通过 PHP 程序实现输出菱形的功能，具体效果如图 2-15 所示。

```
   *
  ***
 *****
*******
 *****
  ***
   *
```

图2-15　输出的菱形

第3章

PHP函数与数组

学习目标

★ 掌握函数的定义和调用方法，能够根据需求定义和调用函数。

★ 掌握设置函数参数默认值的方式，能够给函数的参数设置默认值。

★ 掌握变量的作用域，能够在函数中正确使用变量。

★ 了解可变函数和匿名函数的概念，能够说出什么是可变函数和匿名函数。

★ 掌握函数递归调用的实现方式，能够递归调用函数。

★ 掌握字符串函数、数学函数、时间和日期函数的使用方法，能够运用这些函数对字符串、数值、时间和日期进行处理。

★ 了解数组的概念，能够说出数组的分类。

★ 掌握数组的基本使用和遍历，能够定义、新增、访问、删除和遍历数组。

★ 掌握数组和字符串的转换方法，能够使用 explode()函数和 implode()函数完成数组和字符串的转换。

★ 掌握基本数组函数、数组排序函数和数组检索函数的使用方法，能够使用这些函数完成对数组的合并、分割、排序和检索。

在 PHP 中，函数用于封装重复使用的代码。将代码封装成函数后，在实现相同的功能时，直接调用函数即可。使用函数可以避免编写重复的代码，不仅可减少工作量，也有利于代码的维护。数组用于存储一组数据，从而方便开发人员对一组数据进行批量处理。利用数组函数可以实现数组的遍历、排序和检索等操作。本章将对函数和数组进行详细讲解。

3.1 函数

在程序开发中，经常需要编写一些用于实现相同功能（如求平均数、计算总分等）的代码。这样的重复工作既增加了工作量，又不利于后期的代码维护。为此，PHP 提供了函数，它可以将代码封装起来，实现一次编写多次使用，方便后期维护。本节将对函数进行详细讲解。

3.1.1　函数的定义和调用

在 PHP 中，开发人员可以根据功能需求定义函数。定义函数的语法格式如下。

```
function 函数名([参数 1, 参数 2, …])
{
    函数体
}
```

在上述语法格式中，函数的定义涉及关键字 function、函数名、参数和函数体 4 部分内容。语法格式中的“[ ]”用于标注可选内容，编写代码时不需要书写“[”和“]”。下面对定义函数的 4 部分内容分别进行介绍。

- function 是声明函数使用的关键字，不能省略。
- 函数名的命名规则与标识符相同，且函数名是唯一的，不能重复。
- 参数是外部传递给函数的值，它是可选的，当有多个参数时，各参数之间使用英文逗号“,”分隔。
- 函数体是实现指定功能的代码。如果想要函数在执行后返回执行结果，需要在函数体中使用 return 关键字，执行结果称为函数的返回值。

当函数定义好后，若要使用函数，需要对函数进行调用。调用函数的语法格式如下。

```
函数名([参数 1, 参数 2, …])
```

上述语法格式中，“函数名”表示要调用的函数，“参数 1, 参数 2, …”表示要传递给函数的参数，参数的顺序要与定义函数时的顺序相同。

下面演示函数的定义和调用。定义 sum()函数实现求两个数的和，函数体中使用 return 关键字返回计算的结果，示例代码如下。

```
1 function sum($a, $b)
2 {
3     $result = $a + $b;
4     return $result;          // 返回执行结果
5 }
6 echo sum(23, 45);            // 调用函数，输出结果：68
```

在上述示例代码中，第 1～5 行代码定义了函数 sum()，用于求两个数的和，函数中有两个参数$a 和$b。其中，第 4 行代码使用 return 关键字将函数的执行结果返回；第 6 行代码调用了函数 sum()，传入$a 和$b 的值分别是 23 和 45，故输出结果为 68。

3.1.2　设置函数参数的默认值

在定义函数时可以为函数的参数设置默认值。如果调用函数时未传递参数，则会使用参数的默认值。设置函数参数默认值的示例代码如下。

```
1 function say($p, $con = 'says "Hello"')
2 {
3     return "$p $con";
4 }
5 echo say('Tom');      // 输出结果：Tom says "Hello"
```

在上述示例代码中，定义了函数 say()，函数中有两个参数$p 和$con，$con 的默认值为“says "Hello"”，第 5 行代码调用函数 say()时只传递了参数$p，故程序的输出结果是“Tom says "Hello"”。

注意：

对函数某参数设置默认值后，该参数就是可选参数，可选参数必须放在非可选参数的右侧。

多学一招：引用传参

如果需要在函数中修改参数值，可以通过函数参数的引用传递来实现，即引用传参。引用传参的实现方式很简单，在参数前添加“&”符号即可，示例代码如下。

```
1 function extra(&$var)
2 {
3     $var = 'fruit';
4 }
5 $var = 'food';
6 extra($var);
7 echo $var;                // 输出结果：fruit
```

在上述示例代码中，将函数的参数设置为引用传参后，在函数中修改了参数$var 的值，函数外的变量$var 的值也会随之改变。

3.1.3 变量的作用域

变量只有在定义后才能够被使用，但这并不意味着定义变量后就可以随时使用变量。变量只可以在其作用范围内被使用，这个作用范围称为变量的作用域。在函数中定义的变量称为局部变量，在函数外定义的变量称为全局变量。函数执行完毕后，局部变量会被释放。

下面演示局部变量和全局变量的使用，示例代码如下。

```
1 function test()
2 {
3     $sum = 36;                      // 局部变量
4     return $sum;
5 }
6 $sum = 0;                           // 全局变量
7 echo test();                        // 输出结果：36
8 echo $sum;                          // 输出结果：0
```

在上述示例代码中，定义了函数 test()，在函数中定义了局部变量$sum 的值为 36。第 6 行代码定义全局变量$sum 的值为 0。第 7 行代码调用 test()函数，输出的是局部变量$sum 的值。第 8 行代码输出结果为 0，说明输出了全局变量$sum 的值。

多学一招：静态变量

通过前面的学习可知，函数中的变量在函数执行完毕后会被释放。如果想在函数执行完毕后依然保留局部变量的值，可以利用 static 关键字在函数中将变量声明为静态变量。下面定义一个实现计数功能的函数 num()，具体代码如下。

```
1 function num()
2 {
3     static $i = 1;
4     echo $i;
5     ++$i;
```

```
6 }
```

在上述示例代码中，在变量$i 前面添加 static 关键字，使变量$i 成为静态变量。

调用 num()函数，具体代码如下。

```
num();
```

第 1 次调用 num()函数输出 1，第 2 次调用 num()函数输出 2，依次类推。

3.1.4 可变函数

在程序中，当需要根据运行时的条件或参数来动态选择要调用的函数时，可以使用可变函数。例如，处理用户上传的图片时，需要根据图片的类型选择相应的函数进行处理。

可变函数是在变量名的后面添加小括号“()”，让其变成函数的形式，PHP 会自动寻找与变量值同名的函数，并且尝试执行它。应用可变函数的示例代码如下。

```
1 function shout()
2 {
3     echo 'come on';
4 }
5 $funcname = 'shout';       // 定义变量，其值是函数的名称
6 echo $funcname();          // 调用可变函数
```

在上述示例代码中，变量$funcname 的值为函数名。第 6 行代码在变量$funcname 后面添加小括号“()”，程序会调用 shout()函数，输出结果为“come on”。

需要说明的是，变量的值可以是用户自定义的函数名称，也可以是 PHP 内置的函数名称，但是变量的值必须是实际存在的函数的名称。如果变量的值不是实际存在的函数名称，运行时程序会报错。

脚下留心：区分语言构造器和函数

在 PHP 中，有一些语言构造器的用法和函数相似，但是语言构造器不能通过可变函数的方式调用。常用的语言构造器有 echo、print、exit、die、isset、unset、include、require、include_once、require_once、array、list、empty 等。

3.1.5 匿名函数

匿名函数就是没有函数名称的函数，使用匿名函数无须考虑函数命名冲突的问题。匿名函数的示例代码如下。

```
$sum = function($a, $b) {     // 定义匿名函数
    return $a + $b;
};
echo $sum(100, 200);          // 输出结果：300
```

在上述示例代码中，定义了一个匿名函数，并赋值给变量$sum，通过“$sum()”的方式可以调用匿名函数。

若要在匿名函数中使用外部的变量，需要通过 use 关键字来实现，示例代码如下。

```
$c = 100;
$sum = function($a, $b) use($c) {
    return $a + $b + $c;
};
echo $sum(100, 200);          // 输出结果：400
```

在上述示例代码中，定义了外部变量$c，在匿名函数中使用关键字 use 引入外部变量，其后的小括号“()”中的内容即为要使用的外部变量。当使用多个外部变量时，变量名之间使用英文逗号“,”分隔。

匿名函数还可以作为回调函数使用。回调函数是一种特殊的函数，它可以作为参数传递给其他函数，并在特定事件发生或特定条件满足时被调用执行。将匿名函数作为回调函数使用，可以增强函数的灵活性和可扩展性，示例代码如下。

```
function calculate($a, $b, $func)
{
    return $func($a, $b);
}
echo calculate(100, 200, function($a, $b) {   // 输出结果：300
    return $a + $b;
});
echo calculate(100, 200, function($a, $b) {   // 输出结果：20000
    return $a * $b;
});
```

在上述代码中，calculate()函数的第 3 个参数$func 就是一个回调函数，在函数体中使用匿名函数计算$a 和$b 的运算结果。

3.1.6 函数的递归调用

在 PHP 中，递归是指在一个函数体中调用自身的过程，这种函数称为递归函数。当一个函数需要调用函数自身来解决相同的问题时，可以通过递归来实现。

下面通过求 4 的阶乘来演示函数的递归调用，示例代码如下。

```
function factorial($n)
{
    if ($n == 1) {
        return 1;
    }
    return $n * factorial($n - 1);
}
echo factorial(4);          // 输出结果：24
```

在上述代码中，定义了一个递归函数 factorial()，用于实现$n 的阶乘计算。当$n 不等于 1 时，递归调用当前变量$n 乘以 factorial($n – 1)，直到$n 等于 1 时，返回 1。factorial()函数的计算过程为 4 × 3 × 2 × 1，最终的输出结果为 24。

3.1.7 字符串函数

在开发程序时，经常会涉及对字符串的处理。例如，获取用户名称的首字母、判断用户输入数据的长度等。为此，PHP 提供了字符串函数，以满足不同的开发需求。常用的字符串函数如表 3-1 所示。

表 3-1　常用的字符串函数

函数	功能描述
strlen(string $string)	获取字符串的长度
strpos(string $haystack, string $needle, int $offset = 0)	获取指定字符串在目标字符串中首次出现的位置
strrpos(string $haystack, string $needle, int $offset = 0)	获取指定字符串在目标字符串中最后一次出现的位置
str_replace(string $search, string $replace, string $subject, int $count)	对字符串中的某些字符进行替换
substr(string $string, int $start, int $length = null)	获取字符串的子串
explode(string $separator, string $string, int $limit = PHP_INT_MAX)	使用指定的分割符将目标字符串分割，分割结果是数组
implode(string $separator, array $array)	使用指定的连接符将数组中的元素拼接成字符串
trim(string $string, string $characters)	去除字符串首尾处的空白字符（或指定的字符串）
str_repeat(string $string, int $times)	重复字符串
strcmp(string $string1, string $string2)	比较两个字符串的大小

下面对 strlen()、substr()、str_replace()和 strcmp()函数进行详细讲解，其他字符串函数读者可以参考 PHP 官方手册进行自学。

1. strlen()函数

strlen()函数用于获取字符串的长度，该函数的返回值类型是整型。在计算长度时，一个英文字符、一个空格的长度都是 1；中文字符的长度取决于字符集，在 UTF-8 字符集中一个中文字符的长度为 3，在 GBK 字符集中一个中文字符的长度为 2。

下面演示针对 UTF-8 字符集 strlen()函数的使用方法，示例如下。

```
echo strlen('abc');                // 输出结果：3
echo strlen('中国');               // 输出结果：6
echo strlen('P H P');              // 输出结果：5
```

从上述示例代码的输出结果可以看出，字符串“abc”的长度为 3，字符串“中国”的长度为 6，字符串“P H P”的长度为 5。

2. substr()函数

substr()函数用于获取字符串的子串，该函数的第 1 个参数是待处理的字符串；第 2 个参数是字符串开始截取的位置；第 3 个参数是截取字符串的长度。substr()函数的第 2 个参数和第 3 个参数的使用说明如下。

- 第 2 个参数为负数 n 时，表示从待处理字符的结尾处向左数第 $|n|$ 个字符开始。
- 省略第 3 个参数时，表示截取到字符串的结尾。
- 第 3 个参数为负数 n 时，表示从截取后的字符串的末尾处去掉 $|n|$ 个字符。

substr()函数的使用示例如下。

```
echo substr('welcome', 3);             // 输出结果：come
echo substr('welcome', 0, 2);          // 输出结果：we
echo substr('welcome', 3, -1);         // 输出结果：com
echo substr('welcome', -4, -1);        // 输出结果：com
```

从上述代码可以看出，substr()函数的返回值类型是字符串型。

3. str_replace()函数

str_replace()函数用于对字符串中的字符进行替换操作，第 1 个参数表示目标字符串；第 2 个参数表示替换字符串；第 3 个参数表示执行替换的字符串；第 4 个参数是可选的，用于保存字符串被替换的次数。str_replace()函数的使用示例如下。

```
echo str_replace('e', 'E', 'welcome', $count);    // 输出结果：wElcomE
echo $count;                                       // 输出结果：2
```

在上述示例代码中，输出变量$count 的值为 2，说明字符串被替换了 2 次。

4. strcmp()函数

strcmp()函数用于比较两个字符串，根据字符的 ASCII 值进行比较。该函数的两个参数是待比较的字符串，该函数的返回值有-1、0、1，具体介绍如下。

- 当第一个字符串小于第二个字符串时，返回结果为-1。
- 当第一个字符串等于第二个字符串时，返回结果为 0。
- 当第一个字符串大于第二个字符串时，返回结果为 1。

strcmp()函数的使用示例如下。

```
print_r(strcmp('A', 'a'));              // 输出结果：-1
print_r(strcmp('A', 'A'));              // 输出结果：0
print_r(strcmp('a', 'A'));              // 输出结果：1
```

在上述示例代码中，字符“A”的 ASCII 值为 65，字符“a”的 ASCII 值为 97，字符“A”和“a”的比较结果为-1。字符“A”和“A”的比较结果为 0，字符“a”和“A”的比较结果为 1。

3.1.8 数学函数

在开发程序时，经常会涉及对数据的运算。例如，对一个数进行四舍五入、求绝对值等。为此，PHP 提供了数学函数，以满足不同的开发需求。常用的数学函数如表 3-2 所示。

表 3-2 常用的数学函数

函数	功能描述	函数	功能描述
abs(int|float $num)	绝对值	min(mixed $value, ...)	返回最小值
ceil(int|float $num)	向上取最接近的整数	pi()	返回圆周率的值
floor(int|float $num)	向下取最接近的整数	pow(mixed $num, mixed $exponent)	返回数的幂
fmod(float $num1, float $num2)	返回除法运算的浮点数余数	sqrt(float $num)	返回数的平方根
is_nan(float $num)	判断是否为合法数值	round(int|float $num, int $precision = 0, int $mode)	对浮点数进行四舍五入
max(mixed $value, …)	返回最大值	rand(int $min, int $max)	返回随机整数

下面演示数学函数的使用方法，示例代码如下。

```
echo ceil(5.2);                    // 输出结果：6
echo floor(7.8);                   // 输出结果：7
echo rand(1, 20);                  // 随机输出 1 到 20 之间的整数
```

在上述示例代码中，ceil()函数对浮点数 5.2 进行向上取整；floor()函数对浮点数 7.8 进行向下取整；rand()函数的参数是随机数的范围，第 1 个参数是最小值，第 2 参数是最大值。

3.1.9　时间和日期函数

在开发 Web 应用程序时，经常会涉及对时间和日期的处理。例如，获取用户登录时间、订单创建时间等。为此，PHP 提供了时间和日期函数，以满足不同的开发需求。常用的时间和日期函数如表 3-3 所示。

表 3-3　常用的时间和日期函数

函数	功能描述
time()	获取当前的 UNIX 时间戳
date(string $format, int $timestamp)	格式化 UNIX 时间戳
mktime(int $hour, int $minute = null, int $second = null, int $month = null, int $day = null, int $year = null)	获取指定日期的 UNIX 时间戳
strtotime(string $datetime, int $baseTimestamp)	将字符串转化成 UNIX 时间戳
microtime(bool $float)	获取当前 UNIX 时间戳和微秒数

UNIX 时间戳（UNIX timestamp）定义了从格林尼治时间 1970 年 01 月 01 日 00 时 00 分 00 秒起至现在的总秒数，以 32 位或 64 位二进制数表示。

下面演示时间和日期函数的使用方法，示例代码如下。

```
echo time();                // 输出结果：1687311094
echo date('Y-m-d');         // 输出结果：2023-06-21
echo microtime();           // 输出结果：0.39146300 1687311094
echo microtime(true);       // 输出结果：1687311094.3915
```

在上述示例代码中，date()函数的第 1 个参数是日期的格式，第 2 个参数是待格式化的时间戳，省略第 2 个参数时表示格式化当前时间戳。microtime()函数不设置参数时，返回值前面一段数字是微秒数，后面一段数字是秒数；设置参数时，小数点前是秒数，小数点后是微秒数。

PHP 内置了大量的函数，我们可以根据实际需求选择和使用这些函数，这些内置函数开放源代码，感兴趣的读者可以通过分析内置函数的源代码，理解其背后的实现原理和算法，进一步提升自己的编程能力。开放源代码使任何人都可以查看和学习这些函数，在生活中，我们也要具有乐于分享、甘于奉献的精神。

3.1.10　【案例】获取文件扩展名

1．需求分析

在实现文件上传功能时，经常需要判断用户上传的文件类型，以确保其符合要求。例如，某网站只允许上传 JPG 格式的商品图片，因此需要获取上传文件的扩展名进行判断。下面通过自定义函数和字符串函数来实现获取文件扩展名的功能。

2．实现思路

① 创建自定义函数，获取文件的扩展名，该函数接收一个参数，用于传递文件的名称。

② 在函数体内使用字符串函数来获取文件的扩展名。首先使用 strrpos()函数获取文件名中最后一个“.”出现的位置，然后使用 substr()函数截取从该位置到字符串末尾的内容，最后使用 return 关键字返回函数的处理结果。

③ 定义变量保存需要处理的文件名，调用自定义函数时传入该变量，将自定义函数的

处理结果保存到另一个变量中。

④ 将处理结果输出到页面，并运行程序查看获取的文件扩展名。

3. 代码实现

本书在配套源码包中提供了本案例的开发文档和完整代码，读者可以参考进行学习。

3.2 数组

当需要处理大批量的数据，如一个班级的所有学生数据、一个公司的所有员工数据等时，为了方便存储和操作这些数据，我们需要使用数组。本节将对数组的相关内容进行讲解。

3.2.1 初识数组

数组是用于存储一组数据的集合。数组中的数据称为数组元素，每个数组元素由键（Key）和值（Value）构成。其中，键用于唯一标识数组元素；值为数组元素的内容。

在 PHP 中，根据数组中键的数据类型，数组分为索引数组和关联数组，具体如下。

1. 索引数组

索引数组中元素的键的数据类型为整型。默认情况下，索引数组的键从 0 开始并依次递增，也可以自己指定索引数组的键。索引数组示例如图 3-1 所示。

2. 关联数组

关联数组中元素的键的数据类型为字符串型。通常情况下，关联数组的键和值之间有一定的业务逻辑关系，经常使用关联数组来存储具有逻辑关系的数据。关联数组示例如图 3-2 所示。

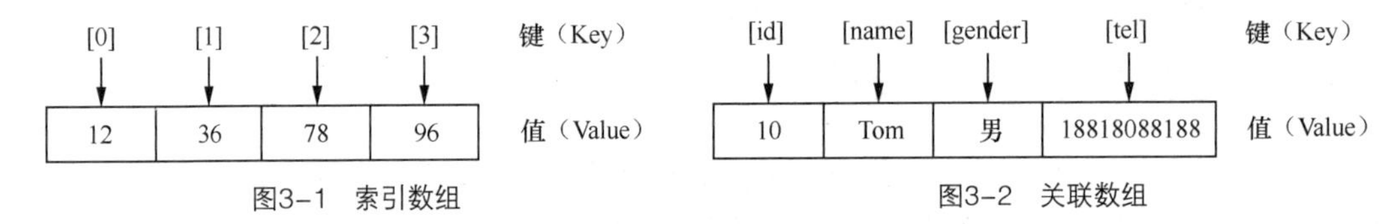

图3-1　索引数组　　图3-2　关联数组

在图 3-2 中，定义了一个用于保存个人信息的关联数组。从数组的结构可以看出，关联数组中键的数据类型都是字符串型，并且键与值之间是一一对应的关系。

除了根据数组中键的数据类型划分外，还可以根据数组的维数划分，即将数组分为一维数组、二维数组、三维数组等。一维数组是指数组元素的值是非数组的数据，图 3-1 和图 3-2 所示的数组都是一维数组；二维数组是指数组元素的值是一个一维数组；三维数组是指数组元素的值是一个二维数组，这样的数组也被称为多维数组。

二维数组示例如图 3-3 所示。

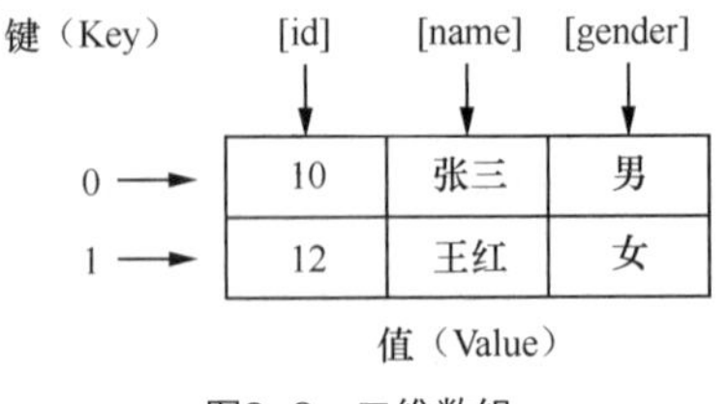

图3-3　二维数组

在图 3-3 中，二维数组由两个一维数组组成，第一行是二维数组的第一个元素，它的键为 0，值为第一个一维数组；第二行是二维数组的第二个元素，它的键为 1，值为第二个一维数组。

3.2.2　数组的基本使用

在 PHP 开发中，经常需要使用数组来存储和操作数据，因此如何定义和使用数组是初学者首先需要掌握的内容。下面对数组的基本使用进行详细讲解。

1. 定义数组

在使用数组前需要先定义数组，通常使用 array()语言构造器和短数组定义法两种方式定义数组。下面分别讲解这两种定义数组的方式。

（1）array()语言构造器

使用 array()语言构造器定义数组，将数组元素放在小括号“()”中，键和值之间使用“=>”连接，每个数组元素之间使用逗号“,”分隔。定义索引数组时可以省略键和“=>”，PHP 会自动为索引数组添加从 0 开始的键，示例代码如下。

```
$info = array('id' => 1, 'name' => 'Tom');
$fruit = array(1 => 'apple', 3 => 'pear');
$num = array(1, 4, 7, 9);
$mix = array('tel' => 110, 'help', 3 => 'msg');
```

（2）短数组定义法

短数组定义法和 array()语言构造器的使用方式相同，将 array()替换为“[ ]”即可，示例代码如下。

```
$info = ['id' => 1, 'name' => 'Tom'];
$num = [1, 4, 7, 9];
```

了解了两种定义数组的方式后，在定义数组时还需要注意以下两点。

- 数组元素的键可以是整型和字符串型，如果是其他类型，则会进行数据类型转换。浮点型和布尔型会被转换成整型，NULL 会被转换成空字符串。
- 若数组存在相同的键，后面的元素值会覆盖前面的元素值。

2. 新增数组元素

在 PHP 中，可以通过直接将值赋给数组变量来新增数组元素。当不指定数组元素的键时，键默认从 0 开始，依次递增。当指定数组元素的键时，会使用指定的键。如果再次添加数组元素时没有指定键，PHP 会自动将数组元素的最大整数键加 1，作为该元素的键。新增数组元素的示例代码如下。

```
$arr[] = 'PHP';              // 赋值结果：$arr[0] = 'PHP'
$arr[] = 'Java';             // 赋值结果：$arr[1] = 'Java'
$arr[3] = 'C 语言';          // 赋值结果：$arr[3] = 'C 语言'
$arr[5] = 'C++';             // 赋值结果：$arr[5] = 'C++'
$arr['sub'] = 'iOS';         // 赋值结果：$arr['sub'] = 'iOS'
$arr[] = '网页平面';         // 赋值结果：$arr[6] = '网页平面'
```

在上述示例代码中，由于数组$arr 中已经有了索引为 0、1、3、5 的元素，PHP 会自动找到最大的键（即 5）并加 1，将新增的数组元素“网页平面”赋值给$arr 的第 6 个元素，即$arr[6] = '网页平面'。

3. 访问数组元素

数组元素的键是数组元素的唯一标识，通过数组元素的键可以获取该元素的值，示例代码如下。

```
$info = ['id' => 1, 'name' => 'Tom'];
echo $info['id'];        // 输出结果：1
echo $info['name'];      // 输出结果：Tom
```

当数组中的元素比较多时，使用上述方式查看数组所有元素会很烦琐。此时可以使用输出语句 print_r()或 var_dump()输出数组中的所有元素，示例代码如下。

```
$info = ['id' => 1, 'name' => 'Tom'];
print_r($info);  // 输出结果：Array ( [id] => 1 [name] => Tom )
var_dump($info); // 输出结果：array(2) { ["id"]=> int(1) ["name"]=> string(3)
"Tom" }
```

4. 删除数组元素

PHP 中提供的 unset()语言构造器既可以删除数组中的某个元素，又可以删除整个数组，示例代码如下。

```
$fruit = ['apple', 'pear'];
unset($fruit[1]);
print_r($fruit); // 输出结果：Array ( [0] => apple )
unset($fruit);
print_r($fruit); // 输出结果：Warning: Undefined variable: $fruit…
```

在上述代码中，删除变量$fruit 后，再使用 print_r()函数输出该数组，会显示变量未定义的警告信息。

多学一招：判断数组元素是否存在

在使用数组中的某个元素时，如果元素不存在，运行程序会出现错误。为了避免因为使用的数组元素不存在而导致程序出错，通常使用 isset()语言构造器来判断数组中的元素是否存在，该函数的返回值 true 表示数组中的元素存在，返回值 false 表示数组中的元素不存在，示例代码如下。

```
$fruit = ['apple', 'pear'];
unset($fruit[1]);
var_dump(isset($fruit[1]));      // 输出结果：bool(false)
```

3.2.3 遍历数组

遍历数组是指依次访问数组中的每个元素，通常使用 foreach 语句遍历数组，具体语法格式如下。

```
foreach (待遍历的数组 as $key => $value){
    循环体
}
```

在上述语法格式中，$key 是数组元素的键，$value 是数组元素的值。$key 和$value 是变量名称，可以随意指定，如$k 和$v。当不需要使用数组的键时，也可以写成如下形式。

```
foreach (待遍历的数组 as $value){
    循环体
}
```

使用 foreach 遍历数组，示例代码如下。

```
$fruit = ['apple', 'pear'];
foreach ($fruit as $key => $value) {
    echo $key . '-' . $value . ' ';  // 输出结果：0-apple 1-pear
}
```

在上述代码中，使用 foreach 语句遍历数组$fruit，在每次循环过程中，将当前元素的键赋给$key，将当前元素的值赋给$value，并输出键和值。

3.2.4　数组和字符串的转换

在 PHP 开发中，灵活使用数组可以提高程序开发效率。数组和字符串的转换包括将字符串分割成数组和将数组合并成字符串这两个操作，通过 explode()函数和 implode()函数可以实现这两个操作，下面对这两个函数的使用进行详细讲解。

1. explode()函数

explode()函数使用分割符将目标字符串分割，该函数的第 1 个参数是分割符，不能为空字符串；第 2 个参数是目标字符串；第 3 个参数是可选参数，表示返回的数组中最多包含的元素个数，该参数的值有 3 种情况，具体介绍如下。

- 当其为正数 *m* 时，返回数组中的 *m* 个元素。
- 当其为负数 *n* 时，返回除最后的 $|n|$ 个元素外的所有元素。
- 当其为 0 时，则把它当作 1 处理。

下面通过给 explode()函数传入不同的参数，演示处理结果。

① 使用目标字符串中存在的字符当作分割符，示例代码如下。

```
var_dump(explode('n', 'banana'));
// 输出结果：array(3) { [0]=> string(2) "ba" [1]=> string(1) "a" [2]=> string(1)
"a" }
```

在上述示例代码中，将 n 作为分割符对字符串 banana 进行分割，从结果可以看出，将字符串分割成了 3 部分，这 3 个部分中不包含分割符。

② 使用目标字符串中不存在的字符当作分割符，示例代码如下。

```
var_dump(explode('c', 'banana'));
// 输出结果：array(1) { [0]=> string(6) "banana" }
```

在上述示例代码中，将 c 作为分割符对字符串 banana 进行分割，由于目标字符串中不存在字符 c，会将整个字符串返回。

③ explode()函数的第 3 个参数是正数的示例代码如下。

```
var_dump(explode('n', 'banana', 2));
// 输出结果：array(2) { [0]=> string(2) "ba" [1]=> string(3) "ana" }
```

在上述示例代码中，第 3 个参数是 2，会将目标字符串最多分割成两个数组元素。

④ explode()函数的第 3 个参数是负数的示例代码如下。

```
var_dump(explode('n', 'banana', -2));
// 输出结果：array(1) { [0]=> string(2) "ba" }
```

在上述示例代码中，第 3 个参数是-2，将 n 作为分割符对字符串 banana 进行分割后，分割后的数组中包含 3 个元素，即 ba、a、a，将数组中的最后两个元素去除，因此输出结果中只包含了一个数组元素 ba。

⑤ explode()函数的第 3 个参数为 0 的示例代码如下。

```
var_dump(explode('n', 'banana', 0));
// 输出结果：array(1) { [0]=> string(6) "banana" }
```

在上述示例代码中，会把第 3 个参数 0 当作 1 处理，返回结果为只包含一个元素的数组。

2. implode()函数

implode()函数用于通过指定的连接符将数组中的元素拼接成字符串，该函数的第 1 个参数是连接符，第 2 个参数是待处理的数组，implode()函数的使用示例如下。

```
$arr = [1, 2, 3];
var_dump(implode(',', $arr));          // 输出结果：string(5) "1,2,3"
```

在上述示例代码中，使用连接符“,”将数组$arr 中的数组元素拼接成字符串，输出结果为“1,2,3”。

3.2.5 【案例】订货单

1. 需求分析

某用户购买了产自广东省的 3 个主板、产自上海市的 2 个显卡、产自北京市的 5 个硬盘，它们的单价分别为 379 元、799 元、589 元。下面实现订货单功能，使用数组保存商品信息，计算出每类商品的总价和所有商品的总价，在页面输出商品信息、单价和总价。

2. 实现思路

① 创建 order.php，定义数组保存商品的名称、单价、产地和购买数量。

② 使用 foreach 语句遍历数组，并将其显示在表格中。

③ 计算每类商品的总价和所有商品的总价，输出到页面中。

3. 代码实现

本书在配套源码包中提供了本案例的开发文档和完整代码，读者可以参考进行学习。

3.3 常用数组函数

PHP 内置了许多数组函数，例如基本数组函数、数组排序函数和数组检索函数等。本节将对常用的数组函数进行详细讲解。

3.3.1 基本数组函数

PHP 常用的基本数组函数有 count()、range()、array_merge()、array_chunk()等，下面对这些基本数组函数进行讲解。

1. count()函数

count()函数用于计算数组中元素的个数，该函数的第 1 个参数是要计算的数组。第 2 个参数是计算的维度，默认值为 0，表示计算一维数组的元素个数；当设置为 1 时，表示计算二维数组的元素个数，依此类推。count()函数的使用示例如下。

```
$stu = [
    ['Tom', 'male', 18],
    ['Alice', 'female', 15],
    ['Julia', 'female', 14]
];
echo count($stu);               // 输出结果：3
echo count($stu, 1);            // 输出结果：12
```

在上述示例代码中，当省略 count()函数的第 2 个参数时，$stu 数组的元素个数是 3；当第 2 个参数设置成 1 时，$stu 数组的元素个数是 12。

2. range()函数

range()函数用于根据范围创建数组，通常使用字母或数字指定范围，创建的数组包含范围的起始值。该函数的第 1 个参数是起始值；第 2 个参数是结束值；第 3 个参数是可选参数，用于定义起始值和结束值的增量，默认为 1。range()函数的使用示例如下。

```
1 $arr = range('a', 'c');
2 print_r($arr);  // 输出结果：Array ( [0] => a [1] => b [2] => c )
3 $data = range(0, 10, 3);
4 print_r($data); // 输出结果：Array ( [0] => 0 [1] => 3 [2] => 6 [3] => 9 )
```

在上述示例代码中，第 1 行代码指定创建的数组范围是 a～c，从输出结果可以看出，数组中包含 a、b、c；第 3 行代码指定创建的数组范围是 0～10，并设置第 3 个参数为 3，从输出结果可以看出，数组中包含 0、3、6、9。

3. array_merge()函数

array_merge()函数用于合并一个或多个数组，如果合并的数组中有相同的字符串键名，则后面的值覆盖前面的值；如果合并的数组中有相同的数字键名，则会将相同的数字键名对应的值附加到合并的结果中。array_merge()函数的参数是要合并的数组，该函数的使用示例如下。

```
$arr1 = ['food' => 'tea', 2, 4];
$arr2 = ['a', 'food' => 'Cod', 'type' => 'jpg', 4];
$result = array_merge($arr1, $arr2);
// 输出结果：Array([food]=>Cod [0]=>2 [1]=>4 [2]=>a [type]=>jpg [3]=>4 )
print_r($result);
```

从上述示例代码可以看出，$arr1 和$arr2 都有键为 food 的数组元素，在合并时，$arr2 中的值会覆盖$arr1 中的值，最终键为 food、值为 Cod；$arr2 和$arr1 都有键为 1 的数组元素，在合并时，键会以连续方式重新索引，合并后$arr1 中的 4 的键为 1，$arr2 中的 4 的键为 3。

4. array_chunk()函数

array_chunk()函数可以将一个数组分割成多个，该函数的第 1 个参数是待分割数组。第 2 个参数是分割后每个数组中元素的个数，最后一个数组的元素个数可能会小于该参数指定的个数。第 3 个参数是一个布尔值，用于指定是否保留原数组的键名，默认值 false 表示不保留原数组的键名，分割后数组的键从 0 开始；值为 true 表示保留待分割数组中原有的键名。array_chunk()函数的使用示例如下。

```
$arr = ['one' => 1, 'two' => 2, 'three' => 3];
// 输出结果：Array([0]=>Array([0]=>1 [1]=>2) [1]=>Array([0]=>3))
print_r(array_chunk($arr, 2));
// 输出结果：Array ([0]=>Array([one]=>1 [two]=>2) [1]=>Array([three]=>3))
print_r(array_chunk($arr, 2, true));
```

在上述代码中，将$arr 数组分割。在不设置第 3 个参数的情况下，分割后的数组键从 0 开始；设置第 3 个参数值为 true 时，分割后数组的键使用原有的键名。

3.3.2　数组排序函数

通常情况下，若要对数组进行排序，需要先遍历数组，再比较数组中的每个元素，最终完成数组的排序。为了便于开发数组排序功能，PHP 提供了很多内置的数组排序函数，不需要遍历数组即可完成排序。常用的数组排序函数如表 3-4 所示。

表 3-4 常用的数组排序函数

函数	功能描述
sort(array $array, int $flags)	对数组升序排列
rsort(array $array, int $flags)	对数组降序排列
ksort(array $array, int $flags)	根据数组键名升序排列
krsort(array $array, int $flags)	根据数组键名降序排列
asort(array $array, int $flags)	对数组升序排列并保持键与值的关联
arsort(array $array, int $flags)	对数组降序排列并保持键与值的关联
shuffle(array $array)	打乱数组顺序
array_reverse(array $array, bool $preserve_keys)	返回元素顺序相反的数组

下面使用 sort()函数和 rsort()函数演示数组排序，示例代码如下。

```
$arr = ['dog', 'lion', 'cat'];
sort($arr);
print_r($arr);   // 输出结果：Array ( [0] => cat [1] => dog [2] => lion )
rsort($arr);
print_r($arr);   // 输出结果：Array ( [0] => lion [1] => dog [2] => cat )
```

从上述代码的输出结果可以看出，sort()函数按照数组元素首字母的 ASCII 值对数组进行升序排列，rsort()函数按照数组元素首字母的 ASCII 值对数组进行降序排列。

3.3.3 数组检索函数

在程序开发过程中，经常需要查询和获取数组的键和值。为此，PHP 提供了数组检索函数。常用的数组检索函数如表 3-5 所示。

表 3-5 常用的数组检索函数

函数	功能描述
array_search(mixed $needle, array $haystack, bool $strict = false)	在数组中搜索给定的值
array_unique(array $array, int $flags = SORT_STRING)	移除数组中重复的值
array_column(array $array, int|string|null $column_key, int|string|null $index_key = null)	返回数组中指定列的值
array_keys(array $array)	返回数组的键名
array_values(array $array)	返回数组中所有的值
array_rand(array $array, int $num = 1)	从数组随机取出一个或多个随机键
key(array|object $array)	从关联数组中取得键名
in_array(mixed $needle, array $haystack, bool $strict = false)	检查数组中是否存在某个值

下面对 in_array()函数和 array_unique()函数进行详细讲解，其他数组检索函数读者可以参考 PHP 官方手册进行自学。

1. in_array()函数

in_array()函数用于检查数组中是否存在某个值。该函数的第 1 个参数是要检测的值；第 2 个参数是要检测的数组；第 3 个参数用于设置是否检测数据类型，默认值 false 表示不检测，true表示检测。in_array()函数的使用示例如下。

```
1 $tel = ['110', '120', '119'];
2 var_dump(in_array(120, $tel));              // 输出结果：bool(true)
3 var_dump(in_array(120, $tel, true));        // 输出结果：bool(false)
```

在上述示例代码中，定义了数组$tel，数组中的值是字符串型；第2行代码使用in_array()函数在$tel数组中搜索整型值120，返回结果是true；第3行代码使用in_array()函数时将第3个参数设置为true，不仅搜索值为120的元素，还会检查值的数据类型是否相同，返回结果是false。

2. array_unique()函数

array_unique()函数用于移除数组中重复的值。该函数的第1个参数是待操作的数组；第2个参数是比较方式，省略该参数时，默认按照字符串的方式比较数组元素是否重复。array_unique()函数的使用示例如下。

```
$array = [1, 2, 2, 3, 4, 4];
$result = array_unique($array);
print_r($result);    // 输出结果：Array ( [0] => 1 [1] => 2 [3] => 3 [4] => 4 )
```

从上述示例代码的输出结果可以看出，使用array_unique()函数去除了$array中的重复值，最终的结果为1、2、3、4。

3.3.4 【案例】学生随机分组

1. 需求分析

高一（1）班要举办短跑运动会，班级共有30个人，需要将班级中的学生随机分组（6人一组），下面通过PHP中的数组函数实现随机分组。

2. 实现思路

① 创建run.php文件，该文件用于实现学生随机分组。

② 使用array_rand()函数从学生信息数组中随机取出6个键，并使用shuffle()函数打乱数组顺序，通过获取的键从学生信息数组中获取对应的姓名。

③ 输出随机分组的信息，查看结果。

3. 代码实现

本书在配套源码包中提供了本案例的开发文档和完整代码，读者可以参考进行学习。

本章小结

本章首先介绍了函数，主要包括函数的定义和调用，可变函数、匿名函数、字符串函数、数学函数、时间和日期函数等的使用方法；然后介绍了数组，主要包括数组的基本使用、遍历数组、数组和字符串的转换等内容；最后讲解了常用的数组函数，主要包括基本数组函数、数组排序函数和数组检索函数。通过学习本章的内容，读者应掌握函数和数组的使用方法，以便于在实际开发中熟练运用。

课后练习

一、填空题

1. 使用 array()和________定义数组。
2. 自定义函数的语法格式为________。
3. 将字符串中的某些字符替换成指定字符串的函数是________。
4. 将一个数组分割成多个数组的函数是________。
5. 将数值四舍五入的函数是________。

二、判断题

1. 使用 count()函数可以获取字符串的长度。(　　)
2. 使用 shuffle()函数可以打乱数组元素的顺序。(　　)
3. 为数组的可选参数设置默认值后，可选参数可以放在任意位置。(　　)
4. 使用 PHP 提供的内置数学函数，可方便地处理程序中的数学运算。(　　)
5. explode()函数使用指定的连接符将数组拼接成字符串。(　　)

三、选择题

1. 下列定义数组的方法错误的是（　　）。

A. array(1, 2)　　B. [1, 2]
C. (1, 2)　　D. ['name'=>'zhangsan', 'age'=>20]

2. 下列选项中，实现向下取整的函数是（　　）。

A. ceil()　　B. floor()
C. min()　　D. max()

3. 下列选项中，实现对数组逆向排序并保持索引关系的函数是（　　）。

A. sort()　　B. asort()
C. rsort()　　D. arsort()

4. 下列选项中，不属于数组函数的是（　　）。

A. range()　　B. implode()
C. shuffle()　　D. rand()

5. 下列选项中，不属于字符串函数的是（　　）。

A. substr()　　B. strlen()
C. strpos()　　D. count()

四、简答题

1. 请至少列举 5 个常用的字符串函数。
2. 请至少列举 5 个常用的数组函数。

五、程序题

1. 自定义函数实现计算整数的 4 次方。
2. 创建一个长度为 10 的数组，数组中的元素应满足斐波那契数列的规律。

第4章

PHP进阶

学习目标

★ 了解错误类型，能够说出常见的错误类型。

★ 掌握错误信息，能够在程序中控制错误信息。

★ 掌握 HTTP 请求和 HTTP 响应的基本构成，能够查看请求数据和设置响应数据。

★ 掌握表单传值的方法，能够使用表单实现前后端数据交互。

★ 掌握会话技术，能够使用会话技术记录用户在网站的活动。

★ 了解图像处理，能够说出常用的图像处理函数。

★ 掌握目录和文件操作，能够使用函数对目录或文件进行添加、删除、修改等操作。

★ 了解正则表达式的规则，能够说出常用的正则表达式函数。

通过对前面各章的学习，读者已经能够编写简单的 PHP 程序。但是在实际开发中，还需要用到 PHP 中的一些进阶知识，如错误处理、HTTP、表单传值、会话技术、图像处理、目录和文件操作、正则表达式等，本章将对这些内容进行详细讲解。

4.1 错误处理

在编写程序时，如果没有对程序中可能存在的问题进行处理，一旦程序的逻辑存在漏洞，上线后就会出现很多安全问题。错误处理是程序的一个重要组成部分，在程序中恰当地使用错误处理可以提高程序的安全性，同时也方便开发人员检查代码。本节将对错误处理进行详细讲解。

4.1.1 错误类型

PHP 有多种错误类型，如 Notice、Warning 和 Fatal error 等，每个错误类型都有一个常量与之关联，还可以使用具体的值来表示。常见的错误类型如表 4-1 所示。

表 4-1　常见的错误类型

常量	值	描述
E_ERROR	1	致命的运行时错误，这类错误不可恢复，会导致脚本停止运行
E_WARNING	2	运行时警告，仅给出提示信息，脚本不会停止运行
E_PARSE	4	编译时语法解析错误，说明代码存在语法错误，脚本无法运行
E_NOTICE	8	运行时通知，表示脚本遇到可能会表现为错误的情况
E_CORE_ERROR	16	类似 E_ERROR，是由 PHP 引擎核心产生的
E_CORE_WARNING	32	类似 E_WARNING，是由 PHP 引擎核心产生的
E_COMPILE_ERROR	64	类似 E_ERROR，是由 Zend 脚本引擎产生的
E_COMPILE_WARNING	128	类似 E_WARNING，是由 Zend 脚本引擎产生的
E_USER_ERROR	256	类似 E_ERROR，是由用户在代码中使用 trigger_error()产生的
E_USER_WARNING	512	类似 E_WARNING，是由用户在代码中使用 trigger_error()产生的
E_USER_NOTICE	1024	类似 E_NOTICE，是由用户在代码中使用 trigger_error()产生的
E_STRICT	2048	严格语法检查，确保代码具有互用性和向前兼容性
E_RECOVERABLE_ERROR	4096	可被捕捉的致命错误
E_DEPRECATED	8192	运行时通知，对未来版本中可能无法正常工作的代码给出警告
E_USER_DEPRECATED	16384	类似 E_DEPRECATED，是由用户在代码中使用 trigger_error()产生的
E_ALL	32767	所有的错误、警告和通知

为了使读者更好地理解这些错误类型，下面对开发过程中经常遇到的 Notice、Warning 和 Fatal error 类型的错误进行演示。

1. Notice

Notice 类型的错误通常是代码不严谨造成的，示例代码如下。

```
// 使用未定义的变量
echo $var;                  // 提示信息：Notice:Undefined variable…
```

当使用未定义的变量时，应先判断变量是否存在，从而避免遇到 Notice 类型的错误。在实际开发中，不建议忽略 Notice 类型的错误，应尽量保持代码的严谨性和准确性。

2. Warning

Warning 错误相比 Notice 更严重一些，示例代码如下。

```
// 使用 include 引入不存在的文件
include '1234'; // 提示信息：Warning: include(1234): Failed to open stream…
```

使用 include 语句引入文件前，应先判断相应文件是否存在，以防止错误发生。

3. Fatal error

Fatal error 是致命错误，一旦发生这种错误，PHP 脚本会立即停止运行，示例代码如下。

```
display();        // Fatal error:Uncaught Error:Call to undefined function…
echo 'hello';     // 前一行代码发生错误，此行代码不会执行
```

在上述示例代码中，在调用未定义的函数 display()时发生了致命错误，输出语句没有执行。致命错误是在 PHP 脚本运行时发生的，一旦发生此类错误，脚本会立即停止运行。

4.1.2　错误信息

当程序出错时，PHP 会报错，报错的信息称为错误信息。在 PHP 中可以对错误信息进

行控制，一般通过两种方式控制，一种方式是错误报告，另一种方式是错误日志。下面对这两种控制错误信息的方式进行讲解。

1. 错误报告

开启或关闭错误报告有两种方式，一种是修改配置文件，另一种是调用 error_reporting()函数和 ini_set()函数。PHP 的配置文件 php.ini 中已经默认开启了错误报告，示例配置如下。

```
error_reporting = E_ALL
display_errors = On
```

在上述配置中，error_reporting 用于设置错误类型常量，默认值 E_ALL 表示报告所有的错误、警告和通知，如需关闭错误报告可设置为 0；display_errors 用于设置是否显示错误信息，默认值 On 表示显示，如需关闭则设置为 Off。

error_reporting()函数用于设置错误级别常量，ini_set()函数用于设置 php.ini 中指定选项的值，通过 error_reporting()函数和 ini_set()函数开启错误报告的示例代码如下。

```
error_reporting(E_ALL);
ini_set('display_errors', On);
```

在上述示例代码中，error_reporting()函数中可以设置的错误常量参考表 4-1。ini_set()函数的第 1 个参数为 display_errors；第 2 个参数的值为 On（也可以使用 1 代替）表示开启，如果想要关闭则设置为 Off（也可以使用 0 代替）。

2. 错误日志

在生产环境中，如果直接将程序的错误信息输出到网页中，会影响用户体验。此时，可以将这些错误信息记录到错误日志中，为后期解决这些错误提供帮助。记录错误日志的方式有两种，具体介绍如下。

（1）通过修改 php.ini 配置文件记录错误日志

在 PHP 的配置文件 php.ini 中添加错误日志的配置，具体配置如下。

```
error_reporting = E_ALL;
log_error = On
error_log = C:\web\php_errors.log
```

在上述配置中，error_reporting 用于设置错误类型的常量，log_error 用于设置是否记录日志，error_log 用于指定错误日志文件的路径。

（2）通过 error_log()函数记录错误日志

error_log()函数能够将错误信息记录到指定的日志中。该函数的第 1 个参数是错误信息；第 2 个参数用于指定将错误信息记录到何处，默认记录到 php.ini 中 error_log 配置的日志中；第 3 个参数用于指定错误日志文件的路径。使用 error_log()函数记录错误日志的示例代码如下。

```
// 将错误信息记录到 php.ini 中 error_log 配置的日志文件中
error_log('error message a');
// 将错误信息记录到错误日志文件
error_log('error message b', 3, 'C:/web/php.log');
```

在上述示例代码中，如果省略 error_log()函数的第 2 个和第 3 个参数，则将错误信息记录到 php.ini 中 error_log 配置的日志文件中；如果将 error_log()函数的第 2 个参数设置为 3，表示将错误信息记录到指定的文件中。

在程序中进行错误处理时，我们需要观察现有的代码，根据现有代码的逻辑规则，分析和判断程序可能存在的问题，并提出解决方案。这种分析和判断的能力使我们能够更加深入地思考和解决问题，从而提高程序的质量。

4.2 HTTP

在前面各章的学习中，通过浏览器访问 PHP 文件，就可以在浏览器中看到程序的运行结果。那么，为什么浏览器能够和 Apache、PHP 这些软件如此紧密地协同工作呢？这是因为它们都遵守 HTTP。对从事 Web 开发的人员来说，只有深入理解 HTTP，才能更好地开发、维护和管理 Web 应用程序。本节将对 HTTP 的相关知识进行讲解。

4.2.1 HTTP 概述

HTTP 由 W3C（World Wide Web Consortium，万维网联盟）推出，专门用于定义浏览器与 Web 服务器之间数据交换的格式。它不仅可以保证计算机正确快速地传输超文本文档，还可以确定传输文档中的哪部分或优先展示哪部分内容。

HTTP 是浏览器与 Web 服务器之间数据交互遵循的一种规范，其交互过程如图 4-1 所示。

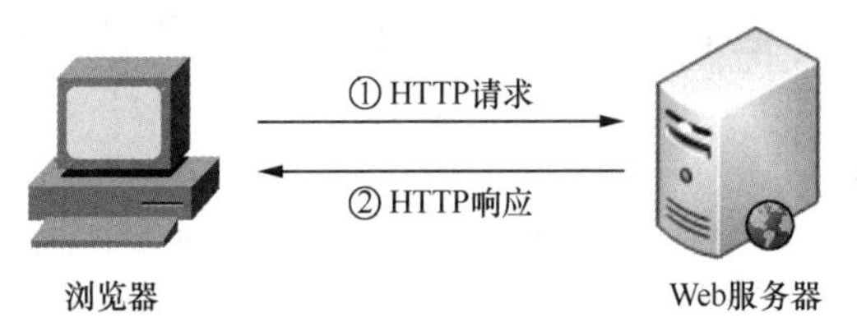

图4-1　浏览器与Web服务器交互的过程

从图 4-1 可以看出，HTTP 是一种基于 HTTP 请求和 HTTP 响应的协议。当浏览器与服务器建立连接后，由浏览器向服务器发送一个请求，被称作 HTTP 请求；服务器接收到请求后会做出响应，被称作 HTTP 响应。

HTTP 之所以在 Web 开发中占据重要的位置，其原因如下。

① 简单快速：浏览器向服务器发送请求时，只需发送请求方式和路径即可。同时，HTTP 服务器的程序规模小，通信速度较快。

② 灵活：HTTP 允许传输任意类型的数据，传输的数据类型由 Content-Type 标记。这种灵活性使得 HTTP 能够在 Web 开发中传输各种类型的数据，包括文本、图像、音频、视频等。

③ 无连接：无连接的含义是限制每次连接只处理一个请求。服务器处理完浏览器的请求并收到浏览器的应答后就断开连接，使用这种方式可以节省传输时间。

④ 无状态：HTTP 是无状态协议，即服务器只根据请求处理，不保存浏览器的状态信息。这种无状态的特性简化了服务器的处理逻辑，可以减少服务器端的资源占用。

4.2.2 HTTP 请求

当用户通过浏览器访问某个 URL 地址时，浏览器会向服务器发送请求数据，请求数据包含请求行、请求头、空行和请求体，具体介绍如下。

- 请求行：位于请求数据的第一行，请求行包含请求方式、请求资源路径和 HTTP 版本。

- 请求头：主要用于向服务器传递附加消息。例如，浏览器可以接收的数据类型、压缩方法、语言和系统环境。
- 空行：用于分隔请求头和请求体。
- 请求体：通过 POST 方式提交表单时，浏览器会将用户填写的数据放在请求体中发送。数据格式是“name=value”，多个数据使用“&”连接。

HTTP 提供了多种请求方式，具体如表 4-2 所示。

表 4-2　HTTP 请求方式

请求方式	说明
HEAD	用于获取指定资源的响应头信息而不获取实际内容
GET	用于从服务器获取资源
POST	用于向服务器提交数据
PUT	用于为服务器更新或创建资源
DELETE	用于请求服务器删除指定的资源
OPTIONS	用于查询服务器支持的请求方式

在表 4-2 中，最常用的是 GET 方式和 POST 方式。GET 方式可以向服务器发送一些数据（请求参数），这些数据在 URL 中明文传输，且会受到 URL 的长度限制。POST 方式通常用于在 HTML 表单中提交数据，用户无法直接看到提交的具体内容，数据会在请求体中发送。

4.2.3　查看请求数据

在 HTTP 请求中，除了服务器的响应实体内容（如 HTML 网页、图片等），其他数据对用户都是不可见的，要想查看这些隐藏的数据，需要借助特定工具。例如，使用 Chrome 浏览器，按 F12 键打开开发者工具，切换到“Network”选项卡后刷新网页，就可以看到当前网页发送的所有请求，从第 1 个请求开始逐个显示。

为了让读者更好地理解，下面以百度网站为例，查看请求数据。在 Chrome 浏览器中访问百度首页，按 F12 键打开开发者工具，切换到“Network”选项卡后刷新网页，单击第一个请求，查看“Headers”标签显示的内容。需要注意的是，Chrome 浏览器显示的信息是浏览器自动解析后的，若要查看源格式，单击“Request Headers”后面的“View source”按钮（单击后会变成 View parsed），将请求数据转化成源格式，具体如图 4-2 所示。

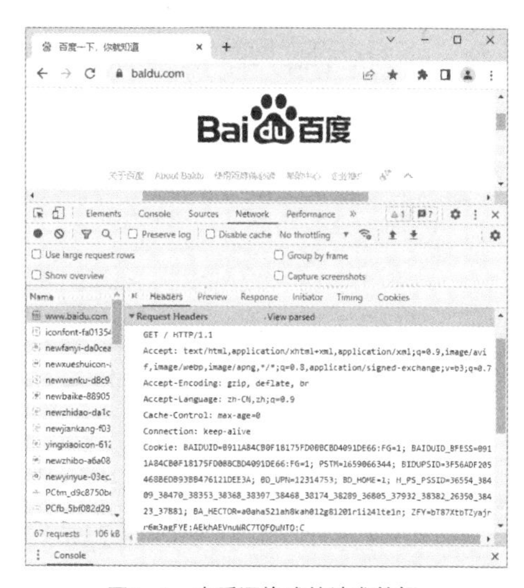

图4-2　查看源格式的请求数据

在图 4-2 中，“Request Headers”下方显示的第 1 行是请求行，请求行后面是请求头。请求头由头字段名称和对应的值组成，中间用冒号“:”和空格分隔。另外，当通过 POST 方式提交表单时，请求数据中还会包含请求体。

请求头中的字段大部分是 HTTP 规定的，每个都有特定的用途，应用程序也可以添加自定义的字段。常见的请求头字段和说明如表 4-3 所示。

表 4-3　常见的请求头字段和说明

请求头字段	说明
Accept	浏览器支持的数据类型
Accept-Charset	浏览器采用的字符集
Accept-Encoding	浏览器支持的内容编码方式，通常使用数据压缩算法
Accept-Language	浏览器所支持的语言，可以指定多个
Host	浏览器想要访问的服务器主机
If-Modified-Since	浏览器对资源的最后缓存时间
Referer	浏览器指向的 Web 页的 URL
User-Agent	浏览器的系统信息，包括使用的操作系统、浏览器版本号等
Cookie	服务器使用 Set-Cookie 发送 cookie 信息
Cache-Control	浏览器的缓存控制
Connection	请求完成后，希望浏览器是保持连接还是关闭连接

4.2.4　HTTP 响应

服务器接收到请求数据后，将处理后的数据返回给浏览器，返回的数据被称为响应数据。响应数据包含响应行、响应头、空行和响应体，具体介绍如下。

- 响应行：位于响应数据的第一行，用于告知浏览器本次响应的状态。
- 响应头：告知浏览器本次响应的基本信息，包括服务程序名、内容的编码格式、缓存控制等。
- 空行：用于分隔响应头和响应体。
- 响应体：服务器返回给浏览器的实体内容。

下面以百度网站为例，查看响应数据，具体如图 4-3 所示。

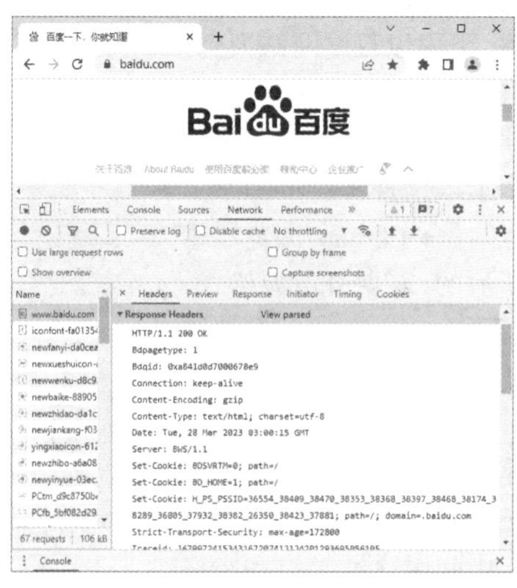

图4-3　查看响应数据

在图 4-3 中，“Response Headers”下方显示的第 1 行是响应行，响应行中的“HTTP/1.1”是协议版本，“200”是响应状态码，“OK”是状态的描述信息。

响应状态码是服务器对浏览器请求处理结果和状态的表示，它由 3 位十进制数组成。根据响应状态码最左边的数字进行分类，共分为 5 个类别，每个类别的具体作用如下。

- 1××：成功接收请求，要求浏览器继续提交下一次请求才能完成整个处理流程。
- 2××：成功接收请求并已完成整个处理流程。
- 3××：未完成请求，浏览器需要进一步细化请求。
- 4××：浏览器的请求有错误。
- 5××：服务器端出现错误。

响应状态码非常多，对初学者而言，无须深入研究每个状态码，只需要了解开发过程中经常遇到的状态码即可。常见的响应状态码如表 4-4 所示。

表 4-4　常见的响应状态码

状态码	含义	说明
200	正常	浏览器请求成功，响应数据正常返回处理结果
403	禁止	服务器理解浏览器的请求，但是拒绝处理，通常由服务器上文件或目录的权限设置导致
404	找不到	服务器中不存在浏览器请求的资源
500	服务器内部错误	服务器内部发生错误，无法处理浏览器的请求

响应头包含本次响应的基本信息，常见的响应头字段和说明如表 4-5 所示。

表 4-5　常见的响应头字段和说明

响应头字段	说明
Server	服务器的类型和版本信息
Date	服务器的响应时间
Expires	控制缓存的过期时间
Location	控制浏览器重新定位方向至另一个页面
Accept-Ranges	服务器是否支持分段请求，支持则需给定请求范围
Cache-Control	服务器控制浏览器如何进行缓存
Content-Disposition	服务器控制浏览器以下载方式打开文件
Content-Encoding	实体内容的编码格式
Content-Length	实体内容的长度
Content-Language	实体内容的语言
Content-Type	实体内容的类型
Last-Modified	请求文档的最后一次修改时间
Transfer-Encoding	文件传输编码
Set-Cookie	发送 Cookie 相关的信息
Connection	是否需要持久连接

4.2.5 设置响应数据

响应数据由服务器返回给浏览器，通常不需要人为干预。但有时开发者会根据开发需求，手动更改响应数据，以实现某些特殊的功能。

在 PHP 中，通过 header()函数设置响应数据，示例代码如下。

```
// 设置响应实体内容类型
header('Content-Type: text/html;charset=UTF-8');
// 设置页面重定向
header('Location: login.php');
```

上述代码演示了通过 HTTP 响应头的 Content-Type 字段设置响应实体内容类型为 HTML，通过 Location 字段实现页面重定向，当浏览器接收到 Location 时，会自动重定向到目标地址 login.php。

服务器有多种响应实体内容类型。如果请求的是网页，响应实体内容类型就是 HTML；如果请求的是图片，响应实体内容类型就是图片；如果响应体是文本，可以直接使用 echo 语句输出。通过 Content-Type 字段设置响应实体内容类型，示例代码如下。

```
// 设定网页的响应实体内容类型
header('Content-Type: text/html;charset=UTF-8');
// 设定图片的响应实体内容类型
header('Content-Type: image/png');
// 设定文本的响应实体内容类型
header('Content-Type: text/plain');
echo 'Hello, World!';          // 输出响应实体内容
```

在上述示例代码中，网页的响应实体内容类型是“text/html;charset=UTF-8”，图片的响应实体内容类型是“image/png”，其中“text/html”“image/png”是一种 MIME 类型表示方式，文本的响应实体内容类型是“text/plain”。

在 PHP 中，使用 http_response_code()函数可以设置 HTTP 响应的状态码，示例代码如下。

```
http_response_code(200); // 设置响应状态码为 200
http_response_code(404); // 设置响应状态码为 404
```

在上述示例代码中，向 http_response_code()函数传递想要设置的响应状态码，在输出响应数据之前，将响应状态码包含在响应数据中。

多学一招：MIME

MIME 是一个目前在大部分互联网应用程序中通用的内容类型表示方式，其写法为“大类别/具体类型”。常见的 MIME 类型如表 4-6 所示。

表 4-6 常见的 MIME 类型

类型	含义	类型	含义
text/plain	普通文本（.txt）	image/gif	GIF 图像（.gif）
text/xml	XML 文档（.xml）	image/png	PNG 图像（.png）
text/html	HTML 文档（.html）	image/jpeg	JPEG 图像（.jpg）

浏览器对不同的MIME类型有不同的处理方式，如text/plain类型的内容会被直接显示，

text/html 类型的内容会被渲染成网页，image/gif、image/png、image/jpeg 类型的内容会被显示为图像。如果遇到无法识别的类型，默认情况下会将内容下载为文件。

4.3 表单传值

通常情况下，网站分为前端和后端。前端是指用户能看到的页面部分；后端是指网站的服务器端部分，用于处理用户提交的数据和业务逻辑。用户在前端页面的表单中填写数据后提交给后端，实现将数据发送给服务器。本节将对表单传值进行详细讲解。

4.3.1 表单传值方式

表单是网页上输入信息的区域，用户可以在表单中填写数据。在 Web 开发中，经常使用表单完成信息搜索、用户登录、用户注册等功能。

表单的传值方式有 GET 和 POST 两种，可以通过<form>标签的 method 属性来指定传值方式，示例代码如下。

```
<form action="表单提交地址" method="POST">
  <!-- 表单内容 -->
</form>
```

在上述示例代码中，method 属性的值为 POST，表示使用 POST 方式提交表单。如果 method 属性的值为 GET 或省略，则使用 GET 方式提交表单。

当使用 GET 方式提交表单时，会将表单数据附加到 URL 地址中，使用 GET 方式提交表单时的 URL 示例如下。

```
http://localhost/index.php?id=1&type=2
```

在上述 URL 示例中，“?”后面是参数及其对应的表单数据，格式为键值对。如果传递多个参数，使用“&”符号连接。上述 URL 包含两个参数，分别是 id 和 type，id 的值为 1、type 的值为 2。

4.3.2 接收表单数据

提交表单后，可以在服务端接收表单数据。接收表单数据可以使用 PHP 提供的超全局变量。超全局变量是指在任何位置都可访问的全局变量，通常使用特定的名称表示。超全局变量如表 4-7 所示。

表 4-7　超全局变量

变量名	说明
$GLOBALS	用于访问全局作用域中的变量
$_SERVER	包含当前脚本的请求信息和服务器环境变量
$_SESSION	包含当前会话中存储的数据
$_COOKIE	包含通过 Cookie 传递给当前脚本的参数
$_FILES	包含通过 HTTP POST 文件上传方式传递给当前脚本的文件信息
$_GET	接收 GET 方式提交的数据
$_POST	接收 POST 方式提交的数据
$_REQUEST	接收 GET 和 POST 方式提交的数据

下面演示提交表单数据后，使用超全局变量$_POST 接收数据，示例代码如下。

```
<?php
var_dump($_POST);
?>
<form action="" method="POST">
  <input type="text" name="name" value="Tom">
  <input type="submit" value="提交">
</form>
```

上述示例代码中，表单的传值方式是 POST，使用$_POST 接收表单数据，提交表单后的输出结果如下。

```
array(1) {
["name"]=> string(3) "Tom"
}
```

从上述输出结果可以看出，数组的键对应表单控件的 name 值，数组的值对应表单中的 value 值。

4.3.3 表单提交数组值

当表单元素有多个值可以选择时，将相同元素的 name 设置成数组的形式后，表单将会以数组的形式提交。例如，表单有多个复选框时，将复选框的名称统一设置，示例代码如下。

```
<form action="表单提交地址" method="POST">
  <input type="checkbox" name="hobby[]" value="basketball">篮球
  <input type="checkbox" name="hobby[]" value="football">足球
  <input type="checkbox" name="hobby[]" value="vollyball">排球
  <input type="submit" value="提交">
</form>
```

在上述示例代码中，复选框的 name 属性值“hobby”后面添加了“[]”，表示以数组方式提交。如果选择“篮球”和“足球”两个选项，使用$_POST 接收并输出复选框的值，则输出结果如下。

```
array(1){
  ["hobby"]=>
   array(2){
     [0]=>string(10) "basketball"
     [1]=>string(8) "football"
  }
}
```

4.4 会话技术

通过学习 4.2 节的内容可知，HTTP 是无状态的协议，当用户请求网站的 A 页面后再请求 B 页面时，HTTP 无法判断这两个请求来自同一个用户，这就意味着需要有一种机制能够跟踪记录用户在网站的活动，这种机制就是会话技术。Cookie 和 Session 是常用的两种会话技术，本节将对 Cookie 和 Session 进行详细讲解。

4.4.1 Cookie 简介

Cookie 是服务器为了辨别用户身份而存储在用户本地终端（浏览器）上的数据。当用户第一次通过浏览器访问服务器时，服务器会向浏览器响应一些信息，这些信息都被保存在 Cookie 中。当用户使用浏览器再次访问服务器时，浏览器会将 Cookie 数据放在请求头中发送给服务器。服务器根据请求头中的 Cookie 数据判断该用户是否访问过，进而识别用户的身份。

为了更好地理解 Cookie，下面通过图 4-4 来演示 Cookie 在浏览器和服务器之间的传输过程。

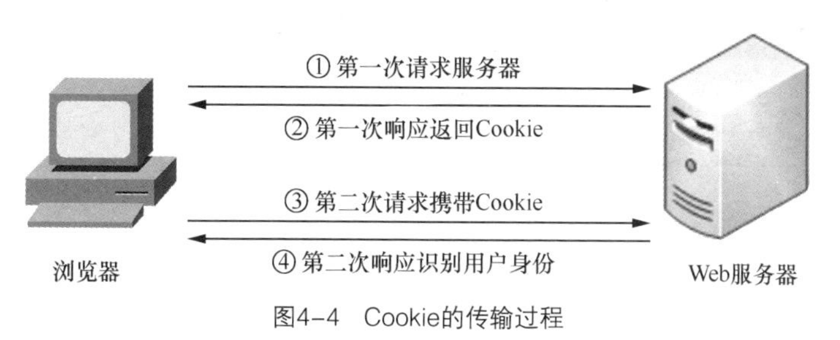

图4-4 Cookie的传输过程

当浏览器第一次请求服务器时，服务器会在响应数据中增加 Set-Cookie 头字段，将信息以 Cookie 的形式返回给浏览器；用户接收到服务器返回的 Cookie 信息后就会将它保存到浏览器中。当浏览器第二次访问该服务器时，会将信息以 Cookie 的形式发送给服务器，从而使服务器识别用户身份。

4.4.2 Cookie 的基本使用方法

Cookie 的基本使用方法包括创建 Cookie 和获取 Cookie，下面进行讲解。

1. 创建 Cookie

使用 setcookie()函数创建 Cookie 的基本语法格式如下。

```
bool setcookie(
    string $name,               // Cookie 的名称（必须）
    string $value = '',         // Cookie 的值（可选）
    int $expire = 0,            // Cookie 的有效期（可选）
    string $path = '',          // Cookie 在服务器端的路径（可选）
    string $domain = '',        // Cookie 的有效域名（可选）
    bool $secure = false,       // 指定是否通过安全的 HTTPS 连接传输 Cookie（可选）
    bool $httponly = false      // 指定 Cookie 只能通过 HTTP 和 HTTPS 访问（可选）
)
```

下面在 cookie.php 文件中使用 setcookie()函数创建 Cookie，示例代码如下。

```
1 <?php
2 setcookie('name', 'value');
```

通过浏览器访问 cookie.php，查看设置 Cookie 后的响应头信息，具体如图 4-5 所示。

设置 Cookie 后，浏览器会根据响应头信息中的“Set-Cookie: name=value”保存 Cookie，如图 4-5 所示。

在开发者工具中可切换到“Cookies”标签页，查看保存的 Cookie 信息，如图 4-6 所示。

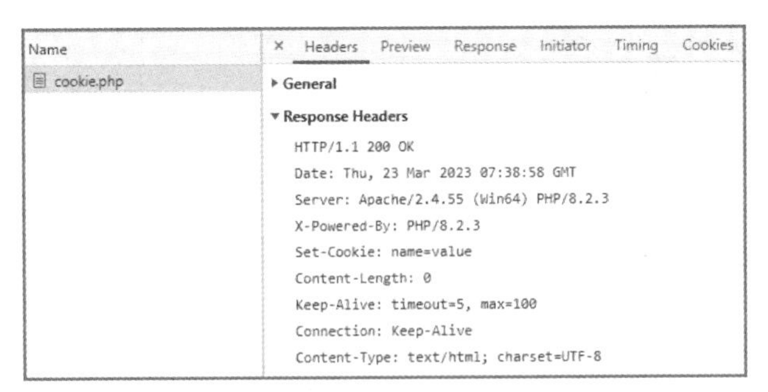

图4-5　查看设置Cookie后的响应头信息

Name　cookie.php　× Headers Preview Response Initiator Timing Cookies

Request Cookies　show filtered out request cookies

Name	Value	Domain	Path	Expires ...	Size	HttpOnly	Secure	SameSite	Partitio...	Priority
_ga	GA1.1.567078873.1657691935	localhost	/	2024-0...	29					Medium
name	value	localhost	/	Session	9					Medium

Response Cookies

Name	Value	Domain	Path	Expires ...	Size	HttpOnly	Secure	SameSite	Partitio...	Priority
name	value	localhost		Session	10					Medium

图4-6　查看保存的Cookie信息

在图 4-6 中，可以看到已经设置的 Cookie 的名称（Name）、值（Value）、域名（Domain）、路径（Path）和有效期（Expires）等详细信息。

2. 获取 Cookie

使用超全局变量$_COOKIE 可以获取 Cookie。在 Cookie.php 中获取 Cookie 的示例代码如下。

```
var_dump($_COOKIE);   // 输出结果：array(1) { ["name"]=> string(5) "value" }
```

从上述代码可以看出，使用$_COOKIE 可以直接获取 Cookie 中存储的内容。

需要注意的是，当在 PHP 脚本中第一次使用 setcookie()函数创建 Cookie 时，$_COOKIE 中没有 Cookie 数据，只有浏览器下次请求并携带 Cookie，才能通过$_COOKIE 获取到 Cookie。

值得一提的是，超全局变量是系统预先设定好的变量，在脚本的全部作用域中都可以使用。

多学一招：使用 Cookie 存储多个值或数组

在 Cookie 名称后添加“[]”用于存储多个值或数组，示例代码如下。

```
setcookie('user[name]', 'tom');
setcookie('user[age]', 30);
var_dump($_COOKIE);       // 输出结果：array(2) { ["user"]=> array(2) { ["name"]=>
string(3) "tom" ["age"]=> string(2) "30" } }
```

4.4.3　Session 简介

在浏览器中存储的 Cookie 对用户是可见的，容易被非法获取。另外，当 Cookie 中存储的数据量非常大时，每次请求服务器浏览器都会带着 Cookie，非常耗费资源。此时，使用 Session 可以解决上述问题。

Session 存储在服务器端，能够实现数据跨脚本共享，Session 依赖于 Cookie。当浏览器访问服务器时，服务器会为浏览器创建一个 Session id 和一个对应的 Session 文件，将核心数据存储在 Session 文件中，并将 Session id 放入 Cookie 返回给浏览器。浏览器再次访问服务器时，服务器会根据 Cookie 中的 Session id 打开对应的 Session 文件获取核心数据。Session

的实现原理如图 4-7 所示。

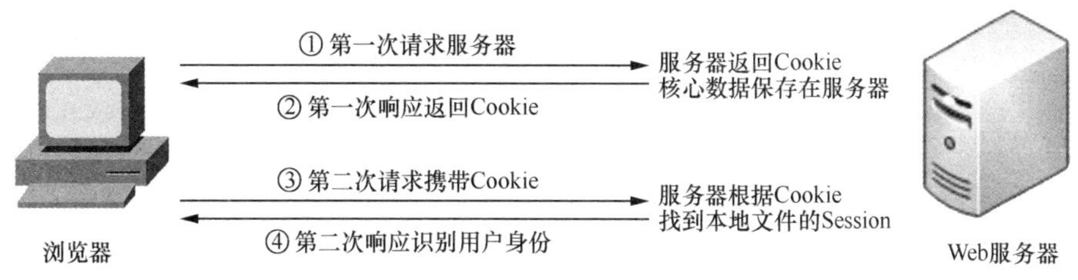

图4-7　Session的实现原理

PHP 程序启动 Session 后，服务器会为每个浏览器创建一个供其独享的 Session 文件。Session 文件的保存机制如图 4-8 所示。

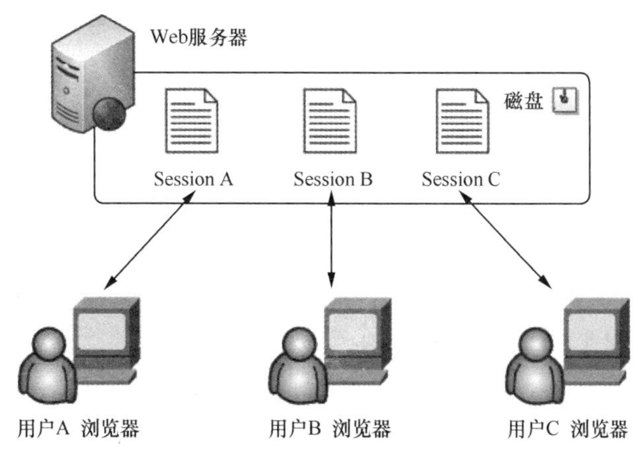

图4-8　Session文件的保存机制

在图 4-8 中，每一个 Session 文件都具有唯一的 Session id，用于标识不同的用户。Session id 分别保存在浏览器和服务器端，浏览器通过 Cookie 保存；服务器端则以 Session 文件的形式保存，Session 文件保存路径为 php.ini 中 session.save_path 配置项指定的目录。

4.4.4　Session 的基本使用方法

Session 的基本使用方法包括开启 Session、操作 Session 数据和销毁 Session 等内容。下面演示 Session 的基本使用方法，示例代码如下。

```
session_start();                         // 开启 Session
$_SESSION['name'] = 'tom';               // 向 Session 中添加字符串
$_SESSION['id'] = [1, 2, 3];             // 向 Session 中添加数组
unset($_SESSION['name']);                // 删除单个数据
$_SESSION = [];                          // 删除所有数据
session_destroy();                       // 销毁 Session
```

在上述示例代码中，使用“$_SESSION = [];”的方式删除所有数据时，Session 文件仍然存在，只不过它是一个空文件。如果想要将这个空文件删除，需要使用 session_destroy() 函数销毁 Session。

4.4.5　Session 的配置

php.ini 中有许多和 Session 相关的配置，常用的配置如表 4-8 所示。

表 4-8　php.ini 中和 Session 相关的常用配置

配置项	含义
session.name	指定 Cookie 的名称，只能由字母和数字组成，默认为 PHPSESSID
session.save_path	读取或设置当前会话文件的保存路径，默认为 C:\Windows\Temp
session.auto_start	指定是否在请求开始时自动启动一个会话，默认为 0（不启动）
session.cookie_lifetime	以秒数指定发送到浏览器的 Cookie 的生命周期，默认为 0（直到关闭浏览器）
session.cookie_path	指定要设定会话 Cookie 的路径，默认为“/”
session.cookie_domain	指定要设定会话 Cookie 的域名，默认为无
session.cookie_secure	指定是否仅通过安全连接发送 Cookie，默认为 off
session.cookie_httponly	指定是否仅通过 HTTP 访问 Cookie，默认为 off

在程序中通过 session_start()函数可以对 Session 进行配置。该函数接收关联数组形式的参数，数组的键名不包括“session.”，直接书写其后的配置项名称即可。示例代码如下。

```
session_start(['name' => 'MySESSID']);
```

上述代码表示将“session.name”的配置项的值修改为“MySESSID”。

注意：

session_start()函数对配置项的修改只在 PHP 脚本的运行周期内有效，不影响 php.ini 的原有设置。

4.4.6 【案例】用户登录和退出

1. 需求分析

在 Web 应用开发中，经常需要实现用户登录和退出的功能。

用户登录的需求是：当用户进入网站首页时，如果是未登录状态，自动跳转到登录页面；用户在登录页面输入正确的用户名和密码并单击“登录”按钮，则登录成功，服务器使用 Session 保存用户的登录状态；如果用户输入的用户名或密码不正确，则登录失败。

用户退出登录的需求是：用户单击“退出”按钮后，服务器删除 Session 中保存的用户登录状态。

2. 实现思路

① 创建 login.html 用于显示用户登录的页面。该页面有两个文本输入框和一个“登录”按钮，在文本框中填写用户名和密码，单击“登录”按钮将表单数据提交给 login.php。

② 创建 login.php 用于接收用户登录的表单数据，判断用户名和密码是否正确。如果正确，将用户的登录状态保存到 Session；如果错误，给出提示信息。

③ 创建 index.php，当 Session 成功保存用户的登录状态时显示首页，否则跳转到登录页面。

④ 创建 logout.php，当用户退出登录时删除 Session 中保存的用户登录状态。

3. 代码实现

本书在配套源码包中提供了本案例的开发文档和完整代码，读者可以参考进行学习。

4.5 图像处理

GD 库是 PHP 处理图像的扩展库，它提供了一系列图像处理函数，可以实现验证码、缩略图和图片水印等功能。本节将讲解如何使用 GD 库进行图像处理。

4.5.1 开启 GD 扩展

在 PHP 中，要想使用 GD 库，需要先开启 GD 扩展。在 PHP 的配置文件 php.ini 中找到“;extension=gd”配置项，去掉前面的分号“;”，即可开启 GD 扩展。修改后的配置代码如下。

```
extension=gd
```

修改配置后，保存配置文件并重启 Apache 使配置生效。可通过 phpinfo()函数查看 GD 扩展是否开启成功，具体如图 4-9 所示。

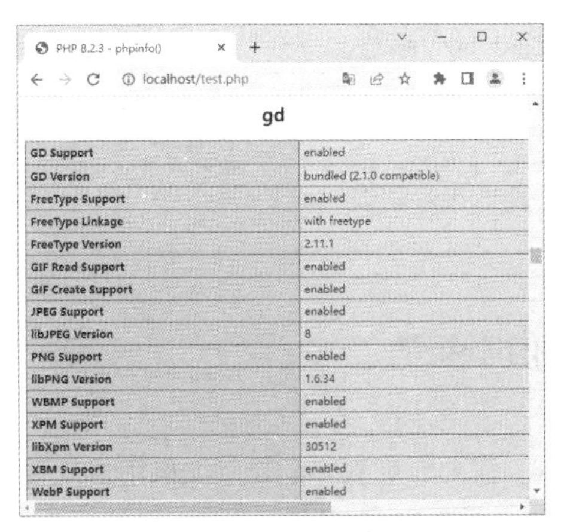

图4-9　查看GD扩展是否开启成功

图 4-9 所示的页面中输出了 GD 扩展的信息，说明 GD 扩展开启成功。此时，就可以使用 PHP 提供的内置图像处理函数进行图像处理。

4.5.2 常用的图像处理函数

PHP 内置了非常多的图像处理函数，能够根据不同需求完成图像处理。下面列举常用的图像处理函数，具体如表 4-9 所示。

表 4-9　常用的图像处理函数

函数	描述
imagecreatetruecolor(int $width, int $height)	用于创建指定宽高的真彩色空白画布图像
getimagesize(string $filename, array &$image_info = null)	用于获取图像的大小
imagecolorallocate(GdImage $image, int $red, int $green, int $blue)	用于为画布分配颜色
imagefill(GdImage $image, int $x, int $y, int $color)	用于为画布填充颜色
imagestring(GdImage $image, GdFont|int $font, int $x, int $y, string $string, int $color)	用于将字符串写入画布中

续表

函数	描述
imagettftext(GdImage $image, float $size, float $angle, int $x, int $y, int $color, string $font_filename, string $text, array $options = [])	用于将文本写入画布中
imageline(GdImage $image, int $x1, int $y1, int $x2, int $y2, int $color)	用于在画布中绘制直线
imagecreatefromjpeg(string $filename)	用于创建 JPEG 格式的图像
imagecreatefrompng(string $filename)	用于创建 PNG 格式的图像
imagecopymerge(GdImage $dst_image, GdImage $src_image, int $dst_x, int $dst_y, int $src_x, int $src_y, int $src_width, int $src_height, int $pct)	用于合并两个图像
imagecopyresampled(GdImage $dst_image, GdImage $src_image, int $dst_x, int $dst_y, int $src_x, int $src_y, int $dst_width, int $dst_height, int $src_width, int $src_height)	用于复制一部分图像到目标图像中
imagepng(GdImage $image, resource|string|null $file = null, int $quality = −1, int $filters = −1)	用于输出 PNG 格式的图像
imagejpeg(GdImage $image, resource|string|null $file = null, int $quality = −1)	用于输出 JPEG 格式的图像
imagedestroy(GdImage $image)	用于销毁图像

4.5.3 【案例】制作验证码

1. 需求分析

在实现数据输入功能时，需要考虑安全问题。如果用户向服务器恶意提交大批量数据，不仅会使数据库的压力骤增，还会产生大量的“脏”数据。为此，添加验证码成为提交数据时的一种有效防御手段。验证码是一张带有文字的图片，要求用户输入图片中的文字，才可以进行后续的表单提交操作。

2. 实现思路

① 创建自定义函数，函数有 4 个参数，分别表示画布宽度、画布高度、干扰线数量和字符个数。

② 根据外部传入的宽度和高度创建画布，并为画布填充随机的背景颜色。

③ 生成随机字符，将字符写入画布中。

④ 在画布中添加干扰线。

⑤ 输出图片。

3. 代码实现

本书在配套源码包中提供了本案例的开发文档和完整代码，读者可以参考进行学习。

4.6 目录和文件操作

PHP 提供了一系列文件操作函数，可以很方便地对目录和文件进行增加、删除、修改、查找等操作。本节将对 PHP 的目录和文件操作进行详细讲解。

4.6.1 目录操作

为了便于搜索和管理计算机中的文件，一般都将文件分目录存储。PHP 提供了相应的函数来操作目录，例如，创建目录、重命名目录、读取目录、删除目录等。下面对目录的相关操作进行讲解。

1. 创建目录

在 PHP 中，mkdir()函数用于创建目录。该函数执行成功返回 true，执行失败返回 false。其语法格式如下。

```
bool mkdir( string $pathname[, int $mode = 0777[, bool $recursive = false[,
resource $context ]]] )
```

在上述语法格式中，$pathname 表示要创建的目录地址，地址的格式可以是绝对路径也可以是相对路径；$mode 用于指定目录的访问权限（用于 Linux 环境），默认为 0777；$recursive 指定是否递归创建目录，默认为 false。

下面演示 mkdir()函数的使用方法，示例代码如下。

```
mkdir('upload');
```

执行上述代码后，会在当前目录下创建一个名为 upload 的目录。

需要注意的是，如果要创建的目录已经存在，则会创建失败，并出现警告。为了不影响程序继续运行，可以使用 file_exists()函数先判断目录是否存在，再进行创建，示例代码如下。

```
if (!file_exists('upload')) {
    mkdir('upload');
}
```

2. 重命名目录

在 PHP 中，rename()函数用于实现目录或文件的重命名。该函数执行成功返回 true，执行失败返回 false。其语法格式如下。

```
bool rename( string $oldname, string $newname[, resource $context ] )
```

上述语法格式中，$oldname 表示要重命名的目录，$newname 表示新的目录名称。

将 upload 目录重命名为 uploads 的示例代码如下。

```
rename('upload', 'uploads');
```

上述代码实现了将 upload 目录重命名为 uploads。

3. 读取目录

读取目录是指读取目录中的文件列表。PHP 提供了两种方式读取目录，一种是使用 scandir()函数获取目录下的所有文件名；另一种方式是使用 opendir()函数获取资源类型的目录句柄，然后使用 readdir()函数进行访问。下面分别进行讲解。

（1）使用 scandir()函数获取目录下的所有文件名

scandir()函数用于返回指定目录中的文件和目录。该函数执行成功返回包含所有文件名的数组，执行失败返回 false。其语法格式如下。

```
bool scandir( string $directory[, int $order, resource $context ] )
```

上述语法格式中，$directory 表示要查看的目录；$order 规定排序方式，默认是 0，表示按字母升序排列。

查看当前目录下的所有内容的示例代码如下。

```
$dir_info = scandir('./');
```

```
foreach ($dir_info as $file) {
    echo $file . '<br>';
}
```

在上述示例代码中，“./”表示当前目录。运行上述代码后，会输出当前目录下的所有内容，并按文件名首字母升序排列。

（2）使用 opendir()函数获取目录句柄后再使用 readdir()函数进行访问

opendir()函数用于打开一个目录句柄。该函数执行成功返回目录的句柄，执行失败返回 false。其语法格式如下。

```
resource opendir( string $path[, resource $context ] )
```

上述语法格式中，$path 表示要打开的目录路径。

readdir()函数从目录句柄中读取条目。该函数执行成功返回文件名称，执行失败返回 false。其语法格式如下。

```
resource readdir( [ resource $dir_handle ] )
```

上述语法格式中，$dir_handle 表示已经打开的目录句柄。

演示使用 opendir()函数和 readdir()函数读取目录中的内容的示例代码如下。

```
$resource = opendir('./');
$file = '';
while ($file = readdir($resource)) {
    echo $file . '<br>';
}
closedir($resource);
```

在上述示例代码中，使用 opendir()函数打开当前目录句柄，使用 readdir()函数获取目录中的文件。需要注意的是，打开一个目录句柄后，使用完毕时，建议使用 closedir()函数关闭目录句柄。

目录的操作通常具有不确定性。例如，程序不知道要操作的目录是否存在，以及要操作的是不是目录。为了保证代码的严谨性，减少代码执行过程中出现的错误，通常会使用系统函数来判断路径的有效性。目录操作常用的判断函数如表 4-10 所示。

表 4-10　目录操作常用的判断函数

函数	功能
is_dir(string $filename)	判断给定的名称是不是目录，是目录会返回 true，不是目录则返回 false
getcwd()	若成功会返回当前目录，失败则返回 false
rewinddir(resource $dir_handle)	将打开的目录句柄指针重置到目录的开头
chdir(string $directory)	改变当前的目录，若成功会返回 true，失败则返回 false

PHP 提供了很多操作目录的函数，这里只讲解了其中常用的部分函数，读者可以查看 PHP 手册，根据自己所要实现的功能进行学习。

4．删除目录

在 PHP 中，rmdir()函数用于删除目录。该函数执行成功返回 true，执行失败返回 false。其语法格式如下。

```
bool rmdir( string $dirname[, resource $context ] )
```

上述语法格式中，$dirname 是要删除的目录名。

下面演示 rmdir()函数的使用方法，示例代码如下。

```
rmdir('uploads');
```

如果要删除的目录不存在，会删除失败，并出现警告。同样，如果要删除的目录是非空目录，也会删除失败，并出现警告。因此，删除非空目录时，只有先清空目录中的文件，才能够删除相应目录。

4.6.2　文件操作

在实际开发中，经常涉及文件的相关操作，如文件的打开、修改等。下面对文件的相关操作进行讲解。

1. 打开文件

在 PHP 中打开文件使用 fopen()函数。该函数执行成功后返回资源类型的文件指针，用于其他操作。fopen()函数的语法格式如下。

```
resource fopen( string $filename, string $mode[, bool $use_include_path
= false[,resource $context ]] )
```

在上述语法格式中，$filename 表示要打开的文件的路径，可以是本地文件，也可以是 HTTP、HTTPS 或 FTP 的 URL 地址；$mode 表示文件打开的模式，常用的文件打开模式如表 4-11 所示。

表 4-11　常用的文件打开模式

模式	说明
r	只读方式打开，将文件指针指向文件头
r+	读写方式打开，将文件指针指向文件头
w	写入方式打开，将文件大小截为零，并从文件开头写入数据
w+	读写方式打开，将文件大小截为零，并从文件开头读写数据
a	写入方式打开，将文件指针指向末尾
a+	读写方式打开，将文件指针指向末尾
x	创建并以写入方式打开，将文件指针指向文件头。如果文件已存在，则 fopen()调用失败，返回 false，并生成 E_WARNING 级别的错误信息
x+	创建并以读写方式打开，其他行为和“x”相同

在表 4-11 中，除“r”和“r+”模式外，在其他模式下，如果文件不存在，会尝试自动创建文件。

下面演示 fopen()函数的使用方法，示例代码如下。

```
1 $f1 = fopen('test1.html', 'r');
2 $f2 = fopen('test2.html', 'w');
```

在上述示例代码中，第 1 行代码使用 fopen()函数以只读方式打开文件，第 2 行代码使用 fopen()函数以写入方式打开文件。

2. 修改文件

修改文件包括修改文件的名称和修改文件的内容。其中，修改文件的名称使用 rename()函数即可实现。此处主要讲解如何使用 fwrite()函数修改文件的内容，fwrite()函数的语法格式如下。

```
int fwrite( resource $handle, string $string[, int $length ] )
```

在上述语法格式中，$handle 表示文件指针；$string 表示要写入的字符串；$length 表示指定写入的字节数，如果省略，表示写入整个字符串。

下面演示 fwrite()函数的使用方法，示例代码如下。

```
$f3 = fopen('test3.html', 'w');
fwrite($f3, '<html><body>Hello world<body></html>');
fclose($f3);
```

执行上述代码后，将打开 test3.html。

3．读取文件

使用 fopen()函数打开文件后，可通过 fread()函数进行文件读取操作，其语法格式如下。

```
string fread( resource $handle, int $length )
```

上述语法格式中，$handle 表示文件指针，$length 用于指定读取的字节数。该函数在读取到指定的字节数或读取到文件末尾时就会停止读取，并返回读取到的内容，读取失败时返回 false。

下面演示 fread()函数的使用方法，示例代码如下。

```
$filename = 'test3.html';
$f3 = fopen($filename, 'r');
$data = fread($f3, filesize($filename));
echo $data;      // 输出内容：<html><body>Hello world<body></html>
fclose($f3);
```

在上述示例代码中，使用 fread()函数读取文件内容，通过 filesize()函数计算文件的大小，将 test3.html 中的内容全部读取出来。

4．读取和写入文件内容

file_get_contents()函数用于将文件的内容全部读取到一个字符串中，其语法格式如下。

```
string file_get_contents( string $filename[, bool $use_include_path = false [,
resource $context[, int $offset = 0[, int $maxlen ]]]] )
```

在上述语法格式中，$filename 指定要读取的文件的路径，其他参数不常用，关于其他参数的使用方法可以参考 PHP 手册。函数执行成功会返回读取到的内容。

file_put_contents()函数用于在文件中写入内容。该函数执行成功返回写入到文件内数据的字节数，执行失败返回 false。其语法格式如下。

```
int file_put_contents( string $filename, mix $data[, int $flags = 0[, resource
$context ]] )
```

在上述语法格式中，$filename 指定要写入的文件的路径；$data 指定要写入的内容；$flags 指定写入选项，通常使用常量 FILE_APPEND 表示追加写入。

下面演示 file_get_contents()函数和 file_put_contents()函数的使用方法，示例代码如下。

```
1 $filename = 'test3.html';
2 $content = file_get_contents($filename);
3 echo $content;   // 输出内容：<html><body>Hello world<body></html>
4 // 文件内容不会改变，默认覆盖原文件内容
5 $str = '<html><body>Hello world<body></html>';
6 file_put_contents($filename, $str);
7 // 追加内容
8 file_put_contents($filename, $str, FILE_APPEND);
```

在上述示例代码中，第 6 行代码执行后，原文件内容不会改变，默认覆盖原文件中的内容；第 8 行代码指定写入方式为追加，代码执行完毕后，查看 test3.html 中的内容，如果出现两组<html>标签，表示已将内容写入文件中。

5. 删除文件

使用unlink()函数删除文件。该函数执行成功返回true，执行失败返回false。其语法格式如下。

```
bool unlink( string $filename[, resource $context ] )
```

在上述语法格式中，$filename表示要删除的文件的路径。

下面演示unlink()函数的使用方法，示例代码如下。

```
unlink('./test2.html');
```

执行上述代码后，会将当前目录下的test2.html文件删除。如果文件不存在，会出现警告。

4.6.3 【案例】递归遍历目录

1. 需求分析

递归遍历目录是一种常见的操作，可以获取指定目录下的文件和子目录，以及子目录中的文件和子目录。下面以递归的方式遍历目录，获取目录下的文件列表。

2. 实现思路

① 创建自定义函数，函数的参数是目录地址。

② 在函数体内判断函数的参数是不是目录，如果不是目录，停止遍历；如果是目录，获取该目录内的所有文件。

③ 对获取的结果进行判断，如果获取的结果是目录，则再次调用函数，直到获取到的内容全部是文件为止。

3. 代码实现

本书在配套源码包中提供了本案例的开发文档和完整代码，读者可以参考进行学习。

4.6.4 单文件上传

使用表单可以进行文件上传，需要给<form>标签设置enctype属性。enctype属性用于指定表单数据的编码方式，默认值为application/x-www-form-urlencoded，如果要实现文件上传，需要将其设置为multipart/form-data。示例代码如下。

```
<form action="表单提交地址" method="POST" enctype="multipart/form-data">
  <input type="file" name="file">
  <input type="submit" value="上传">
</form>
```

使用$_POST接收上传的文件，信息仅包含文件的名称，如果想要获取文件的详细信息，需要使用$_FILES超全局变量来获取。$_FILES数组中保存了文件的6个信息，具体如下。

- name：通过浏览器上传的文件的原名称。
- type：文件的MIME类型，如image/gif。
- size：上传文件的大小，单位为字节。
- tmp_name：文件被上传后存储在服务器端的临时文件名，一般为系统默认名，可以在php.ini的upload_tmp_dir中指定。
- full_path：浏览器提交的完整路径。该值并不总是包含真实的目录结构，因此不能被信任。
- error：文件上传相关的错误代码，具体含义如表4-12所示。

表 4-12　文件上传相关的错误代码

代码	常量	说明
0	UPLOAD_ERR_OK	没有错误发生，文件上传成功
1	UPLOAD_ERR_INI_SIZE	上传的文件超过了 php.ini 中 upload_max_filesize 选项限制的值
2	UPLOAD_ERR_FORM_SIZE	上传的文件大小超过了表单中 MAX_FILE_SIZE 选项指定的值
3	UPLOAD_ERR_PARTIAL	只有部分文件被上传
4	UPLOAD_ERR_NO_FILE	没有文件被上传
6	UPLOAD_ERR_NO_TMP_DIR	找不到临时目录
7	UPLOAD_ERR_CANT_WRITE	文件写入失败

文件上传后，就会被服务器自动保存在临时目录中，文件的保存期限为 PHP 脚本的执行周期，当 PHP 脚本执行结束后，文件就会被释放。如果想将文件永久保存下来，需要使用 PHP 提供的 move_uploaded_file()函数将文件保存到指定的目录中。将文件从临时目录保存到指定目录的示例代码如下。

```
1 if (isset($_FILES['upload'])) {
2     if ($_FILES['upload']['error'] !== UPLOAD_ERR_OK) {
3         exit('上传失败！');
4     }
5     $save = './uploads/' . time() . '.dat';
6     if (!move_uploaded_file($_FILES['upload']['tmp_name'], $save)) {
7         exit('上传失败，无法将文件保存到指定位置！');
8     }
9     echo '上传成功！';
10 }
```

在上述示例代码中，第 5 行代码利用时间戳自动生成文件名，而不是直接保存原文件名。这种方式可以防止浏览器提交非法的文件名造成程序出错，也能防止浏览器提交“.php”扩展名的文件造成恶意脚本执行。第 6 行代码使用 move_uploaded_file()函数将临时文件保存到指定的目录中。

4.6.5　多文件上传

多文件上传是指一次性上传多个文件，上传的文件属于同一类文件，示例代码如下。

```
<form action="表单提交地址" method="post" enctype="multipart/form-data">
  个人相册：
  <input type="file" name="photo[]">
  <input type="file" name="photo[]">
  <input type="file" name="photo[]">
  <input type="submit" value="上传">
</form>
```

在上述示例代码中，文件上传按钮的 name 属性采用数组的命名方式，表示上传多个文件。

用 PHP 处理多文件上传时，使用$_FILES 接收上传的文件的信息，利用循环处理文件信息，示例代码如下。

```
$len = count($_FILES['photo']['name']);
for ($i = 0; $i < $len; $i++) {
    $file = [
```

```
        'name' => $_FILES['photo']['name'][$i],
        'type' => $_FILES['photo']['type'][$i],
        'tmp_name' => $_FILES['photo']['tmp_name'][$i],
        'error' => $_FILES['photo']['error'][$i],
        'size' => $_FILES['photo']['size'][$i]
    ];
}
```

在上述示例代码中，通过 for 语句获取上传的文件信息，并将其保存到指定目录中。

4.6.6 【案例】文件上传

1. 需求分析

文件上传是 Web 开发中常见的功能。通过文件上传，可以将用户上传的文件保存到服务器上，实现数据的持久化存储。本案例实现文件上传功能，文件上传成功后，显示文件名称、类型、大小等信息。

2. 实现思路

① 创建 upload.html，显示上传文件的表单。

② 创建 upload.php，接收上传的文件信息，输出文件名称、类型、大小等信息。

③ 创建 uploads 目录，测试上传的文件是否可以正确显示。

3. 代码实现

本书在配套源码包中提供了本案例的开发文档和完整代码，读者可以参考进行学习。

4.7 正则表达式

在实际开发中，经常需要对表单中的文本框进行格式限制。例如，手机号、身份证号、邮箱的验证，这些内容遵循的规则繁多而又复杂，如果要成功匹配，可能需要上百行代码，这种做法显然不可取。为了简化这个过程，可以使用正则表达式，正则表达式提供了一种简短的描述语法完成诸如查找、匹配、替换等功能。本节将对正则表达式进行详细讲解。

4.7.1 正则表达式概述

正则表达式（Regular Expression，RegExp）提供了一种描述字符串结构的语法规则，基于该语法规则可以编写特定的格式化模式，用于验证字符串是否匹配这个模式，进而实现文本查找、替换、截取内容等操作。

一个完整的正则表达式由 4 部分内容组成，分别为定界符、元字符、文本字符和模式修饰符。其中，定界符用在正则表达式的两端，标识模式的开始和结束，常用的定界符是“/”；元字符是具有特殊含义的字符，如“^”“.”“*”等；文本字符就是普通的文本，如字母和数字等；模式修饰符用于指定正则表达式以何种方式进行匹配，如 i 表示忽略大小写，x 表示忽略空白字符等。

在编写正则表达式时，元字符和文本字符在定界符内，模式修饰符一般标记在结尾定界符之外。

下面演示两个简单的正则表达式，示例代码如下。

```
/.*it/
```

```
/.*it/i
```

在上述示例中，正则表达式的开头和结尾的“/”是定界符；“.*”是元字符，表示匹配任意字符；“it”是文本字符。正则表达式“/.*it/”表示匹配任意含有“it”的字符串，如“it”“itcast”等。“/.*it/i”中的最后一个字符“i”是模式修饰符，当添加模式修饰符“i”时，表示匹配的内容忽略大小写，如所有含“IT”“It”“iT”“it”的字符串都可以匹配。

4.7.2 正则表达式函数

在 PHP 的开发中，经常需要根据正则表达式完成对指定字符串的搜索和匹配。此时，可使用 PHP 提供的正则表达式函数。常用的正则表达式函数如表 4-13 所示。

表 4-13 常用的正则表达式函数

函数	描述
preg_match(string $pattern, string $subject)	第 1 个参数是正则表达式，第 2 个参数是被搜索的字符串，匹配成功后停止查找
preg_match_all(string $pattern, string $subject)	和 preg_match()功能相同，区别在于该函数会一直匹配到最后才停止
preg_grep(string $pattern, array $array, int $flags = 0)	匹配数组中的元素
preg_repalce(string|array $pattern, string|array $replacement, string|array $subject)	替换指定内容
preg_split(string $pattern, string $subject)	根据正则表达式分割字符串

为了方便读者理解，下面演示 preg_ match()函数的使用方法，示例代码如下。

```
$result = preg_match('/web/', 'phpwebphpweb');
var_dump($result);          // 输出结果：int(1)
```

在上述示例代码中，“/web/”中的“/”是正则表达式的定界符。当函数匹配成功时返回 1，匹配失败时返回 0，如果发生错误则返回 false。由于被搜索的字符串中包含“web”，因此函数的返回值为 1。

本章小结

本章主要讲解了 PHP 中的错误处理、HTTP、表单传值、会话技术、图像处理、目录和文件操作，以及正则表达式的使用方法。通过对本章的学习，读者应能够掌握本章所讲的知识，并结合案例对所学知识进行综合运用，达到学以致用的目的。

课后练习

一、填空题

1. HTTP 请求数据包含________、请求头、空行和请求体。
2. 在 URL 中传递多个参数时，各个参数之间使用________符号分隔。
3. 获取图像大小的函数是________。
4. 开启 GD 库，需要将 php.ini 中的配置项________前面的“;”删除。

5. 用于创建目录的函数是________。

二、判断题

1. 响应状态码 200 表示被请求的缓存文档未修改。(　　)
2. 会话技术可以实现跟踪和记录用户在网站中的活动。(　　)
3. $_COOKIE 可以完成添加、读取或修改 Cookie 中的数据。(　　)
4. PHP 中所有处理图像的函数都需要安装 GD 库后才能使用。(　　)
5. file_get_contents()函数不支持访问远程文件。(　　)

三、选择题

1. 下列选项中，无法修改错误报告级别的是（　　）。

A. 修改配置文件　　B. error_reporting()
C. exit()　　D. ini_set()

2. 下列选项中，不属于响应头中可以包含的内容的是（　　）。

A. 来源页面　　B. 内容长度
C. 响应时间　　D. 服务器版本

3. 下列关于响应头的描述错误的是（　　）。

A. 响应头用于告知浏览器本次响应的服务程序名、内容的编码格式等信息
B. 响应头 Connection 表示是否需要持久连接
C. 响应头 Content-Length 表示实体内容的长度
D. 响应头位于响应状态行的前面

4. 第一次创建 Cookie 时，服务器会在响应数据中增加（　　）头字段，并将消息发送给浏览器。

A. SetCookie　　B. Cookie
C. Set-Cookie　　D. 以上答案都不对

5. PHP 中用于判断文件是否存在的函数是（　　）。

A. fileinfo()　　B. file_exists()
C. fileperms()　　D. filesize()

四、简答题

1. 请概括 HTTP 的主要特点。
2. 请简要说明 GET 和 POST 提交方式的区别。

五、程序题

1. 封装函数实现一个含有点线干扰元素的 5 位验证码，该验证码包括英文大小写字母和数字。
2. 利用 PHP 远程获取指定 URL 的文件。

第5章

PHP操作MySQL

学习目标

★ 掌握 MySQL 环境搭建方法，能够独立获取、安装、配置和启动、登录 MySQL。

★ 了解 PHP 中的数据库扩展，能够说出常用的数据库扩展。

★ 掌握 MySQLi 扩展的使用方法，能够使用 MySQLi 扩展连接数据库和操作数据。

任何一门编程语言都需要对数据进行操作，实现数据的存储和获取，PHP 也不例外。PHP 所支持的数据库类型较多，在这些数据库中，MySQL 一直被认为是 PHP 的最佳搭档之一。本章将对 PHP 操作 MySQL 的相关内容进行详细讲解。

5.1 MySQL 环境搭建

通过 PHP 操作数据库之前，需要先完成 MySQL 的环境搭建。本节将对 MySQL 的获取、安装、配置和启动，以及登录进行详细讲解。

5.1.1 获取 MySQL

MySQL 目前使用双授权政策，它分为社区版和商业版。社区版是通过通用公共许可证（General Public License，GPL）协议授权的开源软件，它包含 MySQL 的最新功能；商业版只包含已稳定的功能。下面以社区版为例，讲解如何获取 MySQL 安装包。

① 通过浏览器访问 MySQL 官方网站的首页，如图 5-1 所示。

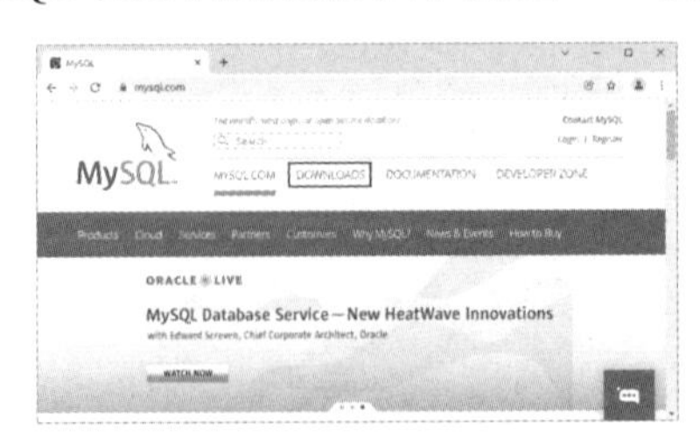

图5-1 MySQL官方网站的首页

② 单击图 5-1 所示导航栏中的“DOWNLOADS”，进入 MySQL 的下载页面，如图 5-2 所示。

图 5-2 所示页面展示了 MySQL 的相关产品，这里选择下载 MySQL Community (GPL)。

③ 单击“MySQL Community (GPL) Downloads »”超链接，进入 MySQL 社区版的下载页面，如图 5-3 所示。

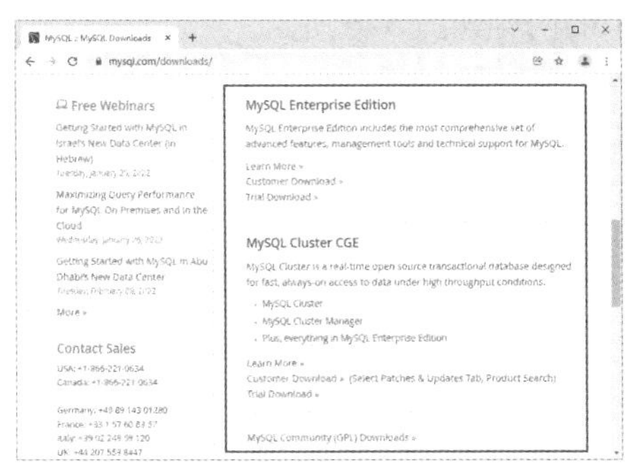

图5-2　MySQL的下载页面

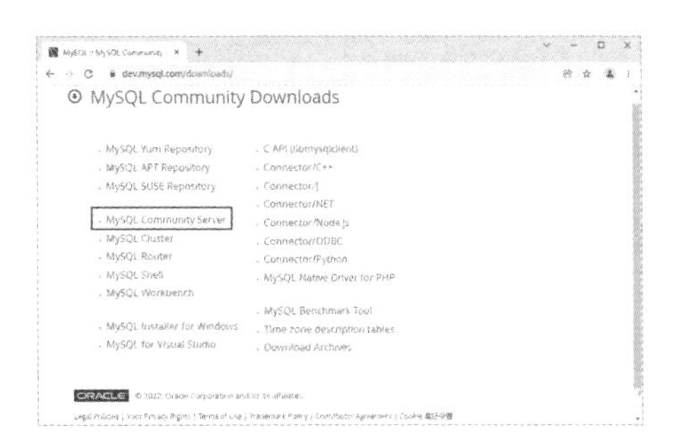

图5-3　MySQL社区版的下载页面

图 5-3 所示页面提供 MySQL 社区版相关产品的下载，在这里单击“MySQL Community Server”超链接进行下载。

④ 单击图 5-3 中的“MySQL Community Server”超链接，进入 MySQL 社区版服务器的下载页面，如图 5-4 所示。

从图 5-4 中可以看出，发布的版本是“MySQL Community Server 8.0.27”。该版本提供“Windows (x86, 64-bit), ZIP Archive”和“Windows (x86, 64-bit), ZIP Archive Debug Binaries & Test Suite”两个压缩文件，前者只包含基本功能，后者除基本功能外还提供了一些调试功能。在这里我们选择前者进行下载。

⑤ 单击图 5-4 中的“Windows (x86, 64-bit), ZIP Archive”对应的“Download”按钮后，进入文件下载页面，如图 5-5 所示。

图5-4　MySQL社区版服务器的下载页面

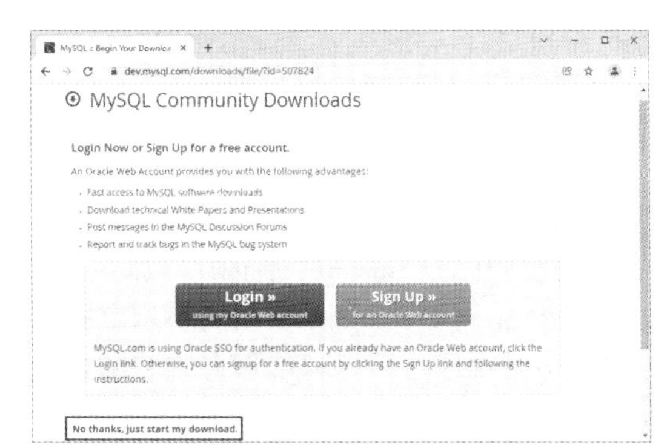

图5-5　“Windows (x86, 64-bit), ZIP Archive”文件下载页面

如果已有 MySQL 账户，可以单击“Login »”按钮，登录账号后再下载；如果没有 MySQL 账户则直接单击下方的超链接“No thanks, just start my download.”完成下载。在这里我们单击下方超链接下载，下载完成后会获得名称为 mysql-8.0.27-winx64.zip 的压缩文件。

5.1.2 安装 MySQL

获取 MySQL 的压缩文件后，要想使用 MySQL，需要先安装 MySQL。下面讲解如何安装 MySQL，具体步骤如下。

① 将 mysql-8.0.27-winx64.zip 压缩文件解压到 C:\web\mysql8.0 目录，将这个目录作为 MySQL 的安装目录。解压后，MySQL 安装目录中的内容如图 5-6 所示。

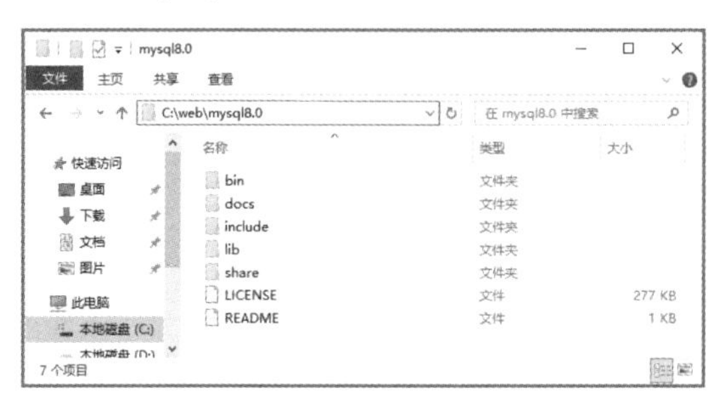

图5-6 MySQL安装目录中的内容

为了帮助初学者更好地了解 MySQL 的各个目录和文件的作用，下面对其分别进行介绍。

- bin 目录：用于放置一些可执行文件，如 mysql.exe、mysqld.exe、mysqlshow.exe 等。其中 mysql.exe 是 MySQL 客户端程序；mysqld.exe 是 MySQL 服务器端程序；mysqlshow.exe 用于查看 MySQL 服务器中的数据库和数据表的信息。
- docs 目录：用于放置文档。
- include 目录：用于放置一些头文件，如 mysql.h、mysqld_error.h 等。
- lib 目录：用于放置一系列的库文件，如 libmysql.lib、mysqlclient.lib 等。
- share 目录：用于存放字符集、语言等信息。
- LICENSE 文件：用于介绍 MySQL 的授权信息。
- README 文件：用于介绍 MySQL 的版权、相关文档地址和下载地址等信息。

② 进入“开始”菜单，在搜索框中输入 cmd，右击搜索到的命令提示符工具，选择“以管理员身份运行”，进入命令提示符窗口。

③ 在命令提示符窗口中，切换到 MySQL 安装目录下的 bin 目录，具体命令如下。

```
cd C:\web\mysql8.0\bin
```

④ 安装 MySQL 服务，服务名称为 MySQL80，具体命令如下。

```
mysqld -install MySQL80
```

上述命令中，“-install”后面用于指定 MySQL 服务的名称，该名称由用户自行定义，此处指定为 MySQL80。如果安装时不指定服务名称，则默认名称为“MySQL”。

执行安装命令后，MySQL 服务安装结果如图 5-7 所示。

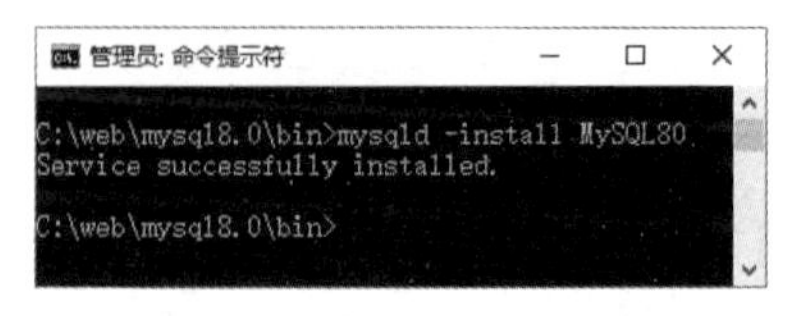

图5-7 MySQL服务安装结果

从图 5-7 可以看出，提示信息为“Service successfully installed.”，表示 MySQL 服务已经成功安装。

MySQL 安装成功后，如需卸载，可以使用如下命令。

```
mysqld -remove MySQL 服务名称
```

5.1.3　配置和启动 MySQL

MySQL 安装完成后，还需要对其进行配置和启动才能使用。MySQL 的配置包括创建 MySQL 配置文件和初始化 MySQL。下面分别对 MySQL 的配置和启动进行讲解。

1. 创建 MySQL 配置文件

在 C:\web\mysql8.0 目录下创建名称为 my.ini 的配置文件，并在 my.ini 文件中指定 MySQL 的安装目录、数据库文件的保存目录和端口号，具体配置如下。

```
[mysqld]
basedir=C:/web/mysql8.0
datadir=C:/web/mysql8.0/data
port=3306
```

在上述配置中，basedir 表示 MySQL 的安装目录；datadir 表示 MySQL 数据库文件的保存目录，也就是数据表的存放位置；port 表示 MySQL 客户端连接服务器端时使用的端口号，默认的端口号为 3306。

2. 初始化 MySQL

创建 MySQL 的配置文件后，配置文件中的数据库文件目录 C:\web\mysql8.0\data 还未创建。通过初始化数据库，可以让 MySQL 自动创建该数据库文件目录。

在初始化 MySQL 时自动为默认用户 root 生成随机密码，具体命令如下。

```
mysqld --initialize --console
```

在上述命令中，--initialize 表示初始化数据库，--console 表示将初始化的过程在命令提示符窗口中显示。

上述命令执行后，MySQL 自动为默认用户 root 随机生成一个密码，如图 5-8 所示。

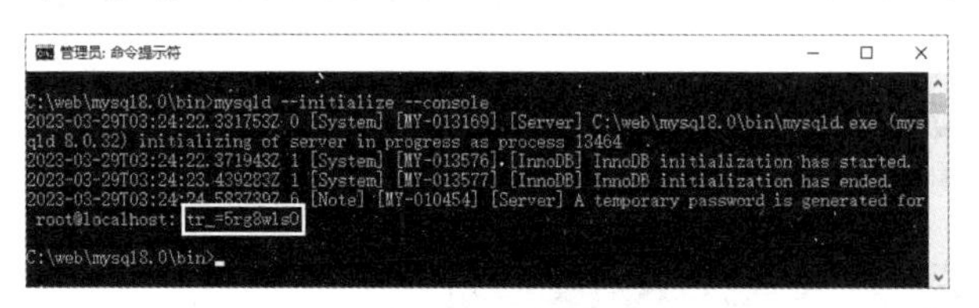

图5-8　初始化数据库

从图 5-8 可以看出，初始化 MySQL 时，MySQL 为 root 用户设置了初始密码“tr_=5rg8wls0”。上述命令执行成功后，会在 MySQL 安装目录下生成一个 data 目录，该目录用于存放数据库文件。

3. 启动 MySQL

MySQL 配置完成后，还需要启动 MySQL，启动 MySQL 的具体步骤如下。

① 以管理员身份打开命令提示符窗口，在命令提示符窗口中切换到 MySQL 安装目录下的 bin 目录，具体命令如下。

```
cd C:\web\mysql8.0\bin
```

② 启动名为 MySQL80 的服务，具体命令如下。

```
net start MySQL80
```

在上述命令中，net start 是 Windows 系统中用于启动服务的命令，MySQL80 是安装 MySQL 服务时自定义的服务名称。启动 MySQL 服务后，本机就是一台 MySQL 服务器，通过 IP 地址和端口号 3306 即可访问 MySQL 服务。

如果想要停止名为 MySQL80 的服务，可以在命令提示符窗口中执行如下命令。

```
net stop MySQL80
```

在上述命令中，net stop 是 Windows 系统中用于停止服务的命令，MySQL80 是要停止的服务的名称。

5.1.4　登录 MySQL

MySQL 提供了客户端命令行工具，可以登录 MySQL 服务器对数据库进行操作。具体登录步骤如下。

① 打开命令提示符窗口，切换到 MySQL 安装目录的 bin 目录下，具体命令如下。

```
cd C:\mysql8.0\bin
```

② 在命令提示符窗口中登录 MySQL 数据库，具体命令如下。

```
mysql -u root -p
```

在上述命令中，mysql 表示运行当前目录（C:\web\mysql8.0\bin）下的 mysql.exe；“-u root”表示以 root 用户的身份登录。其中，“-u”和“root”之间的空格可以省略。

执行上述命令，在命令提示符窗口中输出的“Enter password:”信息后输入密码“tr_=5rg8wlsO”（读者需要输入自己的密码），按“Enter”键后即可登录 MySQL，登录 MySQL 的结果如图 5-9 所示。

③ 为了保护数据库的安全，需要为登录 MySQL 服务器的用户设置密码。下面将 root 用户的密码设置为 123456，具体命令如下。

```
mysql> ALTER USER 'root'@'localhost' IDENTIFIED BY '123456';
```

为 root 用户设置密码后，重新登录 MySQL 数据库时需要使用刚才设置的密码。

④ 重新登录 MySQL 数据库后，通过 SQL 语句查看数据库中现有的数据库，具体命令如下。

```
SHOW DATABASES;
```

上述 SQL 语句的执行结果如图 5-10 所示。

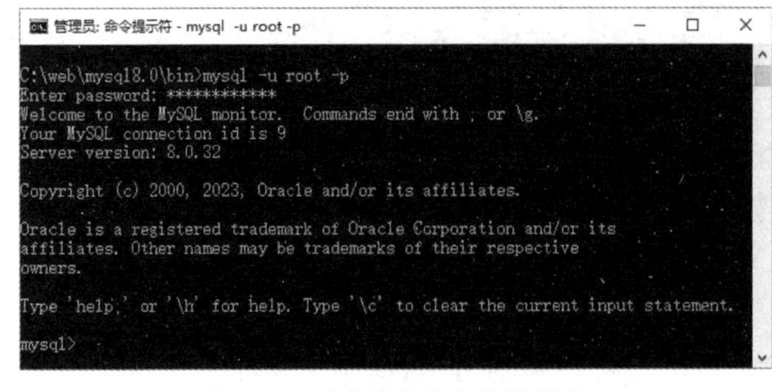

图5-9　成功登录MySQL数据库

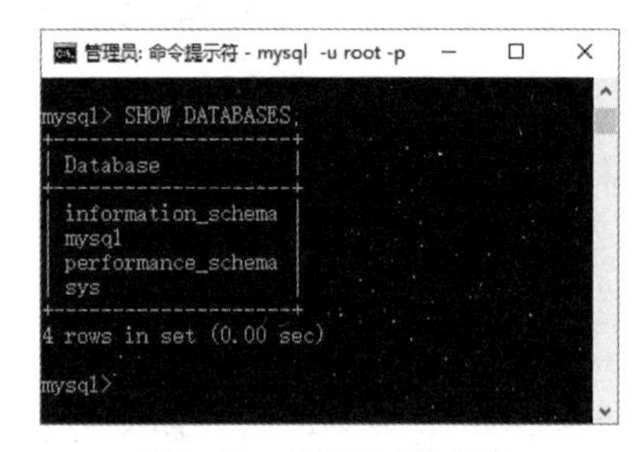

图5-10　显示所有数据库

从图 5-10 中可以看出，MySQL 数据库中已经有 4 个数据库，这 4 个数据库是在安装 MySQL 时自动创建的。MySQL 自动创建的 4 个数据库的主要作用如下。

- information_schema：主要存储数据库和数据表的结构信息，如用户表信息、字段信息、字符集信息。

- mysql：主要存储 MySQL 自身需要使用的控制和管理信息，如用户的权限。
- performance_schema：存储系统性能相关的动态参数，如全局变量。
- sys：系统数据库，包括存储过程、自定义函数等信息。

需要注意的是，初学者不要随意删除或修改 MySQL 自动创建的数据库，避免造成服务器故障。

如果想要在命令提示符窗口中退出 MySQL 服务器，输入 exit 或 quit 命令并按“Enter”键即可。

5.2　PHP 中的数据库扩展

PHP 作为一门编程语言，其本身并不具备操作数据库的功能。若想要通过 PHP 操作数据库，就需要借助 PHP 提供的数据库扩展。常用的数据库扩展有 MySQLi 扩展和 PDO 扩展，它们各自的特点如下。

1. MySQLi 扩展

MySQLi 扩展是 PHP 中专门用于与 MySQL 数据库交互的扩展，它是 PHP 早期版本中的 MySQL 扩展的增强版，不仅包含所有 MySQL 扩展的功能函数，还可以使用 MySQL 新版本中的高级特性。例如，多语言执行和事务的执行，采用预处理方式解决 SQL 注入问题等。MySQLi 扩展只支持 MySQL 数据库，如果不考虑使用其他数据库，该扩展是一个非常好的选择。

2. PDO 扩展

PDO 是 PHP 数据对象（PHP Data Objects）的简称，它提供了一个统一的应用程序接口（Application Program Interface，API），只要修改其中的数据来源名称（Data Source Name，DSN），就可以实现 PHP 与不同类型数据库服务器之间的交互。PDO 扩展解决了 PHP 早期版本中不同数据库扩展的 API 互不兼容的问题，提高了程序的可维护性和可移植性。

PDO 扩展会在第 9 章中进行详细讲解，此处读者了解即可。本章主要讲解如何使用 MySQLi 扩展完成对数据库的操作。

PHP 中的数据库扩展就像是一座桥梁，连接着 PHP 程序和数据库。桥梁为人们的出行提供了便利，同样，数据库扩展提供了丰富的功能和方法，使得在程序中操作数据库更加简单、高效。在使用数据库扩展操作数据库时，可能会遇到各种意想不到的问题，为了解决这些问题，我们更需要不断学习，深入研究。

5.3　MySQLi 扩展的使用

MySQLi 扩展提供了大量的函数来操作 MySQL，使得在 PHP 程序中操作数据库变得轻松、便捷。本节将对 MySQLi 扩展的使用进行详细讲解。

5.3.1　开启 MySQLi 扩展

PHP 中的 MySQLi 扩展默认没有开启，使用时需要开启。开启的方法是：在 PHP 的配置文件 php.ini 中找到“;extension= mysqli”配置项，去掉前面的分号“;”，即可开启 MySQLi 扩展。修改后的配置代码如下。

```
extension=mysqli
```

修改配置后，保存配置文件并重启 Apache 使配置生效。可通过 phpinfo()函数查看 MySQLi 扩展是否开启成功，具体如图 5-11 所示。

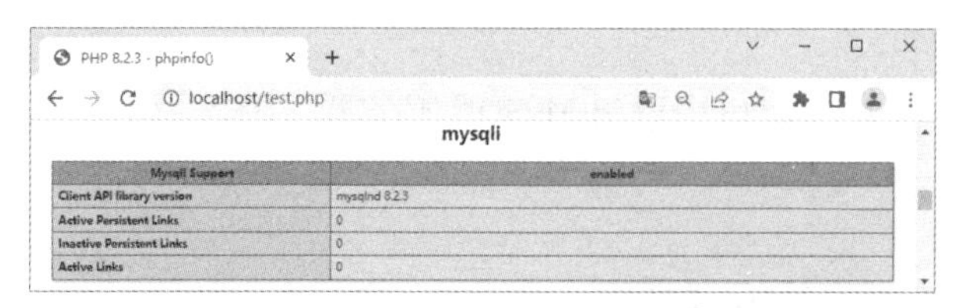

图5-11 查看MySQLi扩展是否开启成功

5.3.2 MySQLi 扩展的常用函数

MySQLi 扩展内置了用于实现连接数据库、设置字符集、获取结果集中的信息等功能的函数。MySQLi 扩展的常用函数如表 5-1 所示。

表 5-1 MySQLi 扩展的常用函数

函数	描述
mysqli_connect(string $hostname, string $username, string $password, string $database, int $port, string $socket)	连接数据库，连接成功返回连接对象，失败返回 false
mysqli_connect_error()	获取连接时的错误信息，返回带有错误描述的字符串
mysqli_select_db(mysqli $mysql, string $database)	选择数据库，若成功返回 true，失败返回 false
mysqli_set_charset(mysqli $mysql, string $charset)	设置客户端字符集，若成功返回 true，失败返回 false
mysqli_query(mysqli $mysql, string $query)	执行数据库查询，写操作返回 true，读操作返回结果集对象，失败返回 false
mysqli_insert_id(mysqli $mysql)	获取上一次插入操作产生的 id
mysqli_affected_rows(mysqli $mysql)	获取上一次操作受影响的行数
mysqli_num_rows(mysqli_result $result)	获取结果中的行数
mysqli_fetch_assoc(mysqli_result $result)	获取一行结果并以关联数组返回
mysqli_fetch_row(mysqli_result $result)	获取一行结果并以索引数组返回
mysqli_fetch_all(mysqli_result $result, int $mode)	获取所有的结果，并以数组方式返回
mysqli_fetch_array(mysqli_result $result, int $mode)	从结果集中获取一行作为索引数组或关联数组
mysqli_free_result(mysqli_result $result)	释放结果集
mysqli_errno(mysqli $mysql)	返回最近函数的错误编号
mysqli_error(mysqli $mysql)	返回最近函数的错误信息
mysqli_report(int $flags)	开启或禁用 MySQL 内部错误报告
mysqli_close(mysqli $mysql)	关闭数据库连接

5.3.3 使用MySQLi扩展操作数据库

使用 MySQLi 扩展连接数据库包括 4 个步骤，分别是连接数据库、错误处理、设置字符集和关闭数据库连接。下面对这 4 个步骤进行讲解。

1. 连接数据库

使用 MySQLi 扩展操作数据前，需要连接数据库。使用 mysqli_connect()函数连接数据库的语法格式如下。

```
mysqli_connect(
   string hostname,     // 主机名或 IP 地址
   string username,     // 用户名
   string password,     // 密码
   string dbname,       // 数据库名
   int port,            // 端口号
   string socket       // socket 通信（适用于 Linux 环境）
)
```

在上述语法格式中，mysqli_connect()函数共有 6 个可选参数，当省略参数时，将自动使用 php.ini 中配置的默认值。若数据库连接成功，返回一个数据库连接对象；若数据库连接失败，返回 false 并显示 Fatal error 类型的错误信息。

为了帮助读者更好地理解，下面演示如何使用 mysqli_connect()函数连接数据库，具体步骤如下。

① 登录 MySQL 数据库后，创建 mydb 数据库，具体 SQL 语句如下。

```
CREATE DATABASE IF NOT EXISTS `mydb`;
```

② 在 mydb 数据库中创建 student 数据表并插入数据，具体 SQL 语句如下。

```
# 创建 student 数据表
CREATE TABLE `student` (
  `id` int(11) NOT NULL AUTO_INCREMENT,
  `name` varchar(32) NOT NULL,
  `age` int(11) NOT NULL,
  PRIMARY KEY (`id`)
) ENGINE=InnoDB DEFAULT CHARSET=utf8;
# 插入数据
INSERT INTO `student` VALUES ('1', 'Tom', '18'), ('2', 'Jack', '20'),
('3', 'Alex', '16'), ('4', 'Andy', '19');
```

③ 创建 connect.php，使用 mysqli_connect()函数连接数据库，具体代码如下。

```
1  <?php
2  // 连接数据库
3  $link = mysqli_connect('localhost', 'root', '123456', 'mydb', '3306');
4  // 查看连接结果
5  echo $link ? '数据库连接成功' : '数据库连接失败';
```

上述代码用于连接主机名是 localhost、用户名是 root、密码是 123456 的 MySQL 服务器，选择的数据库是 mydb，端口号是 3306，$link 是返回的数据库连接对象。

通过浏览器访问 connect.php，数据库连接成功的提示信息如图 5-12 所示。

从图 5-12 中可以看出，页面输出“数据库连接成功”的提示信息。如果将函数的密码参数修改为“123”，由于密码是错误的，数据库会连接失败，提示信息如图 5-13 所示。

从图 5-13 中可以看出，当使用错误的密码连接数据库时，会出现 Fatal error 类型的错

误，提示应使用正确的密码连接数据库。

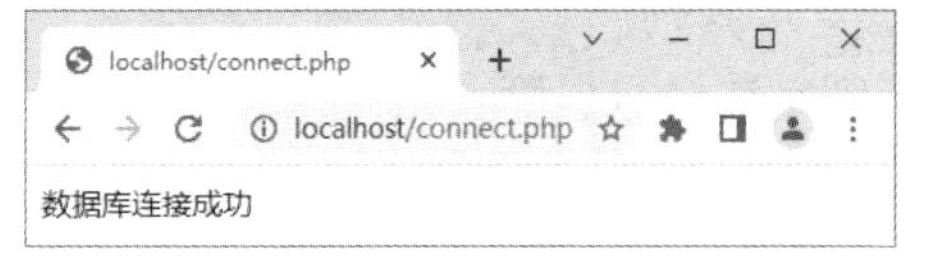

图5-12 数据库连接成功的提示信息

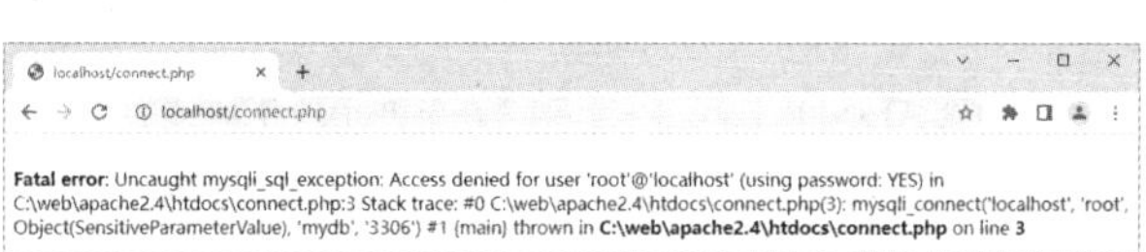

图5-13 数据库连接失败的提示信息

2. 错误处理

当数据库连接失败时，mysqli_connect()函数会返回很长的错误提示信息，这些错误提示信息的可读性比较差。为此，在连接数据库失败时可使用 mysqli_connect_error()函数获取错误提示信息。mysqli_connect_error()函数没有参数，返回值是一个字符串；如果没有发生错误，返回值为 NULL。

修改 connect.php 中连接数据库的代码，使用 mysqli_connect_error()函数获取错误提示信息，具体代码如下。

```
1 <?php
2 // 禁用 MySQL 内部错误报告
3 mysqli_report(MYSQLI_REPORT_OFF);
4 // 连接数据库
5 $link = @mysqli_connect('localhost', 'root', '123', 'mydb');
6 if (!$link) {
7     exit('mysqli connection error: ' . mysqli_connect_error());
8 }
```

在上述代码中，第 3 行代码使用 mysqli_report()函数禁用 MySQL 内部错误报告，第 5 行代码使用“@”屏蔽 mysqli_connect()函数的错误提示信息。当数据库连接对象$link 的值为 false 时，执行第 7 行代码，使用 exit()函数停止脚本运行，同时使用 mysqli_connect_error()函数获取连接时错误提示信息并输出。第 5 行代码连接数据库时使用错误的密码“123”，运行程序后的输出结果如图 5-14 所示。

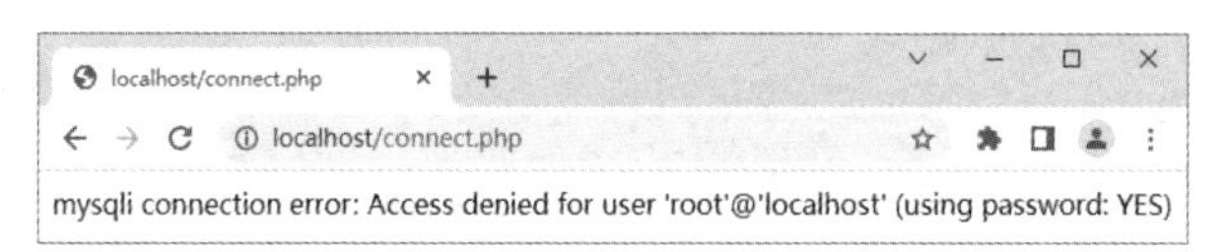

图5-14 连接数据库时的错误提示信息

从图 5-14 的输出结果可以看出，网页中显示了数据库连接失败的错误提示信息。为了不影响后面的使用，需要将连接数据库的代码中的密码修改为 123456。

3. 设置字符集

数据库连接成功后，还需要设置客户端字符集，以确保 PHP 与 MySQL 使用相同的字符集。使用 mysqli_set_charset()函数设置字符集的语法格式如下。

```
mysqli_set_charset(mysqli $mysql, string $charset )
```

在上述语法格式中，mysqli_set_charset()函数共有 2 个参数。$mysql 表示数据库连接对象；$charset 是要设置的字符集，设置成功返回 true，设置失败返回 false。

在 connect.php 的现有代码后面，使用 mysqli_set_charset()函数设置字符集，具体代码如下。

```
1 if (!mysqli_set_charset($link, 'utf8mb4')) {
2     exit(mysqli_error($link));
3 }
```

上述代码中，使用 mysqli_set_charset()函数设置字符集为 utf8mb4，使用 mysqli_error()函数获取代码执行失败时的错误信息。

注意：

为了避免中文乱码问题，需要保证 PHP 脚本文件、Web 服务器返回的编码、网页的<meta>标签、PHP 访问 MySQL 使用的字符集是统一的。

4. 关闭数据库连接

当不需要使用数据库连接时，需要关闭数据库连接。使用 mysqli_close()函数关闭数据库连接的语法格式如下。

```
mysqli_close(mysqli $mysql)
```

在上述语法格式中，参数$mysql 是数据库连接对象。传入要关闭的数据库连接对象，即可关闭已经打开的数据库连接。

在 connect.php 的现有代码后面，使用 mysqli_close()函数关闭数据库连接，具体代码如下。

```
mysqli_close($link);
```

在上述代码中，使用 mysqli_close()函数关闭了数据库连接。关闭数据库连接后，$link 将不能继续使用。

至此，已经实现了通过 MySQLi 扩展连接数据库，读者只需要掌握连接数据库的基本步骤。为了不影响后面的学习，暂时将关闭数据库连接的代码注释起来，以完成后续的数据操作。

5.3.4 使用 MySQLi 扩展操作数据

使用 MySQLi 扩展连接数据库后就可以实现对数据的操作，下面介绍新增数据、更新数据、删除数据和查询数据等操作。

1. 新增数据

在 connect.php 中添加新增数据的代码，具体代码如下。

```
1 // 新增数据的 SQL 语句
2 $query = 'INSERT INTO `student` VALUES(NULL, \'Bob\', 20)';
3 // 执行新增操作
4 $result = mysqli_query($link, $query);
5 if (!$result) {
6     exit(mysqli_error($link));
7 }
8 echo '新增数据的 id 值: ' . mysqli_insert_id($link); // 获取自增 id
```

在上述代码中，第 4 行代码通过 mysqli_query()函数执行新增数据的 SQL 语句，如果执行 SQL 语句时出现错误，则使用 mysqli_error()函数获取错误信息；执行完成后，通过 mysqli_insert_id()函数获取新增数据的自增 id。

通过浏览器访问 connect.php，运行结果如图 5-15 所示。

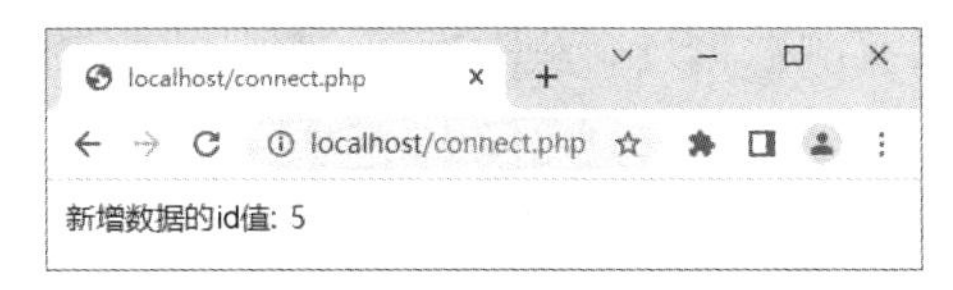

图5-15 新增数据

从图 5-15 可以看出，页面输出了新增数据的 id 值。

脚本执行完成后，通过命令提示符窗口登录 MySQL，查询 student 数据表中的数据，验证数据是否新增成功，具体 SQL 语句及执行结果如下。

```
mysql> SELECT * FROM `student`;
+----+-----+-----+
| id | name | age |
+----+-----+-----+
|  1 | Tom  |  18 |
|  2 | Jack |  20 |
|  3 | Alex |  16 |
|  4 | Andy |  19 |
|  5 | Bob  |  20 |
+----+-----+-----+
5 row in set (0.00 sec)
```

在上述查询结果中，显示了 id 为 5 的记录，说明新增数据成功。

2. 更新数据

通过 MySQLi 扩展对已有的数据进行更新操作，将 student 数据表中 id 值为 5 的 age 字段修改为 21，具体代码如下。

```
1 // 更新数据的 SQL 语句
2 $query = 'UPDATE `student` SET `age`=21 WHERE `id`=5';
3 // 执行更新操作
4 $result = mysqli_query($link, $query);
5 if (!$result) {
6     exit(mysqli_error($link));
7 }
8 // 返回结果
9 echo mysqli_affected_rows($link);
```

在上述代码中，执行更新语句后，第 9 行代码通过 mysqli_affected_rows()函数获取受影响的行数，根据受影响的行数可以判断是否更新成功。运行上述代码后输出的受影响的行数值为 1。

更新数据后，通过命令提示符窗口查询 student 数据表中 id 值为 5 的数据，验证更新后的数据是否正确，具体 SQL 语句及执行结果如下。

```
mysql> SELECT * FROM `student` WHERE `id`=5;
+----+-----+-----+
| id | name | age |
+----+-----+-----+
|  5 | Bob  |  21 |
+----+-----+-----+
1 rows in set(0.00sec)
```

在上述结果中，age 字段的值从原来的 20 修改为了 21，说明更新数据成功。

3. 删除数据

通过 MySQLi 扩展对已有的数据进行删除操作，将 student 数据表中 id 值为 5 的记录删除，具体代码如下。

```
1 // 删除数据的 SQL 语句
2 $query = 'DELETE FROM `student` WHERE `id`=5';
3 // 执行删除操作
4 $result = mysqli_query($link, $query);
```

```
5 if (!$result) {
6     exit(mysqli_error($link));
7 }
8 // 返回结果
9 echo mysqli_affected_rows($link);
10 // 关闭连接
11 mysqli_close($link);
```

删除数据后，查询 student 数据表中的数据，具体 SQL 语句及执行结果如下。

```
mysql> SELECT * FROM `student`;
+----+-----+-----+
| id | name | age |
+----+-----+-----+
|  1 | Tom  |  18 |
|  2 | Jack |  20 |
|  3 | Alex |  16 |
|  4 | Andy |  19 |
+----+-----+-----+
4 rows in set(0.00sec)
```

上述查询结果中没有 id 为 5 的记录，说明删除数据成功。

4. 查询数据

通过 MySQLi 扩展查询 student 数据表的所有数据，具体代码如下。

```
1 // 查询数据的 SQL 语句
2 $query = 'SELECT * FROM `student`';
3 // 执行查询操作
4 $result = mysqli_query($link, $query);
5 if (!$result) {
6     exit(mysqli_error($link));
7 }
8 // 处理结果集
9 $lists = [];
10 while ($row = mysqli_fetch_assoc($result)) {
11     $lists[] = $row;
12 }
13 // 释放结果集资源
14 mysqli_free_result($result);
```

上述代码通过 while 语句和 mysqli_fetch_assoc()函数的结合使用，将结果集中的每一行数据取出来保存到$lists 变量中。

将查询出来的结果在页面中展示，具体代码如下。

```
1 echo '<table><tr><th>id</th><th>姓名</th><th>年龄</th></tr>';
2 foreach ($lists as $val) {
3     echo
"<tr><td>{$val['id']}</td><td>{$val['name']}</td><td>{$val['age']}</td></tr>";
4 }
5 echo '</table>';
```

在上述代码中，第 2～4 行代码使用 foreach 语句将$lists 中的内容遍历输出。

通过浏览器访问 connect.php，查询数据的运行结果如图 5-16 所示。

除了上述的方式外，当需要一次查询出所有的记录时，可以通过 mysqli_fetch_all()函数来实现，示例代码如下。

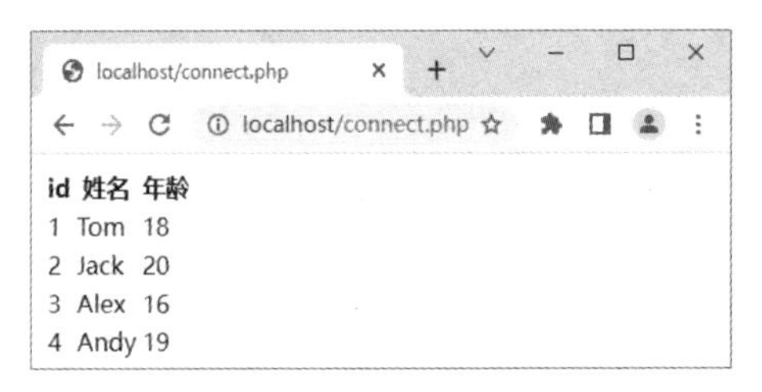

图5-16 查询数据的运行结果

```
1 // 一次查询所有记录
2 $data = mysqli_fetch_all($result, MYSQLI_ASSOC);
3 // 输出查询结果
4 var_dump($data);
```

在上述代码中，$data 中存入了一个包含所有行的二维数组，其中每一行记录都是一个数字，使用 var_dump()函数可以查看数组的结构。

另外，当需要一次查询一行记录时，还可以使用 mysqli_fetch_row()函数或 mysqli_fetch_array()函数来实现，它们的用法与 mysqli_fetch_assoc()函数的用法类似。

本章小结

本章首先讲解了 MySQL 的获取、安装、配置和启动、登录，然后介绍了 PHP 中的数据库扩展，最后讲解了 MySQLi 扩展的使用方法。通过对本章内容的学习，读者应能够熟练运用 PHP 操作 MySQL 数据库。

课后练习

一、填空题

1. PHP 操作 MySQL 数据库的扩展有________和 PDO 扩展。
2. 开启 MySQLi 扩展需要在 php.ini 中找到________去掉分号即可。
3. MySQLi 扩展中使用________函数连接数据库。
4. 使用________函数来关闭数据库连接。
5. MySQL 安装目录下________目录用于放置一些可执行文件。

二、判断题

1. PDO 扩展只可以操作 MySQL 数据库。（　　）
2. 3306 是 MySQL 数据库服务器的默认端口号。（　　）
3. mysqli_connect()函数用于连接 MySQL 服务器。（　　）
4. mysqli_fetch_assoc()函数用于获取一行结果并以索引数组返回。（　　）
5. mysqli_error()函数用于返回最近函数调用的错误信息。（　　）

三、选择题

1. 下列选项中，用于退出 MySQL 的命令是（　　）。

A. exit　　B. stop　　C. drop　　D. remove

2. 若要启动一个名称为 mysql80 的 MySQL 服务，下列命令正确的是（　　）。

A. net start　　B. net start mysql80

C. net stop mysql80　　D. start mysql80

3. 在下列 php.ini 的配置项中，可以开启 mysqli 扩展的是（　　）。

A. extension=mysqli　　B. extension= pdo_mysql

C. extension= pdo_oci　　D. extension= pdo_pgsql

4. 下列选项中，用于释放结果集的函数是（　　）。

A. mysqli_error()　　B. mysqli_close()

C. mysqli_free_result()　　D. mysqli_errno()

5. 下列选项中，与数据库操作无关的扩展是（　　）。（多选）

A. cURL 扩展　　B. GD 扩展

C. PDO 扩展　　D. MySQLi 扩展

四、简答题

1. 请列举 5 个 MySQLi 扩展常用的函数。

2. 请简要说明使用 MySQLi 扩展连接数据库的 4 个步骤。

五、程序题

1. 假设 MySQL 数据库安装在端口号为 3307、IP 地址为 127.0.0.1 的服务器上，其用户名是 php、密码是 123456，现有一个名称为 data 的数据库，请使用 MySQLi 扩展中的函数编写程序，实现输出 data 数据库中所有数据表的功能。

2. 假设存在一个本地 MySQL 数据库，用户名是 root，密码为空，请分析如下代码能否执行成功。如果能，请列出运行结果，否则请说出不能的理由。

```
1 <?php
2 $link = mysqli_connect('localhost', 'root', '123456');
3 $res = mysqli_query($link, 不能'SHOW DATABASES');
4 while ($rows = mysqli_fetch_row($res)) {
5     echo $rows[' Database'] . '<br>';
6 }
```

第6章

PHP面向对象编程

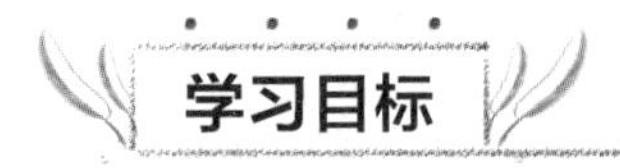

★ 了解面向对象的概念，能够说出面向过程和面向对象的区别、类与对象的概念以及面向对象的三大特征。

★ 掌握类的定义和实例化，能够定义类和实例化类。

★ 掌握类成员的定义，能够在类中定义类成员。

★ 掌握对象的克隆方法，能够根据需求克隆对象。

★ 掌握访问控制修饰符的使用方法，能够正确使用访问控制修饰符。

★ 掌握类中$this 的使用方法，能够在类中使用$this 访问实例成员。

★ 掌握构造方法和析构方法的语法，能够使用这两个方法完成对象的初始化和销毁。

★ 掌握类常量和静态成员的使用方法，能够在类中定义类常量和静态成员。

★ 掌握继承的使用方法，能够实现类的继承和有限继承。

★ 掌握重写的使用方法，能够实现对类成员的重写。

★ 掌握静态延迟绑定，能够根据需求访问静态类成员。

★ 掌握 final 关键字的使用方法，能够使用 final 关键字定义最终类和类成员。

★ 掌握抽象类的使用方法，能够根据实际需求使用抽象类。

★ 掌握接口的实现方法，能够定义和实现接口。

★ 掌握接口的继承方法，能够根据实际需求使用接口继承。

随着 PHP 的不断发展，PHP 对面向对象编程的支持也越来越完善，使得 PHP 能够处理更多复杂的需求。对 PHP 开发人员来说，PHP 面向对象编程是必备的重要技能之一。本章将对 PHP 面向对象编程进行详细讲解。

6.1 初识面向对象

在生活中，人们所面对的事物都可以称为对象，如计算机、电视机、自行车等。在面向对象程序设计（Object-Oriented Programming，OOP）中，由事物和对事物的处理这些内容所组成的整体被称为对象，本节将对面向对象进行详细讲解。

6.1.1　面向过程与面向对象的区别

在学习面向对象之前，首先了解什么是面向过程。面向过程是指将要实现的功能分解成具体的步骤，通过函数依次实现这些步骤，使用时按规定好的顺序调用函数即可。前面的章节都是基于面向过程的思想进行编程的。

面向对象则是一种更符合人类思维习惯的编程思想，它分析现实生活中不同事物的各种形态，在程序中使用对象来映射现实中的事物，是对现实世界的抽象。

面向过程主要侧重于完成任务所经历的每一个步骤，而面向对象主要侧重于用什么对象解决什么问题，每一个对象中都包含若干属性和方法。假设有一个学生对象$student，下面通过代码演示该对象的使用。

```
// 输出学生对象的姓名
echo $student->name;      // 获取学生对象的 name 属性
// 让学生对象打招呼
$student->sayHello();     // 调用学生对象的 sayHello()方法
```

面向对象就是把要解决的问题，按照一定规则划分为多个独立的对象，通过调用对象的方法来解决问题。通常程序中可能会包含多个对象，需要多个对象的相互配合来实现应用程序的功能。例如，老师布置作业，学生做作业，老师批改作业，最后输出学生的作业成绩，这一系列过程若用面向对象的思想表示，具体代码如下。

```
// 老师布置作业
$work = $teacher->createWork();
// 学生做作业
$result = $student->doWork($work);
// 老师批改作业
$score = $teacher->check($result);
// 输出学生的作业成绩
echo $student->name . '的作业成绩为：' . $score;
```

通过上述代码可以很直观地看到对象与对象之间做了什么事情，代码的可读性很强。并且当应用程序功能发生变动时，只需要修改对应对象就可以了，从而使代码更容易维护。

6.1.2　面向对象中的类与对象

面向对象的思想力图使程序对事物的描述与该事物在现实中的形态一致，为了做到这一点，面向对象思想提出了两个概念，即类和对象。

在面向对象中，类（class）是对某一类事物的抽象描述，类中包含该类事物的一些基本特征。对象（object）用于表示现实中该事物的个体。对象是根据类创建的，类是对象的模板，通过一个类可以创建多个对象。

为了方便读者理解，下面通过图 6-1 所示演示类与对象的关系。

在图 6-1 中，共有商品类、水果类和文具类，其中水果类和文具类都有“名称”和“价格”两个属性。此外，水果类还拥有“产地”属性，文具类还拥有“型号”属性。苹果、香蕉是水果类的对象，铅笔是文具类的对象。从水果与苹果、香蕉的关系和文具与铅笔的关系，可以看出类与对象之间的关系。

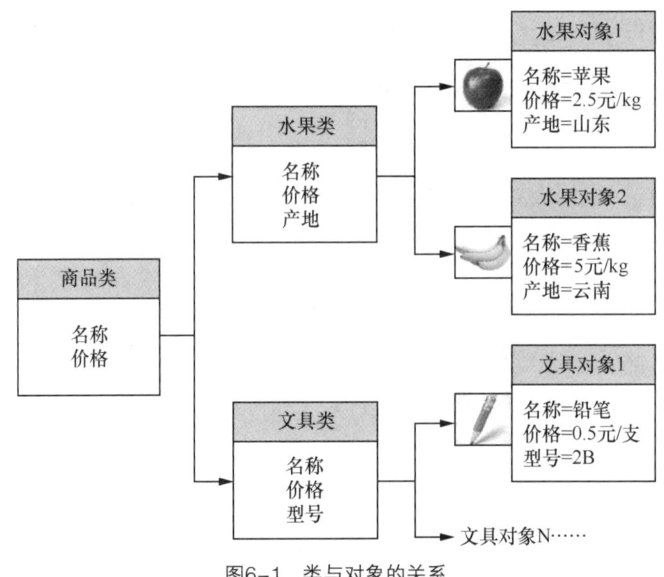

图6-1　类与对象的关系

6.1.3　面向对象的三大特性

面向对象的三大特性分别是封装、继承和多态，下面进行简要介绍。

1. 封装

封装是面向对象的核心思想，它是指将对象的一部分属性和方法封装起来，不需要让外界知道具体实现细节，同时对外提供可以操作的接口。封装的优势是使对象的使用者不必研究对象的内部原理，即可轻松地使用对象提供的功能。

2. 继承

继承是面向对象中实现代码复用的重要特性。继承描述了类与类之间的关系，将类分为父类和子类，子类通过继承可以直接使用父类的成员，或者对父类的功能进行扩展。继承的优势是不仅增强了代码的复用性，提高了程序的开发效率，而且为程序的修改补充提供了便利。

3. 多态

多态是指同名的操作可作用于多种类型的对象上并获取不同的结果。不同的对象，对于同名操作所表现的行为是不同的。多态的优势是可以让不同的对象拥有相同的操作接口，降低了使用者的学习成本。

6.2　类与对象的使用

在 6.1 节中，介绍了面向对象编程中的两个核心概念，即类和对象。那么如何使用类和对象呢？本节将对类和对象的使用方法进行详细讲解。

6.2.1　类的定义和实例化

类由 class 关键字、类名和类成员组成。定义类的语法格式如下。

```
class 类名
```

```
{
    类成员
}
```

在上述语法格式中，“{}”中的内容是类成员（具体会在 6.2.2 小节讲解）。

在定义类时，类名需要遵循以下规则。

- 类名不区分大小写，如 Student、student 表示同一个类。
- 推荐使用大驼峰法命名类，即每个单词的首字母大写，如 Student。
- 类名要“见其名知其意”，如 Student 表示学生类，Teacher 表示教师类。

若想要使用类的功能，还需要根据类创建对象，这个操作称为类的实例化。通过类的实例化创建的对象称为类的实例（instance）。

PHP 中使用 new 关键字创建类的实例，语法格式如下。

```
$对象名 = new 类名([参数 1, 参数 2, …]);
```

在上述语法格式中，“$对象名”是类的实例；new 关键字表示要创建新的对象；类名是要实例化的类名；类名后面中括号中的参数是可选的（将在 6.2.6 小节中进行详细讲解）。

下面演示定义类和实例化类，具体代码如下。

```
1 class Person                 // 定义 Person 类
2 {
3 }
4 $person = new Person();          // 实例化 Person 类
5 var_dump($person);               // 输出结果: object(Person)#1 (1) {}
```

上述代码定义了一个 Person 类，该类是一个空类。创建$person 对象后，使用 var_dump() 函数输出$person 对象，可以从输出结果中查看对象的类型。

多学一招：instanceof 运算符

PHP 中的 instanceof 运算符可以判断对象是不是某个类的实例，具体语法格式如下。

```
$对象名 instanceof 类名
```

在上述语法格式中，instanceof 左侧是某个类的实例，右侧是类名。如果判断成立，判断结果为 true；否则判断结果为 false。需要注意的是，对于一个子类对象，如果 instanceof 右侧是父类，则判断结果也为 true。

下面演示 instanceof 运算符的使用，示例代码如下。

```
1 class Other                                  // 定义 Other 类
2 {
3 }
4 class Person                                 // 定义 Person 类
5 {
6 }
7 $person = new Person();
8 var_dump($person instanceof Person);         // 输出结果: bool(true)
9 var_dump($person instanceof Other);          // 输出结果: bool(false)
```

在上述代码中，定义了 Other 类和 Person 类，第 8 行代码用于判断对象$person 是否为 Person 类的实例，第 9 行代码用于判断对象$person 是否为 Other 类的实例。从输出结果可以看出，$person 是 Person 类的实例，不是 Other 类的实例。

6.2.2 类成员

类成员定义在类名后的“{}”中。类成员包括属性和方法。属性类似变量，用于描述对象的特征，如人的姓名、年龄等；方法类似函数，用于描述对象的行为，如说话、走路等。

在类中定义类成员的语法格式如下。

```
class 类名
{
    访问控制修饰符 $属性名 = 值;                          // 定义属性
    访问控制修饰符 function 方法名([参数 1, 参数 2, …])     // 定义方法
    {
        方法体
    }
}
```

在上述语法格式中，“$属性名 =”后面的值可以省略，如果省略属性的值，属性的默认值为 NULL。访问控制修饰符用于控制类成员是否允许被外界访问，默认使用 public，关于访问控制修饰符的相关内容会在 6.2.4 小节中详细讲解。

定义类成员后，在创建类的对象时，程序会依据类成员创建对象成员。对象成员又称为实例成员。使用对象成员访问符“->”可以访问对象成员，具体语法格式如下。

```
$对象名->属性名;                // 访问属性
$对象名->方法名();              // 访问方法（调用方法）
```

在上述语法格式中，访问方法时，方法名后面加上小括号表示调用。由于方法和函数类似，所以习惯上将访问方法称为调用方法。

下面演示类成员的使用。定义 Person 类，在类中定义属性$name 和方法 speak()，实例化 Person 类后访问对象的属性和方法，具体代码如下。

```
1  class Person
2  {
3      public $name = '未命名';        // 定义属性
4      public function speak()        // 定义方法
5      {
6          echo 'The person is speaking.';
7      }
8  }
9  $person = new Person();            // 实例化 Person 类
10 echo $person->name;                // 获取属性值，输出结果：未命名
11 $person->name = '张三';            // 修改属性的值
12 echo $person->name;                // 获取属性值，输出结果：张三
13 $person->speak();                  // 输出结果：The person is speaking.
```

在上述代码中，第 3 行代码用于为$name 属性设置初始值；第 10 行代码用于访问属性$name；第 11 行代码用于将属性$name 的值修改为张三；第 13 行代码用于调用 speak()方法。

多学一招：可变类与可变类成员

与可变变量和可变函数类似，PHP 支持设置可变类和可变类成员。在使用可变类或可变类成员时，对象成员访问符号“->”后面跟“$变量名称”。定义可变类和可变类成员的

示例代码如下。

```
1  <?php
2  class Calculate
3  {
4      public $width = 10;
5      public $height = 20;
6      public function getArea()
7      {
8          return $this->width * $this->height;
9      }
10 }
11 $classname = 'Calculate';
12 $obj = new $classname();          // 实例化 Calculate 类
13 $width = 'width';
14 echo '宽 = ' . $obj->$width;       // 访问 width 属性
15 $height = 'height';
16 echo '高 = ' . $obj->$height;      // 访问 height 属性
17 $area = 'getArea';
18 echo '面积 = ' . $obj->$area();    // 调用 getArea() 方法
```

在上述代码中，第 12 行代码在实例化可变类时，会寻找与变量值相同的类进行实例化；第 14、16、18 行代码在调用可变类成员时，会寻找与变量值相同的类成员进行调用。

6.2.3 对象的克隆

在 PHP 中，当一个变量的值为对象时，如果将这个变量赋值给另一个变量，则此过程并不会创建对象的副本，而是使两个变量引用同一个对象。如果想要获取多个相同的对象，并且某一个对象的成员发生改变时不影响其他对象的成员，可以通过对象的克隆来实现。

对象的克隆使用 clone 关键字，具体语法格式如下。

```
$对象名 2 = clone $对象名 1;
```

上述语法格式表示基于对象“$对象名 1”克隆出对象“$对象名 2”。

为了对比对象变量赋值和对象克隆的区别，下面分别进行代码演示。

① 对象变量赋值的示例代码如下。

```
1  class Person
2  {
3      public $age = 1;
4  }
5  $object1 = new Person();
6  $object2 = $object1;
7  $object1->age = 10;
8  var_dump($object1->age);   // 输出结果：int(10)
9  var_dump($object2->age);   // 输出结果：int(10)
```

在上述代码中，第 5 行代码实例化 Person 类得到对象$object1；第 6 行代码将对象$object1 赋值给$object2；第 7 行代码通过对象$object1 修改 age 属性的值为 10；第 8～9 行代码查看对象$object1 和对象$object2 中的 age 属性值，它们的值都为 10。由此可见，当对对象变量赋值时，两个变量引用同一个对象。

② 对象克隆的示例代码如下。

```
1  class Person
```

```
2 {
3     public $age = 1;
4 }
5 $object1 = new Person();
6 $object2 = clone $object1;
7 $object1->age = 10;
8 var_dump($object1->age);   // 输出结果：int(10)
9 var_dump($object2->age);   // 输出结果：int(1)
```

在上述代码中，第 6 行代码使用 clone 关键字克隆对象$object1；第 7 行代码通过对象$object1 修改 age 属性的值为 10；第 8 行代码查看对象$object1 中的 age 属性值，输出结果为 10；第 9 行代码查看对象$object2 中的 age 属性值，输出结果为 1。由此可见，当对对象克隆时，两个变量引用不同的对象。

多学一招：魔术方法

魔术方法不需要手动调用，它会在某一刻自动执行，使用魔术方法可以为程序的开发带来极大便利。PHP 有很多魔术方法，常见的魔术方法如表 6-1 所示。

表 6-1 常见的魔术方法

魔术方法	描述
__get()	当调用一个未定义或无权访问的属性时自动调用此方法
__set()	给一个未定义或无权访问的属性赋值时自动调用此方法
__isset()	当在一个未定义或无权访问的属性上执行 isset()操作时调用此方法
__unset()	当在一个未定义或无权访问的属性上执行 unset()操作时调用此方法
__construct()	构造方法，当对象被创建时调用此方法
__destruct()	析构方法，在对象被销毁前（即从内存中清除前）调用此方法
__toString()	当一个类被当成字符串时调用此方法
__invoke()	以调用函数的方式调用对象时会调用此方法
__sleep()	可用于清理对象，在序列化前执行
__wakeup()	用于预先准备对象需要的资源，在反序列化前执行
__call()	在对象中调用一个不可访问的方法时会被调用
__callStatic()	静态上下文中调用一个不可访问的方法时会被调用，该方法需要定义为静态方法

在克隆对象时，如果想要对新对象的某些属性进行初始化操作，可以通过__clone()魔术方法来实现。例如在 Person 类中使用__clone()魔术方法，示例代码如下。

```
1 class Person
2 {
3     public function __clone()
4     {
5         echo '__clone()方法被执行了';
6     }
7 }
```

在上述示例代码中，克隆 Person 类的对象时，会自动执行__clone()方法，在该方法中可以进行属性的初始化操作。

6.2.4　访问控制修饰符

访问控制修饰符用于控制类成员是否允许被外界访问。访问控制修饰符有 3 个，分别是 public（公有修饰符）、protected（保护成员修饰符）和 private（私有修饰符）。访问控制修饰符的作用范围如表 6-2 所示。

表 6-2　访问控制修饰符的作用范围

访问控制修饰符	同一个类内	子类	类外
public	允许访问	允许访问	允许访问
protected	允许访问	允许访问	不允许访问
private	允许访问	不允许访问	不允许访问

为了方便读者理解访问控制修饰符，下面演示访问控制修饰符的使用方法，具体代码如下。

```
1 class User
2 {
3     public $name = '张三';                    // 姓名
4     protected $phone = '123456';              // 电话
5     private $money = '5000';                  // 存款
6 }
7 $user = new User();
8 echo $user->name;                            // 输出结果：张三
9 echo $user->phone;                           // 报错
10 echo $user->money;                          // 报错
```

在上述代码中，第 1～6 行代码定义了 User 类，其中，第 3 行代码定义了一个公有属性$name，第 4 行代码定义了一个受保护属性$phone，第 5 行代码定义了一个私有属性$money；第 7 行代码实例化 User 类；第 8～10 行代码访问属性。从输出结果可以看出，只有 public 修饰的属性$name 可以在类外被访问。

注意：

在定义类时，属性必须有访问控制修饰符，否则会报错；方法如果没有指定访问控制修饰符，默认为 public。

6.2.5　类中的$this

访问实例成员时，应使用类实例化后的对象访问。如果想在类的方法中访问实例成员，则可以使用特殊变量$this 实现。$this 代表当前对象，能够在类的方法中访问实例成员。

下面通过代码验证$this 是否代表当前对象，示例代码如下。

```
1 class User
2 {
3     public function check($user)
4     {
5         return $this === $user;
6     }
7 }
8 $user = new User();
9 var_dump($user->check($user));              // 输出结果：bool(true)
```

上述示例代码的输出结果为 true，表示$this 就是当前对象。

下面演示$this 的使用方法，示例代码如下。

```
1 class User
2 {
3     public $name = '张三';              // 姓名
4     protected $phone = '123456';       // 电话
5     private $money = '5000';            // 存款
6     public function getAll()
7     {
8         echo $this->name, ' ';
9         echo $this->phone, ' ';
10        echo $this->money, ' ';
11    }
12 }
13 $user = new User();
14 $user->getAll();                       // 输出结果：张三 123456 5000
```

在上述代码中，第 8～10 行代码使用$this 访问类中的属性。通过输出结果可以看出，在方法中使用$this 可以直接访问到类中的成员。

6.2.6 构造方法

构造方法是一种特殊的方法，用于在创建对象时进行初始化操作，例如为对象的属性进行赋值、设定默认值等。构造方法在创建对象时自动调用，无须手动调用。

每个类都有一个构造方法，如果没有显式定义构造方法，PHP 会自动生成一个没有参数且没有任何操作的默认构造方法；如果显式定义构造方法，默认构造方法将不存在。

定义构造方法的语法格式如下。

```
访问控制修饰符 function __construct([参数 1, 参数 2, …])
{
    方法体
}
```

在上述语法格式中，构造方法的默认访问控制修饰符是 public，构造方法中的参数是完成对象初始化所需的数据。在创建对象时，可以根据不同的需求传入不同的参数，构造方法的方法体用于完成初始化操作。

为了使读者更好地理解构造方法，下面演示构造方法的使用方法，具体代码如下。

```
1 class User
2 {
3     public $name;
4     public function __construct($name = 'user')
5     {
6         $this->name = $name;
7     }
8 }
9 $obj1 = new User();
10 $obj2 = new User('Tom');
11 echo $obj1->name;            // 输出结果：user
12 echo $obj2->name;            // 输出结果：Tom
```

在上述代码中，第 4～7 行代码定义构造方法，构造方法的参数$name 的默认值是 user，第 6 行代码初始化成员属性$name。第 9 行代码实例化 User 类时不传递参数，第 10 行代码实例化 User 类时传递参数 Tom。从上述示例代码的输出结果可以看出，不传递参数时，属性$name 的值为默认值 user；传递参数时，属性$name 的值为 Tom。

6.2.7　析构方法

析构方法在对象被销毁之前自动调用，执行一些指定功能或操作。例如，关闭文件、释放结果集等。在使用 unset()释放对象或者 PHP 脚本运行结束自动释放对象时，析构方法会自动调用。

定义析构方法的语法格式如下。

```
访问控制修饰符 function __destruct([参数 1, 参数 2, …])
{
    方法体
}
```

上述语法格式中，方法体用于完成对象的销毁。

下面演示析构方法的使用，示例代码如下。

```
1  class User
2  {
3      public function __destruct()
4      {
5          echo '执行了析构方法';
6      }
7  }
8  $obj = new User();
9  unset($obj);           // 输出结果：执行了析构方法
```

在上述代码中，第 9 行代码使用 unset()释放对象，此时就会自动执行析构方法。由于 PHP 脚本运行结束时也会自动释放对象，所以即使省略第 9 行代码，也会输出“执行了析构方法”。

6.3　类常量和静态成员

在类中不仅可以定义属性和方法，还可以定义类常量和静态成员。通过类可以直接访问类常量和静态成员。本节对类常量和静态成员进行详细讲解。

6.3.1　类常量

在 PHP 中，通过类常量可以在类中保存一些不变的值。在类中使用 const 关键字可以定义类常量，基本语法格式如下。

```
访问控制修饰符 const 类常量名称 = '常量值';
```

类常量名称通常使用大写字母表示，当省略类常量前的访问控制修饰符时，默认使用 public。通过“类名::类常量名称”的方式可以访问类常量，其中“::”为范围解析操作符。

下面演示在类中定义类常量并通过类访问类常量，具体代码如下。

```
1  class Student
2  {
3      const SCHOOL = '某学校';        // 定义类常量
```

```
4 }
5 echo Student::SCHOOL;               // 访问类常量
```

在上述代码中，第 3 行代码定义了类常量 SCHOOL，第 5 行代码使用“::”访问类常量。

6.3.2 静态成员

如果想让类中的某个成员只保存一份，并且可以通过类直接访问，则可以将这个成员定义为静态成员。静态成员包括静态属性和静态方法。静态成员使用 static 关键字修饰。定义静态成员的语法格式如下。

```
public static $属性名;          // 定义静态属性
public static 方法名() {}       // 定义静态方法
```

在上述语法格式中，在属性名和方法名前面添加 static 关键字，表示静态成员。

在类外访问静态成员时，不需要创建对象，直接通过类名访问即可，具体语法格式如下。

```
类名::$属性名;                  // 访问静态属性
类名::方法名();                 // 访问静态方法（调用静态方法）
```

在类中可以使用 self 或 static 关键字配合“::”访问静态成员，关于 self 或 static 的区别会在 6.4.4 小节中讲解。

self 和 static 关键字在类的内部代替类名，当类名发生变化时，不需要修改类的内部代码。在类内访问静态成员的语法格式如下。

```
self::$属性名;                  // 使用 self 访问静态属性
self::方法名();                 // 使用 self 访问静态方法（调用静态方法）
static::$属性名;                // 使用 static 访问静态属性
static::方法名();               // 使用 static 访问静态方法（调用静态方法）
```

为了能够让读者更好地理解静态成员的使用方法，下面演示静态成员的定义和访问，具体代码如下。

```
1 class Student
2 {
3     public static $age = '18';
4     public static function show()
5     {
6         echo self::$age;        // 在类内使用 self 关键字访问静态属性
7         echo static::$age;      // 在类内使用 static 关键字访问静态属性
8     }
9 }
10 echo Student::$age;            // 在类外访问静态属性
11 Student::show();               // 在类外访问静态方法
```

在上述代码中，第 6～7 行代码在类内访问静态属性；第 10 行代码在类外访问静态属性，输出结果为 18；第 11 行代码在类外访问静态方法，输出结果为 1818。

脚下留心：使用“::”和“->”访问类成员时的区别

在使用“::”和“->”访问类成员时，需要注意如下内容。

- 当“::”左侧是类名、self 或 static 时，可以访问静态属性和静态方法，不能访问非静态属性和非静态方法。
- 当“::”左侧是$this 或$对象名时，可以访问静态属性和静态方法，不能访问非静态属性和非静态方法。

- 当“->”左侧是$this 或$对象名时，可以访问非静态属性、非静态方法和静态方法，不能访问静态属性。

6.4　继承

在实际开发中，为了防止相同功能的重复定义，PHP 提供了继承功能。本节将对继承的相关内容进行详细讲解。

6.4.1　继承的实现

在生活中，继承一般是指子女继承父辈的财产。在 PHP 中，类的继承是指在一个现有类的基础上构建一个新的类，构建出来的新类被称作子类或派生类，现有类被称作父类或基类，子类自动拥有父类所有可继承的属性和方法。当子类和父类有同名的类成员时，子类的成员会覆盖父类的成员。

使用 extends 关键字实现子类与父类之间的继承，其基本语法格式如下。

```
class 子类名 extends 父类名
{
}
```

需要注意的是，PHP 只允许单继承，即每个子类只能继承一个父类，不能同时继承多个父类。

为了让读者更好地理解继承，下面演示继承的实现，具体代码如下。

```
1 // 定义父类 People 类
2 class People
3 {
4     public $name;
5     public function say()
6     {
7         echo $this->name . ' is speaking';
8     }
9 }
10 // 定义子类 Man 类，继承 People 类
11 class Man extends People
12 {
13     public function __construct($name)
14     {
15         $this->name = $name;
16     }
17 }
18 $man = new Man('Tom');
19 echo $man->name;       // 输出结果：Tom
20 $man->say();           // 输出结果：Tom is speaking
```

在上述代码中，第 11 行代码的 Man 类通过 extends 关键字继承 People 类，继承后，Man 类是 People 类的子类；第 19 行代码用于输出从父类继承的$name 的值；第 20 行代码用于调用从父类继承的 say()方法。

6.4.2 有限继承

有限继承是指子类继承父类时，受访问控制修饰符的限制，不能继承父类所有的内容，而是继承父类的部分内容。有限继承的内容如表 6-3 所示。

表 6-3 有限继承的内容

访问控制修饰符	属性	方法
public	可以继承	可以继承
protected	可以继承	可以继承
private	可以继承	不能继承

为了帮助读者更好地理解有限继承，下面通过代码演示，具体步骤如下。

① 定义 People 类，具体代码如下。

```
1  class People
2  {
3     public $name = 'Tom';              // 公有属性
4     protected $age = '20';             // 受保护属性
5     private $money = '5000';           // 私有属性
6     public function showName()         // 公有方法
7     {
8        echo $this->name;
9     }
10    protected function showAge()       // 受保护方法
11    {
12       echo $this->age;
13    }
14    private function showMoney()       // 私有方法
15    {
16       echo $this->money;
17    }
18 }
```

在上述代码中，People 类中定义了公有属性$name 和公有方法 showName()、受保护属性$age 和受保护方法 showAge()、私有属性$money 和私有方法 showMoney()。

② 定义 Man 类继承 People 类，具体代码如下。

```
1  class Man extends People
2  {
3     public function getProtected()
4     {
5        echo $this->showAge();
6     }
7     public function getPrivate()
8     {
9        echo $this->money;
10       $this->showMoney();
11    }
12 }
```

在上述代码中，定义了 Man 类继承 People 类，受保护的属性和方法允许在子类内部访问,不允许在类外访问。在Man类中定义getProtected()方法访问父类受保护的方法showAge();定义 getPrivate()方法访问父类私有属性$money 和私有方法 showMoney()。

③ 实例化 Man 类，查看输出结果，具体代码如下。

```
1 $man = new Man();
2 var_dump($man);
```

上述第 2 行代码执行后的输出结果如下。

```
object(Man)#1(3) {
    ["name"]=>string(3)"Tom"
    ["age":protected]=>string(2)"20"
    ["money":"People":private]=>string(4)"5000"
}
```

从上述输出结果可以看出，Man 类继承了 People 类的公有属性$name、受保护属性$age 和私有属性$money。

通过 Man 类对象调用公有方法 showName()、getProtected()和 getPrivate(),具体代码如下。

```
1 $man->showName();              // 输出结果：Tom
2 $man->getProtected();          // 输出结果：20
3 $man->getPrivate();            // 报错
```

上述第 3 行代码执行后程序会报错，错误信息如下。

```
Warning:Undefined property:Man::$money in…
Fault error:Uncaught Error:Call to private method People::showMoney()
from scope Man in…
```

从报错的信息可以看出，私有属性可以被继承，但是无法在子类内部访问，私有方法不能被继承。

6.4.3 重写

重写是指在子类中重写父类的同名成员。重写父类的属性时，子类的属性会直接覆盖父类的属性，父类的属性将不存在；重写父类的方法时，子类的方法和父类的方法同时存在，重写的方法必须和父类的方法访问权限一致或更加开放。通过重写父类的方法可以实现扩展或修改业务逻辑的目的。

下面演示重写的使用方法，具体步骤如下。

① 定义 People 类，具体代码如下。

```
1 class People
2 {
3     public $name = 'People';
4     public function show()
5     {
6         echo __CLASS__;
7     }
8     public function say()
9     {
10        echo __CLASS__ . ' say';
11    }
12 }
```

在上述代码中,定义了People类。该类中定义了公有属性$name,公有方法show()和say(),在方法中使用魔术常量__CLASS__返回当前被调用的类名。

② 定义 Man 类继承 People 类，具体代码如下。

```
1  class Man extends People
2  {
3      public $name = 'Man';
4      public function show()
5      {
6          echo __CLASS__;
7      }
8      public function say()
9      {
10         echo __CLASS__ . ' say';
11     }
12 }
```

在上述代码中，Man 类继承了 People 类，Man 类中定义了与父类同名的公有属性$name，公有方法 show()和 say()。

③ 实例化 Man 类，调用 show()方法和 say()方法，具体代码如下。

```
1  $man = new Man();
2  var_dump($man);      // object(Man)#1(1){["name"]=>string(3)"Man"}
3  $man->show();        // Man
4  $man->say();         // Man say
```

在上述代码中，调用 show()方法和 say()方法时，会实现方法的重写。

将 Man 类中 say()方法的访问控制修饰符修改为 protected，再次运行程序时会报错，具体错误信息如下。

```
Fatal error: Access level to Man::say() must be public (as in class People) in…
```

由上述错误信息可知，Man 类 say()方法的访问级别必须和 People 类中 say()方法一致。

子类重写父类后，既继承了父类的功能，又根据需求重新实现了父类的某个方法，通过重写实现了父类的扩展和创新。在日常生活中，如果现有的经验或方法存在弊端，我们也需要打破陈规，勇于创新。

多学一招：parent 关键字

子类重写父类的方法后，如果想继续使用父类的方法，可以使用 parent 关键字配合范围解析操作符调用父类方法，具体语法格式如下。

```
parent::父类方法();
```

下面演示在子类中调用父类方法，示例代码如下。

```
1  <?php
2  class Man extends People
3  {
4      public function show(){
5          parent::show();
6      }
7  }
```

在上述代码中，show()方法中使用了 parent 关键字调用父类方法，当调用 show()方法时，实际上调用的是父类方法。

6.4.4 静态延迟绑定

静态绑定是指访问静态成员时，访问本类的静态成员。类可以自下而上调用父类方法，如果需要在父类中根据不同的子类调用子类的方法，那么就需要静态延迟绑定。所谓静态延迟绑定，就是在访问静态成员时，访问实际运行的类的静态成员，而不是访问原本定义的类的静态成员。

静态绑定使用self关键字来实现，静态延迟绑定使用static关键字来实现，只适用于对静态属性和静态方法进行延迟绑定。静态延迟绑定的示例代码如下。

```
1  class People
2  {
3      public static $name = 'People ';
4      public static function showName()
5      {
6          echo self::$name;           // 静态绑定
7          echo static::$name;         // 静态延迟绑定
8      }
9  }
10 class Man extends People
11 {
12     public static $name = 'Man';
13 }
14 People::showName();                // 输出结果：People People
15 Man::showName();                   // 输出结果：People Man
```

在上述代码中，第6行代码使用self关键字实现静态绑定，第7行代码使用static关键字实现静态延迟绑定，第10～13行代码定义Man类继承People类并重写静态属性$name。第14行代码通过People类调用静态方法、第15行代码通过Man类调用父类的静态方法时，static代表的是当前调用类，输出结果时静态属性$name的值是Man。

6.4.5 final关键字

面向对象中的继承使类和类成员变得非常灵活，但有时不希望类和类成员在使用的过程中变化，可以在这些内容前面添加final关键字，表示这些内容不能被修改。使用final关键字修饰类和类成员的基本语法格式如下。

```
final class 类名                             // 最终类
{
    final public const 常量名 = 常量值;       // 最终常量
    final public function 方法名(){}         // 最终方法
}
```

在上述语法格式中，使用final关键字修饰的类，表示该类不能被继承，只能被实例化，这样的类被称为最终类；使用final关键字修饰的常量，表示该类的子类不能重写这个常量，这样的常量被称为最终常量；使用final关键字修饰的方法，表示该类的子类不能重写这个方法，这样的方法被称为最终方法。

下面演示final关键字的使用，具体代码如下。

```
1  class Person
2  {
```

```
3     final public const AGE = 18;       // 最终常量
4     final public function show()       // 最终方法
5     {
6     }
7 }
8 class Student extends Person
9 {
10    public const AGE = 20;             // 报错
11    public function show()             // 报错
12    {
13    }
14 }
```

在上述代码中，第 1～7 行代码定义 Person 类，第 3 行代码定义最终常量 AGE，第 4～6 行代码定义最终方法 show()，第 8～14 行代码定义 Student 类继承 Person 类，第 10 行代码重写常量 AGE，第 11 行代码重写 show()方法。

运行程序后会报错，第 10 行代码的错误信息是“Fatal error: Student::AGE cannot override final constant Person::AGE in…”，表示不能重写 Person 类的最终常量；第 11 行代码的错误信息是“Fatal error: Cannot override final method Person::show() in…”，表示不能重写 Person 类的最终方法。

如果给上述第 1 行代码添加 final 关键字，表示 Person 类是最终类，运行程序后，会提示 Student 类不能继承 Person 最终类的错误信息。

6.5　抽象类

抽象类是一种特殊的类，用于定义某种行为，具体的实现需要子类完成。例如，完成跑步有多种方式，如基础跑、长距离跑、减速跑等。此时，可以定义跑步类为抽象类，将基础跑这些实现方式定义为抽象方法。

使用 abstract 关键字定义抽象类和抽象方法，基本语法格式如下。

```
abstract class 类名                          // 定义抽象类
{
    abstract public function 方法名();        // 定义抽象方法
}
```

从上述语法可以看出，抽象类和抽象方法的定义都很简单。在使用 abstract 修饰类或方法时还应注意以下 6 点。

① 抽象方法是特殊的方法，只有方法定义，没有方法体。

② 含有抽象方法的类必须被定义成抽象类。

③ 抽象类中可以有非抽象方法、属性和常量。

④ 抽象类不能被实例化，只能被继承。

⑤ 子类实现抽象类中的抽象方法时，访问控制修饰符必须与抽象类中的一致或者更宽松。

⑥ 子类继承抽象类时必须实现抽象方法，否则也必须定义成抽象类，由下一个继承类来实现。

为了让读者更好地理解抽象类和抽象方法，下面演示抽象类和抽象方法的使用，具体代码如下。

```
1 abstruct class Human
2 {
3     abstruct protected function eat();
4 }
5 abstruct class Man extends Human {}
6 class Boy extends Man
7 {
8     public function eat()
9     {
10        echo 'eat';
11    }
12 }
```

上述代码中，第 1～4 行代码定义 Human 抽象类，抽象类中定义了抽象方法 eat()，该方法的访问控制修饰符是 protected；第 5 行代码定义了 Man 抽象类继承 Human 抽象类，由于该类没有实现抽象方法，因此 Man 类也必须定义成抽象类；第 6～12 行代码定义了 Boy 类继承 Man 类；第 8～11 行代码实现抽象方法 eat()的具体功能，eat()方法的访问控制修饰符是 public。通过上述代码可以看出，实现抽象方法时，需要保证实现方法和抽象方法的访问权限一致，或实现方法的访问权限比抽象方法的访问权限更加开放。

6.6 接口

在项目开发中，经常需要定义方法来描述类的一些行为特征，但是这些行为特征又有不同的特点。例如，人类的行为特征是说话、吃饭、行走；动物的行为特征是鸣叫、吃饭、跳跃等。在 PHP 中，可以利用接口定义不同的行为，提高程序的灵活性。本节将对接口进行详细讲解。

6.6.1 接口的实现

接口用于指定某个类必须实现的功能，通过 interface 关键字来定义。在接口中，所有的方法只能是公有的，不能使用 final 关键字修饰，具体语法格式如下。

```
interface 接口名
{
    const 常量名 = '';                    // 接口常量
    public function 方法名();             // 接口方法
}
```

在上述语法格式中，接口与类有类似的结构，但是接口不能被实例化。接口有两类成员，分别是接口常量和接口方法。实现接口的类可以访问接口常量，但不能在类中定义同名常量。接口方法为抽象方法且没有方法体，在定义接口中的抽象方法时，由于所有的方法都是抽象的，因此在定义时可以省略 abstract 关键字。

接口的方法体没有具体实现，因此，需要通过某个类使用 implements 关键字来实现接口，具体语法格式如下。

```
class 类名 implements 接口名
{
}
```

下面演示接口的定义和实现，具体代码如下。

```
1  interface Human
2  {
3      const NAME = '';                  // 接口常量
4      public function eat();            // 接口方法
5  }
6  class Man implements Human
7  {
8      public function eat()             // 实现接口方法
9      {
10     }
11 }
```

在上述代码中，第 3 行代码定义了接口常量 NAME；第 4 行代码定义了接口方法，通过 Man 类实现 Human 接口，并在 Man 类中实现接口方法。

6.6.2 接口的继承

在 PHP 中，为了让接口更具有结构性，接口可以被继承，从而实现接口的成员扩展。虽然 PHP 类只能继承一个父类，也就是单继承，但是接口和类不同，接口可以实现多继承，一次继承多个接口。

接口的继承使用 extends 关键字实现，多继承用逗号把继承的接口隔开即可，具体语法格式如下。

```
interface A {}
interface B {}

// 接口继承
interface C extends A {}

// 接口多继承
interface D extends A, B {}
```

下面演示接口继承的使用方法，具体代码如下。

```
1  interface Human
2  {
3      public function walk();
4      public function talk();
5  }
6  interface Animal
7  {
8      public function eat();
9      public function drink();
10 }
11 interface Monkey extends Human, Animal
12 {
13     public function sleep() {};
14 }
```

上述代码定义了两个接口 Human 和 Animal，并定义 Monkey 接口继承这两个接口。

本章小结

本章首先讲解了面向对象和类与对象的使用，接着讲解了类常量和静态成员，最后讲解了继承、抽象类和接口。通过学习本章的内容，读者应能够理解面向对象思想，掌握面向对象的基本语法，使用面向对象思想编程。

课后练习

一、填空题

1. 面向对象中，使用________关键字定义类。
2. 在 PHP 程序中可以使用________关键字来创建一个对象。
3. 在 PHP 中可以通过________关键字定义抽象类。
4. PHP 提供了 3 个访问修饰符，其中，私有修饰符是________。
5. 继承是面向对象的三大特征之一，实现继承的关键字为________。

二、判断题

1. 在 PHP 中，析构方法的名称是__destruct()，并且不能有任何参数。(　　)
2. 类常量使用 define()函数定义。(　　)
3. 符号 "::" 被称为静态访问符，访问静态成员都需要通过这个操作符来完成。(　　)
4. 被定义为 private 的成员，对于类外的所有成员是可见的，没有访问限制。(　　)
5. 类常量不能用 public 修饰。(　　)

三、选择题

1. 下列选项中，用于定义接口的关键字是（　　）。

A. final　　B. interface
C. abstract　　D. const

2. 下列选项中，一个子类要调用父类的成员方法使用的关键字是（　　）。

A. self　　B. this
C. parent　　D. 父类名

3. 下列选项中，关于重写的说法不正确的是（　　）。

A. 子类重写父类方法时，只要在子类中定义一个与父类方法名相同的方法即可
B. 子类调用父类被重写的方法时，需要使用 parent 关键字
C. 子类重写父类方法时，访问权限不能大于父类方法的访问权限
D. 子类重写父类方法时，子类的访问权限可以大于父类方法的访问权限

4. 下列选项中，可以实现继承的关键字是（　　）。

A. global　　B. final
C. interface　　D. extends

5. 下列选项中，用于定义静态成员的关键字是（　　）。

A. static　　B. this
C. parent　　D. extends

四、简答题

1. 简述面向对象中接口和抽象类的区别。

2. 构造方法和析构方法是在什么情况下调用的，作用是什么？

五、程序题

1. 创建抽象类 Goods，该类提供基础属性$name、$price、构造方法，请定义一个抽象方法和一个 final 方法。

2. 阅读下面的程序，分析程序能否运行成功。如果能，写出运行结果；否则说明不能的原因。

```
1 class Test
2 {
3     private $test = 'hello world';
4     public static function method()
5     {
6         return $this->test;
7     }
8 }
9 echo Test::method();
```

第7章

PHP框架基础（上）

学习目标

★ 了解框架的概念，能够说出什么是框架。
★ 熟悉常见的 PHP 框架，能够列举常见的 PHP 框架。
★ 掌握 MVC 设计模式，能够在自定义框架中实现 MVC 设计模式。
★ 掌握框架单一入口和路由的实现方式，能够在自定义框架中实现单一入口和路由。
★ 掌握命名空间的使用方法，能够定义、访问和导入命名空间。
★ 掌握自动加载的使用方法，能够注册自动加载函数和自动加载方法。

在项目开发中，为了提高开发效率，节省编写底层代码所花费的时间，开发者一般会使用框架开发项目。要想深入学习框架，需要先掌握框架的基础知识。本章将对 PHP 框架的基础知识进行讲解。

7.1 初识框架

7.1.1 框架概述

由于每个人的编程习惯各有不同，当一个项目需要多个人同时参与开发和维护时，就容易出现问题。例如，开发人员小明定义了一个$user 变量，开发人员小红也定义了一个$user 变量，当合并代码时，两个变量命名冲突，程序出错。虽然看似是很小的问题，但是如果项目有成千上万行代码，开发人员就需要花费大量的时间去排查问题。

为了减少类似问题的出现，开发人员通常会使用框架搭建项目的底层，这样就可以将大部分精力放在业务功能实现上。框架是一种遵循通用的代码规范，采用特定设计模式编写的代码文件集合，用于为项目开发提供基础支撑。

使用框架的项目能够在开发初期方便开发人员快速、高效地搭建系统。在项目开发过程中，开发人员能够将注意力专注于业务实现，无须过多考虑项目的底层架构，从而节省时间。此外，框架具有灵活性和可维护性，在项目维护和升级时能够根据需求进行调整，保证项目的持续维护和升级。

虽然使用框架能让开发变得更加轻松，但是也会导致项目的复杂度增加、运行效率降低等问题。因此，在开发时，不可一味地生搬硬套，要根据具体情况决定是否使用框架以及使用什么框架。

7.1.2 常见的 PHP 框架

基于 PHP 语言编写的框架称为 PHP 框架。目前市面上的 PHP 框架有很多，常见的有 Laravel、Yii、Symfony、ThinkPHP 等，它们各自的特点如下所述。

1. Laravel

Laravel 是一款开源的 PHP 框架，它于 2011 年 6 月首次发布。此框架在设计时采用了 MVC 设计模式，具备敏捷开发特质，支持 Composer。Laravel 自发布以来备受 PHP 开发人员的喜爱，其用户数量增长速度十分快。Laravel 秉承“Don't repeat yourself”（不要重复自己）的理念，提倡代码的重用，保证了代码的简洁性与优雅性。

2. Yii

Yii 是“Yes, it is!”的缩写，它是一款快速、高效、基于组件的 PHP 框架，并于 2008 年 12 月首次发布。和其他 PHP 框架类似，Yii 实现了 MVC 设计模式，并基于该模式组织代码。它的代码简洁优雅，秉承不对代码进行过度设计的理念，充分发挥代码的重用性。此外，Yii 还是一款全栈框架，具有很多开箱即用的特性，如对 RestFul API 的支持，并可根据开发者实际需求自定义或替换任何一处核心代码，非常易于扩展。Yii 2 还集成了 jQuery 和一套完整的 Ajax 机制，更便于前、后端的开发。

3. Symfony

Symfony 自 2005 年发布以来，因其具有稳定性、长久性、灵活性，以及组件可复用、速度快、性能高等特性而备受关注。相比其他 PHP 框架，Symfony 框架是由低耦合、可复用的 Symfony 组件构成，用于构建网站和开发互联网产品，通常使用该框架开发企业级的应用程序。

4. ThinkPHP

ThinkPHP 是一款在国内使用较多的开源 PHP 框架。在 2006 年最初开发时，该框架的名称为 FCS，2007 年正式更名为 ThinkPHP。它是为了敏捷开发 Web 应用和简化开发企业级应用而诞生的。由于 ThinkPHP 灵活、高效以及拥有完善的技术文档，经过多年的发展，已经成为国内非常受欢迎的 PHP 框架之一。

7.2 MVC 设计模式

在常见的 PHP 框架中，大部分框架都采用 MVC 设计模式，如 Laravel、Yii 和 ThinkPHP。MVC 设计模式将代码解耦，视图代码和逻辑代码分开编写，为后期代码维护带来了极大的便利。本节将对 MVC 设计模式进行讲解。

7.2.1 MVC 概述

MVC 是 Xerox PARC（施乐帕罗奥多研究中心）在 20 世纪 80 年代为编程语言 Smalltalk-80

发明的一种软件设计模式，到目前为止，MVC 已经成为一种广泛流行的软件设计模式。MVC 采用了人类分工协作的思维方法，将程序中的功能实现、数据处理和界面显示分离，从而在开发复杂的应用程序时，开发者可以专注于其中的某个方面，进而提高开发效率和项目质量。

MVC 这个名称来自模型（Model）、视图（View）和控制器（Controller）的英文单词首字母。MVC 设计模式将软件系统分成了 3 个核心部件——模型、视图和控制器，不同的部件用于处理不同的任务。在使用 MVC 设计模式开发的 Web 应用中，模型是指处理数据的部分，视图是指显示在浏览器中的网页，控制器是 MVC 中的“指挥官”，负责处理每一个请求，调用模型完成数据库操作，调用视图完成数据的展示。例如，用户提交表单时，由控制器负责读取用户提交的数据，再向模型发送数据，最后使用视图将处理结果显示给用户。MVC 的工作流程如图 7-1 所示。

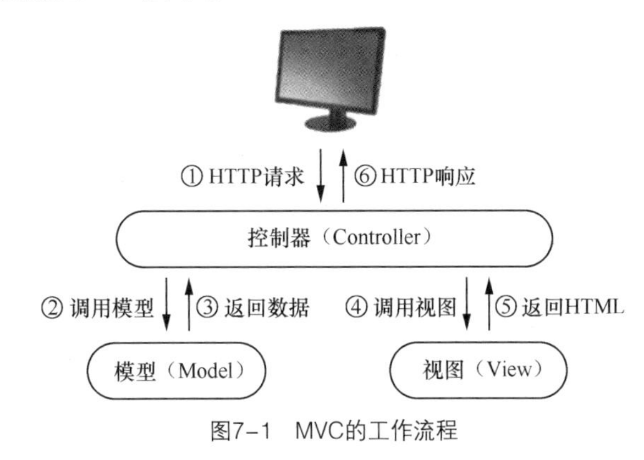

图7-1　MVC的工作流程

从图 7-1 可以看出，浏览器向控制器发送了 HTTP 请求，控制器就会调用模型来获取数据，再调用视图进行数据渲染，最终将数据返回给客户端。

7.2.2 【案例】实现 MVC 设计模式

1. 需求分析

在前面的章节中，编写代码时通常都是将所有的代码写在一个文件中，如果文件中的代码量非常大，会增加维护代码的难度。使用 MVC 设计模式可以解决这个问题。为了让读者更加切身地感受到使用 MVC 设计模式的优点，本案例使用 MVC 设计模式实现读取数据和展示数据。

2. 开发步骤

① 创建 C:\web\www\myframe 目录并使用 VS Code 编辑器打开该目录。

② 为 C:\web\www\myframe 目录配置域名为 www.myframe.test 的虚拟主机。

③ 创建 myframe 数据库和 student 数据表，在 student 数据表中插入 4 条测试数据。

④ 在项目目录中创建子目录 app、views、public 和入口文件 public\index.php。创建后，通过浏览器访问虚拟主机，测试项目是否可以访问。

⑤ 创建控制器 app\StudentController.php，在控制器中定义 index()方法，在 public\index.php 中实例化控制器，通过浏览器查看运行结果。

⑥ 创建模型 app\StudentModel.php，在控制器中调用模型查询 student 表中的数据，通

过浏览器查看运行结果。

⑦ 创建视图 views\student.php，在控制器中引入视图，通过浏览器查看运行结果。

3. 代码实现

本书在配套源码包中提供了本案例的开发文档和完整代码，读者可以参考进行学习。

7.3 框架的单一入口和路由

PHP 框架通常采用单一入口的设计，即所有的页面都需要使用单一入口来访问，并通过路由将接收到的请求分发到对应的控制器和方法。本节将对单一入口和路由的基本概念进行讲解，并通过案例实现单一入口和路由。

7.3.1 单一入口概述

单一入口是指一个项目或者应用使用统一的入口文件，这个入口文件是第一步被执行的，项目的所有功能和操作都需要经过这个入口文件完成初始化。在 7.2.2 小节的案例中，public 目录下的 index.php 就是入口文件，该文件负责实例化控制器并执行控制器中的方法。

当项目中有多个控制器或需要执行控制器的不同方法时，可以给入口文件传递用户请求的参数，告知入口文件当前用户请求的是哪个控制器中的哪个方法。例如，用户登录页面的 URL 为 http://localhost/index.php/user/login，在这个 URL 中，/user/login 是用户请求的参数，它表示 user 控制器的 login()方法。这种风格的 URL 称为 PATH_INFO 模式，它是利用 Apache 的 PATH_INFO 功能来实现的。

单一入口的优点是项目整体比较规范，使用同一个入口文件，应用程序的所有 HTTP 请求都通过入口文件接收，并转发到具体控制器的方法中。在执行控制器的方法前，PHP 框架可以完成一些统一的操作（如权限控制、用户登录验证等），让每个 HTTP 请求都具有相同的规则。

7.3.2 【案例】实现单一入口

1. 需求分析

实现单一入口时，需要根据用户的请求参数来访问指定的控制器和方法。本案例要求利用 Apache 的 PATH_INFO 功能，在 index.php 中实现单一入口功能。

2. 开发步骤

① 在 index.php 中通过$_SERVER['PATH_INFO']接收参数，根据参数实例化对应的控制器并调用对应的方法。

② 通过浏览器访问 http://www.myframe.test/index.php/student/index，如果能看到学生信息的输出结果，说明程序实现了单一入口。

3. 代码实现

本书在配套源码包中提供了本案例的开发文档和完整代码，读者可以参考进行学习。

7.3.3 【案例】隐藏入口文件

1. 需求分析

由于 http://www.myframe.test/index.php/student/index 这个 URL 看起来冗长，不便于用户记忆，实际开发中通常会利用 Apache 的 URL 重写功能，将 URL 中的/index.php 隐藏起来，简化为 http://www.myframe.test/student/index，使项目的 URL 变得简洁、美观。本案例要求实现隐藏入口文件的功能。

2. 开发步骤

① 在 Apache 的配置文件 httpd.conf 中开启 rewrite 模块。

② 创建分布式配置文件，添加重写规则。

③ 通过浏览器访问 http://www.myframe.test/student/index，如果能正常访问，说明隐藏了入口文件。

3. 代码实现

本书在配套源码包中提供了本案例的开发文档和完整代码，读者可以参考进行学习。

7.3.4 框架中的路由

在网络通信中，“路由”是一个网络层面的术语，它是指从某一网络设备出发去往某个目的地的路径。在网站开发中，路由的本质是一种对应关系。比如，在浏览器地址栏中输入要访问的 URL 地址之后，浏览器要去请求这个 URL 地址对应的资源，那么 URL 地址和真实的资源之间就有一种对应的关系——路由。路由的工作流程如图 7-2 所示。

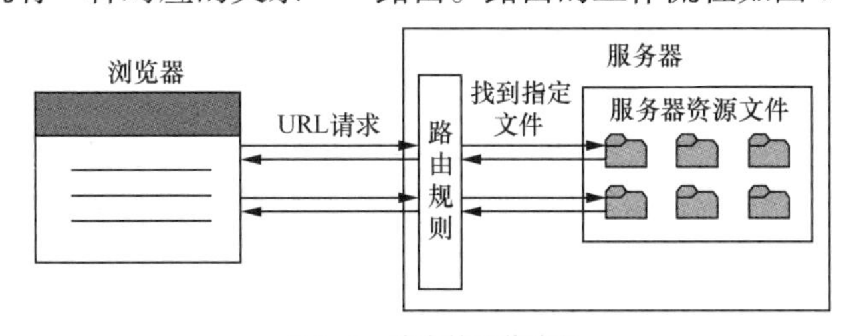

图7-2　路由的工作流程

在图 7-2 中，用户在浏览器中向服务器的 URL 发送请求后，服务器可以通过路由规则找到对应的资源文件，并在处理后返回给浏览器，最终展示给用户。

框架中提供的路由可以让代码更加规范，提高安全性和可靠性的同时也可以提高开发效率和代码复用性。在生活中，我们也要自觉地遵守规则、准时完成任务和履行承诺，体现个人的品德和职业素养。

7.3.5 【案例】路由的代码实现

1. 需求分析

在 7.3.2 小节的案例中，实现了在入口文件 index.php 中调用控制器的方法，当通过浏览器访问 http://www.myframe.test/student/index 时，会调用 Student 控制器下的 index()方法。这种访问方式虽然简单、方便，但限制了 URL 的格式。本案例要求在框架中实现路由，实现根据用户请求的 URL 映射到指定的路由。

2. 开发步骤

① 在 index.php 中定义数组，数组中保存路由规则，数组的键表示路由地址，数组的值表示路由地址对应的控制器和方法。

② 通过浏览器访问配置的路由，查看是否能匹配定义的路由。

3. 代码实现

本书在配套源码包中提供了本案例的开发文档和完整代码，读者可以参考进行学习。

7.4 命名空间

在使用计算机管理文件时，通常会在硬盘中创建很多目录，将文件放在这些目录中，且要避免同一个目录中文件名称重复。在项目开发中，经常会用到大量的类库，每个类库中又包含大量的类文件，为了避免不同类库的类文件出现命名冲突，可以将一个类库的类放在命名空间里，通过路径（如 a\b\c）来访问类库中的类。本节将围绕命名空间进行详细讲解。

7.4.1 命名空间的定义

命名空间可以解决不同类库之间的命名冲突问题。namespace 关键字用于定义命名空间，基本语法格式如下。

```
namespace 空间名称;
```

在上述语法格式中，空间名称遵循标识符命名规则，由数字、字母和下画线组成，且不能以数字开头。同一个命名空间可以定义在多个文件中，即允许将同一个命名空间的内容存放在不同的文件中。

在定义命名空间时，只有 declare 关键字可以出现在第一个定义命名空间的语句之前。如果第一个定义命名空间的语句之前有其他 PHP 代码，会出现 Fatal error 错误信息。其中，declare 关键字用于设置或修改指定代码块的运行时配置选项。

下面演示命名空间的定义，示例代码如下。

```
<?php
namespace App;

/* 此处编写 PHP 代码 */
```

在上述示例代码中，App 是定义的空间名称。

需要说明的是，根据 PHP 标准建议（PHP Standards Recommendations，PSR），定义命名空间后必须插入一个空行。关于 PSR 的相关内容，读者可参考 PHP 框架互操作组（PHP Framework Interop Group，PHP-FIG）的文档。

下面演示在定义命名空间前使用 declare 语句，示例代码如下。

```
<?php
declare (ticks = 1);
namespace App;

/* 此处编写 PHP 代码 */
```

一个目录下可以创建多个目录和文件，同样，命名空间也可以指定多个层次。非顶层的命名空间通常被称为子命名空间，定义子命名空间的示例代码如下。

```
<?php
namespace App\Http\Controllers;

/* 此处编写 PHP 代码 */
```

在上述示例代码中，Http 是 App 的子命令空间，Controllers 是 Http 的子命令空间。

多学一招：在同一个 PHP 脚本中定义多个命名空间

在同一个 PHP 脚本中可以定义多个命名空间。PHP 提供了简单组合和大括号“{}”两种方式来定义多个命名空间，使用简单组合方式定义多个命名空间的示例代码如下。

```
<?php
namespace MyNamespace;

/* 此处编写 PHP 代码 */

namespace AnotherNamespace;

/* 此处编写 PHP 代码 */
```

使用大括号“{}”方式定义多个命名空间的示例代码如下。

```
<?php
namespace MyNamesapce {
    /* 此处编写 PHP 代码 */
}
namespace AnotherNamespace {
    /* 此处编写 PHP 代码 */
}
```

7.4.2 命名空间的访问

虽然任意合法的 PHP 代码都可以包含在命名空间中，但只有类、接口、函数和常量受命名空间的影响，这些受命名空间影响的内容也被称为空间成员。

PHP 提供了 3 种访问命名空间的方式，分别是非限定名称访问、限定名称访问和完全限定名称访问，具体介绍如下。

1. 非限定名称访问

非限定名称访问是指直接访问空间成员，不指定空间名称。这种方式只能访问从当前代码向上寻找到的第 1 个命名空间内的成员，当找到的命名空间中不存在指定的空间成员时，PHP 就会报错。

2. 限定名称访问

限定名称访问是指从当前命名空间开始，访问子命名空间的成员。限定名称访问的语法格式如下。

```
空间名称\空间成员名称;
```

限定名称访问只能访问当前空间的子空间成员，不能访问其父空间的成员。

3. 完全限定名称访问

完全限定名称访问是指在任意的命名空间中访问从根命名空间开始的任意空间内的成员。完全限定名称访问的语法格式如下。

```
\空间名称\空间成员名称;
```

对于以上 3 种访问命名空间的方式，需要注意的是，命名空间引入的时机与文件载入的时机相关。在 PHP 中，文件的载入发生在代码的执行阶段，而不是代码的编译阶段。所以，不能在载入文件前访问引入的空间成员，否则程序会报错。

下面通过案例演示 3 种命名空间的访问方式，具体步骤如下。

① 在 VS Code 编辑器中打开 C:\web\apache2.4\htdocs 目录，创建 namespace01.php 文件，具体代码如下。

```
1 <?php
2 namespace two\one;
3
4 const PI = 3.14;
5 echo PI;              // 非限定名称访问
```

在上述代码中，第 2 行代码定义了 two\one 命名空间，第 4 行代码定义了常量 PI，第 5 行代码使用非限定名称访问当前命名空间的常量 PI。

② 创建 namespace02.php 文件，具体代码如下。

```
1 <?php
2 namespace two;
3
4 require './namespace01.php';
5 echo one\PI;              // 限定名称访问
6 echo \two\one\PI;         // 完全限定名称访问
```

在上述代码中，第 2 行代码定义了 two 命名空间，第 5 行代码使用限定名称访问常量 PI，第 6 行代码使用完全限定名称访问常量 PI。

多学一招：全局空间

当 PHP 脚本中没有定义命名空间时，其中的所有代码都属于全局空间。全局空间中的类、接口、函数和常量皆为全局空间成员。全局空间成员包括 PHP 内置的成员，也包括用户自定义的成员。在含有命名空间的 PHP 脚本中引入全局空间脚本后，全局空间成员的访问方式为“\全局空间成员”。

③ 下面演示如何在命名空间中访问全局空间成员，创建 namespace03.php 文件，具体代码如下。

```
1 <?php
2 namespace common;
3
4 const PHP_VERSION = '8.2';
5 echo PHP_VERSION;              // 访问空间成员：8.2
6 echo \PHP_VERSION;             // 访问全局成员：8.2.3
```

在上述代码中，定义了命名空间 common。第 5 行代码访问的是当前命名空间 common 中的常量 PHP_VERSION；第 6 行代码在访问常量 PHP_VERSION 前添加“\”，表示访问全局空间中的常量，输出的是 PHP 内置的常量值。

7.4.3 导入命名空间

当在一个命名空间中使用其他命名空间的空间成员时，每次都在空间成员前面加上路径会比较烦琐，此时可以使用 use 关键字导入指定的命名空间或空间成员，语法格式如下。

```
use 命名空间或空间成员;
```

在上述语法格式中，use 采用类似完全限定名称的方式导入内容，并且不需要添加前导反斜线“\”。

当导入的空间成员为函数时，需要在 use 后面添加 function 关键字；当导入的空间成员为常量时，需要在 use 后面添加 const 关键字。导入的空间成员为函数和常量的语法格式如下。

```
use function 函数的命名空间;
use const 常量的命名空间;
```

需要注意的是，使用 use 导入顶层命名空间没有任何意义，程序会出现警告信息。例如，使用“namespace App;”定义了顶层命名空间 App，若使用“use App;”进行导入，程序会出现警告信息。

为了避免导入的内容和已有内容重名，可以使用 as 关键字为导入的内容设置别名。导入命名空间并设置别名的语法格式如下。

```
use 空间成员 as 别名;
```

为空间成员设置别名后，后续的代码中只能使用别名进行操作。

下面对导入命名空间和导入空间成员分别进行讲解。

1. 导入命名空间

导入命名空间通常指在类中导入其他类的命名空间，导入其他类的命名空间后，就可以在类中直接使用。下面演示导入命名空间，具体步骤如下。

① 创建 StudentController.php 文件，具体代码如下。

```
1  <?php
2  namespace App\Http\Controllers;
3
4  class StudentController
5  {
6      public static function introduce()
7      {
8          return __CLASS__;
9      }
10 }
```

在上述代码中，StudentController 类放在了 App\Http\Controller 命名空间中。第 8 行代码使用魔术常量__CLASS__获取当前被调用的类名，该类名是包含类所在的命名空间层级的完整类名。

② 创建 Container.php 文件，具体代码如下。

```
1  <?php
2  namespace myframe;
3
4  use App\Http\Controllers;
5
6  class Container
7  {
8      public static function student()
9      {
10         return Controllers\StudentController::introduce();
11     }
```

```
12 }
```

在上述代码中，第 4 行代码导入了 App\Http\Controllers 命名空间，第 10 行代码调用了 StudentController 类的 introduce()方法。

③ 创建 namespace04.php 文件，具体代码如下。

```
1 <?php
2 use myframe\Container;
3 require './StudentController.php';
4 require './Container.php';
5 echo Container::student();
6 // 输出结果：App\Http\Controllers\StudentController
```

在上述代码中，第 2 行代码导入了 myframe 命名空间下的 Container 类，第 5 行代码使用 Container 类调用 student()方法。上述代码的输出结果为“App\Http\Controllers\StudentController”，说明访问 Container 类的 student()方法时，实际访问的是 StudentController 类的 student()方法。

下面演示导入 StudentController 类并设置别名 Student。

① 修改 Container.php 的第 4 行代码，修改结果如下。

```
use App\Http\Controllers\StudentController as Student;
```

② 修改 Container.php 的第 10 行代码，使用别名调用类中的方法，具体代码如下。

```
return Student::introduce();
```

运行上述代码后，输出结果和修改前的相同。

2. 导入空间成员

下面演示导入空间成员，即其他命名空间下的函数和常量的命名空间，具体步骤如下。

① 创建 function.php 文件，具体代码如下。

```
1 <?php
2 namespace myframe;
3
4 const PREFIX = 'pre_';
5 function getFullName($name)
6 {
7     return PREFIX . $name;
8 }
```

在上述代码中，定义了 PREFIX 常量和 getFullName()函数。

② 创建 namespace05.php 文件，访问 PREFIX 常量和 getFullName()函数，具体代码如下。

```
1 <?php
2 use const myframe\PREFIX;
3 use function myframe\getFullName;
4 require 'function.php';
5 echo PREFIX, getFullName('test');     // 输出结果：pre_ pre_test
```

从上述输出结果可以看出，常量和函数都已经导入成功了。

多学一招：使用 use 语句导入多个空间成员

PHP 允许一条 use 语句导入多个空间成员，同时也可以为导入的空间成员设置别名，具体语法格式如下。

```
use 空间成员 1, 空间成员 2 as 别名 2;
```

在上述语法格式中，将空间成员1和空间成员2进行导入，并为空间成员2设置了别名。

使用一条use语句还可以将同一个命名空间下的多个空间成员批量导入并分别设置别名，具体语法格式如下。

```
// 类
use 命名空间\{类名1 as 别名，类名2 as 别名，类名3 as 别名，…};
// 函数
use function 命名空间\{函数名1 as 别名，函数名2 as 别名，函数名3 as 别名，…};
// 常量
use const 命名空间\{常量名1 as 别名，常量名2 as 别名，常量名3 as 别名，…};
```

7.5 自动加载

从前面的学习可知，虽然命名空间可以解决命名冲突的问题，但是每次导入时，需要采用include、require、include_once或require_once手动引入文件。如果不小心忘记引入某个文件，程序就会出错。为了解决上述问题，PHP提供了自动加载机制，用户可以根据需求自动加载对应的文件。本节将对自动加载进行详细讲解。

7.5.1 注册自动加载函数

PHP提供的spl_autoload_register()函数用于完成注册自动加载函数的功能。用户可以将自定义的函数注册为自动加载函数，当PHP脚本试图使用尚未被定义的函数时，会执行自动加载函数，在这个函数中完成加载操作。

```
spl_autoload_register()函数的基本语法格式如下。
bool spl_autoload_register ([ callable $autoload_function [, bool $throw = true [, bool $prepend = false ]]] )
```

在上述语法格式中，第1个参数$autoload_function表示待注册的自动加载函数；第2个参数$throw用于设置自动加载函数注册失败时是否抛出异常，默认为true，表示抛出异常；第3个参数$prepend用于设置注册的自动加载函数添加到队列的开头还是结尾，默认为false，表示添加到队尾。

注册自动加载的函数还可以是匿名函数，示例代码如下。

```
spl_autoload_register(function ($classname) {
    // 在此处编写自动加载处理代码
});
```

从上述示例代码可知，将匿名函数的函数体直接写在以上示例代码中注释的位置，也可以实现注册自动加载函数。

下面演示使用spl_autoload_register()函数注册自动加载函数。创建autoload01.php文件，具体代码如下。

```
1 <?php
2 use myframe\Container;
3 
4 function loader($classname)
5 {
6     $filename = substr($classname, strrpos($classname, '\\') + 1);
```

```
7     $filename = $filename . '.php';
8     if (is_file($filename)) {
9         require $filename;
10    }
11 }
12 spl_autoload_register('loader');
13 echo Container::student(); // 自动加载 Container 类，调用 student()静态方法
```

在上述代码中，第 4～11 行代码用于定义 loader()函数，该函数的参数$classname 表示要加载的类；第 6 行代码用于提取参数中的类名；第 7 行代码用于根据类名拼接出文件名；第 8～10 行代码用于引入类文件；第 12 行代码将 loader()函数注册为自动加载函数；第 13 行代码使用 Container 类时，由于类不存在，会执行 loader()函数，加载类文件。

通过浏览器访问 autoload01.php 文件，运行结果如图 7-3 所示。

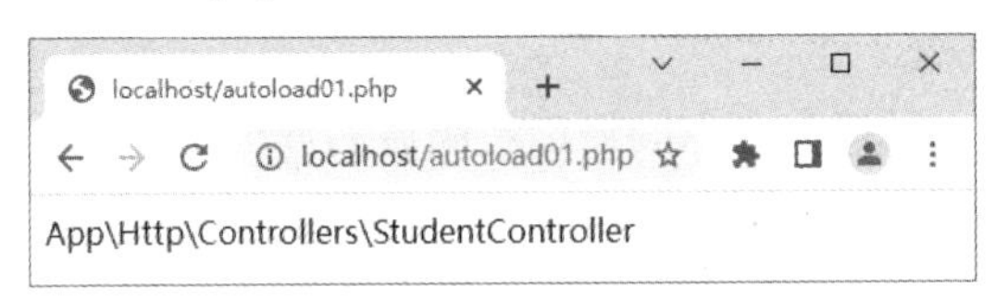

图7-3　运行结果

多学一招：注册多个自动加载函数

使用 spl_autoload_register()函数还可以注册多个自动加载函数。当需要自动加载时，这些自动加载函数会按照注册的顺序依次执行，直到注册完成为止。需要注意的是，如果第 1 个自动加载函数加载后，类可以使用，则第 2 个自动加载函数将不会执行。

例如，创建 autoload02.php 文件，具体代码如下。

```
1 <?php
2 spl_autoload_register(function ($classname) {
3     echo '第 1 个自动加载函数', '<br>';
4 });
5 spl_autoload_register(function ($classname) {
6     echo '第 2 个自动加载函数', '<br>';
7 });
```

通过浏览器访问 autoload02.php 文件，运行结果如图 7-4 所示。

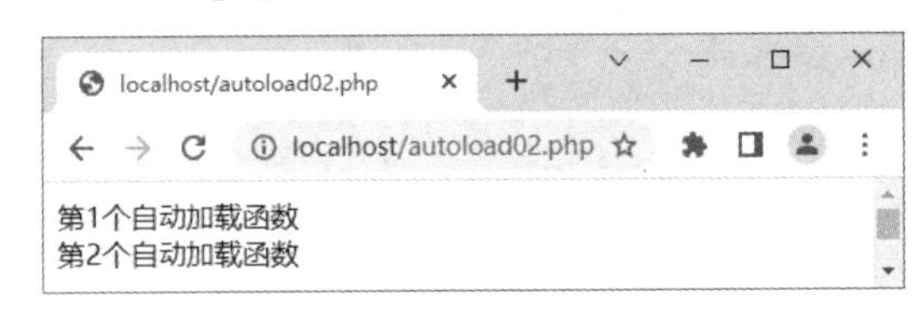

图7-4　注册多个自动加载函数

从图 7-4 可以看出，已经注册的两个自动加载函数都执行了。

7.5.2 注册自动加载方法

除了注册自动加载函数外，还可以将指定的方法注册为自动加载方法。注册自动加载方法时，静态方法和非静态方法的语法不同，具体语法格式如下。

```
// 注册静态方法
```

```
spl_autoload_register(['类名', '方法名']);
spl_autoload_register('类名::方法名');
// 注册非静态方法
spl_autoload_register([对象, '方法名']);
```

在上述语法格式中，注册静态方法的参数可以是数组和字符串的形式，注册非静态方法的参数只能是数组形式。

下面演示注册静态方法和非静态方法，示例代码如下。

```
1  <?php
2  class Auto
3  {
4      public static function load01($classname)
5      {
6          /* 处理自动加载的代码*/
7      }
8      public function load02($classname)
9      {
10         /* 处理自动加载的代码*/
11     }
12 }
13 // 注册静态方法
14 spl_autoload_register(['Auto', 'load01']);    // 注册方式 1
15 spl_autoload_register('Auto::load01');        // 注册方式 2
16 // 注册非静态方法
17 $auto = new Auto();
18 spl_autoload_register([$auto, 'load02']);
```

在上述示例代码中，第 13～14 行代码将 Auto 类中的静态方法 load01()注册为自动加载方法，第 17 行代码将 Auto 类中的非静态方法 load02()注册为自动加载方法。

本章小结

本章首先讲解了框架的基础知识和 MVC 设计模式，接着讲解了单一入口和路由的实现，最后讲解了命名空间和自动加载的实现。通过本章的学习，读者应能够掌握框架的基础知识，能够在框架中实现 MVC 设计模式、单一入口和路由，为后面的学习打下坚实的基础。

课后练习

一、填空题

1. MVC 设计模式中的 M 指________、V 指________、C 指________。
2. PHP 提供的________魔术常量可以获取当前命名空间的名称。
3. 关键字________用于定义命名空间。
4. 关键字________用于为命名空间设置别名。
5. ________函数能够实现注册自动加载函数。

二、判断题

1. 在脚本中，定义命名空间的语句必须在第一行。(　　)

2. 在同一个 PHP 脚本中只能定义一个命名空间。（　　）

3. 隐藏框架中的入口文件通过 Apache 的重写实现。（　　）

4. 用户注册的自动加载函数必须命名为__autoload。（　　）

5. 路由的工作原理即所有访问通过入口文件解析后匹配路由规则，最后进入对应的模块控制器的操作中。（　　）

三、选择题

1. 下列关于 MVC 的描述中，错误的是（　　）。

A. M 表示模型，用于处理数据

B. C 表示控制器，用于处理用户交互的程序

C. V 表示视图，指显示到浏览器中的网页

D. 无论是大型项目还是小型项目，使用 MVC 都能提高项目的运行效率

2. 下列选项中，不受命名空间限制的是（　　）。

A. 变量　　B. 常量　　C. 接口　　D. 函数

3. PHP 中用于实现注册自动加载函数的是（　　）。

A. spl_autoload_call()　　B. spl_autoload_unregister()

C. spl_autoload_register()　　D. spl_autoload()

4. 下列关于框架中使用单一入口的说法正确的是（　　）。

A. 可以节省服务器资源

B. 提高安全性，防止其他重要目录暴露给用户

C. 可以更好地兼容路由

D. 简化代码，提高代码运行效率

5. 下列关于命名空间的说法中，错误的是（　　）。

A. 命名空间可以解决不同类库的命名冲突问题

B. 命名空间可以在脚本中的任意位置定义

C. 完全限定名称访问是指从根命名空间访问空间内的成员

D. 限定名称访问是指从当前命名空间开始访问子命名空间的成员

四、简答题

1. 请简述路由的作用。

2. 请简述命名空间的作用。

五、程序题

在 C:\web\www\myframe 目录的项目中使用 MVC 设计模式完成对学生表中数据的更新。

第8章

PHP框架基础（下）

学习目标

★ 熟悉框架的目录结构，能够说出每个目录的作用。
★ 掌握 Composer 的使用，能够使用 Composer 管理项目。
★ 掌握框架基础搭建，能够实现 App 类、Request 类、Response 类和 Container 类。
★ 掌握反射 API 的使用方法，能够使用反射 API 实现反射。
★ 掌握依赖注入的使用方法，能够利用反射实现依赖注入。
★ 掌握异常的抛出和捕获，能够在程序中抛出和捕获异常。
★ 掌握自定义异常类的实现，能够根据需求实现自定义异常类。
★ 掌握多异常捕获处理，能够在程序中实现多异常的捕获处理。
★ 掌握异常嵌套的实现，能够在程序中使用异常嵌套。

学习了第 7 章的框架基础知识后，相信读者已经可以在自定义框架中实现指定的功能。为了让读者对框架有更深入的理解，本章将对框架的底层设计思想和实现原理进行讲解，内容包括划分框架目录结构、使用 Composer 管理项目、框架基础搭建、反射和异常处理。

8.1 划分框架目录结构

通常情况下，一个项目由许多不同类型的文件组成，为了更好地管理这些文件，需要划分目录结构。为了让自定义框架的目录结构更接近常用的 PHP 框架，本书参考 Laravel 框架的目录结构，对自定义框架进行目录划分，将自定义框架命名为 myframe.test。myframe.test 框架的目录结构如下。

```
├─app                          框架核心目录
│  ├─Http                      HTTP 请求目录
│  │  ├─Controllers            控制器目录
│  ├─Models                    模型目录
├─resources                    资源目录
│  ├─views                     视图目录
```

```
├─public                    公开目录
├─myframe                   框架目录
├─vendor                    Composer 依赖包目录（由 Composer 自动创建）
```

在上述目录中，myframe 目录用于保存框架相关的文件，MVC 中的控制器保存在 app\Http\Controllers 目录，模型保存在 app\Models 目录，视图保存在 resources\views 目录。

8.2 使用 Composer 管理项目

第 7 章已经创建了一个 myframe.test 自定义框架的雏形，并在该框架中实现了 MVC 设计模式。在实现 MVC 设计模式时，需要手动加载文件，开发效率低，并且在实际项目开发中，还需要给项目添加依赖，从而扩展项目的功能。为此，本节将在自定义框架中使用 Composer 管理项目，实现自动加载和管理项目依赖。

8.2.1 安装 Composer

Composer 是 PHP 项目中用于管理项目依赖（dependency）的工具。开发人员在项目中声明依赖的外部工具库，Composer 就会自动安装这些工具库依赖的库文件。大多数 PHP 框架都支持使用 Composer 管理项目依赖。Composer 还为项目实现了自动加载。

在 Composer 的官方网站可以下载 Composer。在 Windows 中安装 Composer 的方式有两种，一种是使用安装程序安装，另一种是使用命令行安装。本书选择使用安装程序安装，具体安装步骤如下。

① 在 Composer 的官方网站下载 Composer-Setup.exe，下载后双击文件图标启动安装程序，选择推荐的安装模式。

② 安装程序提示选择是否使用开发者模式（Developer mode），若选中此项，则不提供卸载功能，推荐不选中。

③ 安装过程提示选择 PHP 命令行程序时，单击“Browse...”按钮浏览文件，选择 C:\web\php8.2\php.exe。

④ 进入填写代理服务器界面后，选择不使用代理，单击“Next”按钮。

⑤ 进入准备安装界面，单击“Install”按钮进行安装。

Composer 安装成功后，会自动添加环境变量。在系统变量 Path 中添加的路径如下。

```
C:\web\php8.2
C:\ProgramData\ComposerSetup\bin
```

在上述路径中，“C:\web\php8.2”是 PHP 的安装目录，“C:\ProgramData\ComposerSetup\bin”是 Composer 的可执行文件目录。

在用户变量 Path 中添加的路径如下。

```
//全局依赖包的可执行文件目录
C:\Users\用户名\AppData\Roaming\Composer\vendor\bin
```

上述路径表示全局依赖包的可执行文件目录。

⑥ 打开新的命令提示符窗口，执行“composer”命令测试 Composer 是否安装成功，如果看到下面的结果，说明 Composer 安装成功。

```
   ______
  / ____/___  ____ ___  ____  ____  ________  _____
 / /   / __ \/ __ `__ \/ __ \/ __ \/ ___/ _ \/ ___/
/ /___/ /_/ / / / / / / /_/ / /_/ (__  )  __/ /
\____/\____/_/ /_/ /_/ .___/\____/____/\___/_/
                    /_/
Composer version 2.5.5 2023-03-21 11:50:05
……（由于输出结果很长，此处省略）
```

8.2.2　使用 Composer 实现自动加载

虽然 PHP 提供了自动加载机制，但是要在项目中实现自动加载功能还需要手动编写代码，操作起来相对复杂。为了使开发更简单，可以在 myframe.test 项目中使用 Composer 实现类的自动加载，具体步骤如下。

① 在 C:\web\www\myframe 目录下创建 composer.json 文件，具体代码如下。

```
1 {
2     "autoload": {
3         "psr-4": {"App\\": "app/"}
4     }
5 }
```

在上述代码中，“autoload”表示使用自动加载，“psr-4”表示自动加载的类文件要遵循 PSR-4 的要求，“App\\”表示 App 命名空间，“app/”表示 app 目录。

此处的配置表示将 App 命名空间映射给 app 目录，当需要加载 App 命名空间中的类时，到 app 目录中查找类文件，App 命名空间中的子命名空间将会映射为 app 目录下的子目录。例如，当需要自动加载 App\Http\Controllers\StudentController 类时，加载的类文件路径为 app\Http\Controllers\StudentController.php。

② 在命令提示符窗口中切换到 composer.json 文件所在目录中，执行 composer install 命令安装依赖关系所需组件，并初始化自动加载信息。命令执行完成后，输出结果如下。

```
Loading composer repositories with package information
Updating dependencies (including require-dev)
Nothing to install or update
Generating autoload files
```

完成上述操作后，会在当前目录下生成一个 vendor 目录，其目录结构如图 8-1 所示。

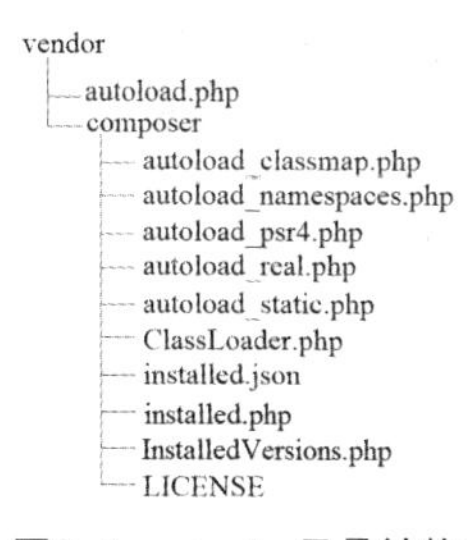

图8-1　vendor目录结构

在项目中直接引入 vendor\autoload.php 文件就可以实现自动加载，实现自动加载功能的具体代码都保存在 vendor\composer 目录中。

需要注意的是，vendor\composer 目录中的文件都是由 Composer 自动生成的，不推荐开发人员修改里面的代码。

③ 重新编写 public\index.php 文件，引入 vendor\autoload.php 文件实现自动加载，具体代码如下。

```
1 <?php
2 require '../vendor/autoload.php';
```

④ 为了和 Laravel 框架的模型文件的命名方式保持一致，将原有的模型文件 app\StudentModel.php 路径改为 app\Models\Student.php。然后修改 app\Models\Student.php 文件，将命名空间放在 App 下，并修改类名，具体代码如下。

```
1 <?php
2 namespace App\Models;     // 将命名空间放在 App\Models 下
3 
4 use MySQLi;               // 在定义命名空间后，需要导入根命名空间下的类
5 
6 class Student             // 将模型的类名 StudentModel 修改为 Student
7 ……（原有代码）
```

在上述代码中，第 2 行代码定义了命名空间，构造方法中的 MySQLi 类在根命名空间下，第 4 行代码导入了 MySQLi 命名空间。

⑤ 将原有的 app\StudentController.php 文件放入 app\Http\Controllers 目录中，在文件中导入命名空间，具体代码如下。

```
1 <?php
2 namespace App\Http\Controllers;
3 
4 use App\Models\Student;
5 
6 class StudentController
7 {
8     public function index()
9     {
10        $student = new Student();
11        $data = $student->getAll();
12        require VIEW_PATH . 'student.php';
13    }
14 }
```

在上述代码中，第 4 行代码用于导入 Student 模型的命名空间。

⑥ 将原有的视图文件 views\student.php 移动到 resources\views 目录中。

⑦ 修改 public\index.php 文件，定义路由规则，根据路由找到对应的控制器名和方法名，具体代码如下。

```
1 <?php
2 require '../vendor/autoload.php';
3 // 定义视图文件的路径常量
4 define('VIEW_PATH', '../resources/views/');
5 // 获取 PATH_INFO
6 $pathinfo = isset($_SERVER['PATH_INFO']) ? $_SERVER['PATH_INFO'] : '';
7 // 定义路由规则
8 $route = [
9     'student' => 'StudentController/index'
10 ];
11 // 根据路由找到对应的控制器名和方法名
```

```
12 $pathinfo = trim($pathinfo, '/');
13 if (isset($route[$pathinfo])) {
14     $pathinfo = $route[$pathinfo];
15     list($controller, $action) = explode('/', $pathinfo);
16 } else {
17     $arr = explode('/', $pathinfo);
18     if (!isset($arr[1])) {
19         exit('请求信息有误。');
20     }
21     $controller = ucwords($arr[0]) . 'Controller';
22     $action = $arr[1];
23 }
24 // 拼接出完整的命名空间
25 $controller = '\\App\\Http\\Controllers\\' . $controller;
26 // 创建控制器，调用控制器中的方法
27 $obj = new $controller();
28 $obj->$action();
```

完成上述代码后，通过浏览器访问 http://www.myframe.test/student，如果输出了学生列表，说明已经通过 Composer 实现了类的自动加载。

8.2.3 使用 Composer 管理项目依赖

在以前的开发中，如果在项目中使用了某个类库，需要手动下载这个类库的文件，并在代码中引入类库后才能使用。这种方式不仅麻烦，而且当类库的版本更新后，还需要重新下载类库。如果一个类库又依赖于另一个类库，这种层叠的依赖关系会让项目的维护变得复杂并且低效。

为了解决手动下载类库这个问题，Composer 提供了项目依赖管理功能，它可以自动完成依赖包的下载和安装，并通过命名空间自动引入。

Composer 通过 packagist 资源库获取依赖包。在 packagist 资源库中，依赖包的命名方式为"用户名/包名"。例如"naux/auto-correct"包能够在中文和英文之间添加空格，并纠正专用名词的大小写。

安装依赖包的方式有两种，一种是使用 composer require 命令安装；另一种是在 composer.json 文件中添加包的相关信息，在命令提示符窗口中执行 composer install 命令或执行 composer update 命令。

通常情况下，一个包会有多个版本，指定版本号有多种方式，具体如表 8-1 所示。

表 8-1　指定版本号的方式

<table>
<tr><th>名称</th><th>实例</th><th>描述</th></tr>
<tr><td>特定的版本</td><td>3.1.33</td><td>包的版本是 3.1.33</td></tr>
<tr><td rowspan="5">某个范围的版本</td><td>~1.0</td><td>包的版本大于等于 1.0 且小于 1.1</td></tr>
<tr><td>^1.0</td><td>包的版本大于等于 1.0 且小于 2.0</td></tr>
<tr><td>>=3.1</td><td>包的版本大于等于 3.1</td></tr>
<tr><td>>=2.6,<3.0</td><td>包的版本大于等于 2.6 且小于 3.0</td></tr>
<tr><td>>=2.6,<3.0|>=3.1</td><td>包的版本大于等于 2.6 且小于 3.0，或大于等于 3.1</td></tr>
<tr><td>通配符方式</td><td>3.1.*</td><td>与>=3.1,<3.2 等价</td></tr>
</table>

下面以“naux/auto-correct”包为例，演示使用 Composer 管理项目依赖，具体步骤如下。

① 安装依赖包需要开启 zip 扩展，打开 PHP 配置文件 php.ini，搜索“zip”找到 zip 扩展的配置项，将配置项前面的注释去掉，修改后的配置如下。

```
extension=zip
```

② 重启 Apache 服务使修改后的配置生效。

③ 在命令提示符窗口中，切换到 C:\web\www\myframe 目录，执行如下命令安装依赖包。

```
composer require naux/auto-correct=1.0.3
```

在上述命令中，naux/auto-correct 表示要加载的包名，包名后面的“=”用于指定版本号，“1.0.3”是版本号。

安装依赖包后，打开 composer.json 文件，会看到里面自动添加了如下代码。

```
1 "require": {
2     "naux/auto-correct": "1.0.3"
3 }
```

打开 vendor 目录，会看到里面新增了 naux 目录，使用 Composer 下载的依赖包代码就保存在该目录中。

④ 在 app\Http\Controllers\StudentController.php 中导入命名空间，具体如下所示。

```
use Naux\AutoCorrect;
```

⑤ 导入命名空间后，编写 test()方法，具体代码如下。

```
1 public function test()
2 {
3     $correct = new AutoCorrect;
4     // 在中文和英文之间添加空格
5     echo $correct->auto_space('《php网站开发实例教程》');
6     // 纠正专用词汇的大小写
7     echo $correct->auto_correct('《php网站开发实例教程》');
8 }
```

⑥ 通过浏览器访问 http://www.myframe.test/student/test，输出结果如下。

```
《 php 网站开发实例教程》
《PHP网站开发实例教程》
```

从上述输出结果可以看出，第 1 行的 php 字符前后添加了空格，第 2 行的 php 被转换成了 PHP。

如需卸载依赖包，可以使用如下命令。

```
composer remove naux/auto-correct
```

上述命令执行后，会将 naux/auto-correct 在 composer.json 中的依赖配置删除，并且会删除 vendor 目录中该依赖包的相关文件。

通过上述操作可以看出，使用 Composer 管理项目依赖非常方便，只需执行命令安装需要使用的依赖包，在代码中导入命名空间即可。

8.2.4 【案例】创建自己的包

1. 需求分析

在进行项目开发时，除了可以使用 Composer 下载 packagist 中的依赖包外，还可以将自己实现的功能或项目打包成依赖包，完成测试后，将其发布到 Packagist 资源库中供其他人使用。下面通过案例演示如何使用 Composer 创建自己的包。

2. 开发步骤

① 在 C:\web\apache2.4\htdocs 目录中创建包的基础目录 custom-php-json，在该目录下创建 src 目录和 src\Json.php 文件，实现对数据的 JSON 编码和解码。

② 创建 custom-php-json\composer.json 文件，编写包的初始化信息。

③ 在项目中使用创建的包，测试对数据的 JSON 编码和解码。

3. 代码实现

本书在配套源码包中提供了本案例的开发文档和完整代码，读者可以参考进行学习。

8.3 框架基础搭建

在自定义框架中实现自动加载后，已经具备了一个框架的雏形，此时还缺少框架的核心代码。为了让读者体验框架的开发过程，本节将会选取在框架设计中常见的 App 类、Request 类、Response 类和 Container 类进行讲解。

8.3.1 App 类

App 类的代码用于实现框架的启动。在前面的开发中，框架的启动是通过入口文件实现的，而将启动框架的核心代码放在 App 类中，可以使代码更加符合面向对象的思想。实现 App 类的具体步骤如下。

1. 准备工作

准备工作主要包括在 composer.json 中添加命名空间配置、编写 run()方法实现应用启动、在 public\index.php 文件中实例化 App 类并调用 run()方法，具体实现步骤如下。

① 在 composer.json 中添加命名空间配置，具体代码如下。

```
1 {
2     "autoload": {
3         "psr-4": {"App\\": "app/", "myframe\\": "myframe/"}
4     }
5 }
```

上述代码为应用目录 app 和框架目录 myframe 添加了自动加载的命名空间。

② 在命令提示符窗口中执行命令，更新自动加载的配置，具体命令如下。

```
composer update
```

③ 创建 myframe\App.php 文件，编写 run()方法实现应用启动，具体代码如下。

```
1 <?php
2 namespace myframe;
3
4 class App
5 {
6     public function run()
7     {
8         echo '应用已启动';
9     }
10 }
```

④ 修改 public\index.php 文件，实例化 App 类并调用 run()方法，具体代码如下。

```
1 <?php
2 namespace myframe;
3
4 // 自动加载
5 require '../vendor/autoload.php';
6 // 启动应用
7 (new App())->run();
```

通过浏览器访问 http://www.myframe.test，可以看到页面中输出了“应用已启动”的信息。

2. 路由检测

路由检测是指根据用户请求的 URL，检测对应的控制器名和方法名。例如，用户请求的 URL 是“http://www.myframe.test/student/test”，检测 URL 中的控制器名和方法名，检测结果为 Student 控制器的 test()方法，具体实现步骤如下。

① 在 App 类中编写 routeCheck()方法，实现从$_SERVER['PATH_INFO']中解析控制器名和方法名，具体代码如下。

```
1 public function routeCheck()
2 {
3     $path = isset($_SERVER['PATH_INFO']) ? $_SERVER['PATH_INFO'] : '';
4     $path = trim($path, '/');
5     $controller = dirname($path);
6     $action = basename($path);
7     if ($controller === '' || $controller === '.') {
8         $controller = 'Index';
9     }
10    if ($action === '') {
11        $action = 'index';
12    }
13    $arr = explode('/', ucwords($controller, '/'));
14    $controller = implode('\\', $arr) . 'Controller';
15    $arr[] = $action;
16    foreach ($arr as $v) {
17        if (!preg_match('/^[A-Za-z]\w{0,20}$/', $v)) {
18            exit('请求参数包含特殊字符! ');
19        }
20    }
21    return [$controller, $action];
22 }
```

在上述代码中，routeCheck()方法的返回值是一个数组，将路由检测后得到的控制器名和方法名返回给调用者。第 5 行代码用于从$path 中获取包含路径的控制器名；第 6 行代码用于从$path 中获取方法名；第 7～12 行代码表示如果控制器名和方法名不存在，则自动使用 Index 作为控制器名，index 作为方法名；第 13～14 行代码首先将控制器名转换为首字母大写的形式，然后将路径分隔符“/”替换成命名空间分隔符“\”，最后在控制器名后面拼接“Controller”；第 16～20 行代码利用正则表达式验证控制器名和方法名是否合法，防止用户传入特殊字符影响系统的安全。

② 在 App 类的 run()方法中调用 routeCheck()方法，具体代码如下。

```
1 public function run()
2 {
```

```
3     $dispatch = $this->routeCheck();
4     print_r($dispatch);
5 }
```

通过浏览器访问 http://www.myframe.test/student/test，观察是否正确输出了控制器名和方法名，正确的输出结果如下。

```
Array ( [0] => StudentController [1] => test )
```

3. 请求分发

在 App 类中，根据 routeCheck()方法的返回结果调用对应控制器的方法，即可实现请求分发。下面在 App 类中编写 dispatch()方法完成请求分发，在 dispatch()方法中调用 controller()方法实例化控制器类，在 run()方法中调用 dispatch()方法，具体步骤如下。

① 在 App 类中实现 run()方法、dispatch()方法、controller()方法，具体代码如下。

```
1 public function run()
2 {
3     $dispatch = $this->routeCheck();
4     $this->dispatch($dispatch);  // 调用 dispatch()方法
5 }
6 public function dispatch(array $dispatch)
7 {
8     list($controller, $action) = $dispatch;
9     $instance = $this->controller($controller);
10    $instance->$action();
11 }
12 public function controller($name)
13 {
14    $class = '\\App\\Http\\Controllers\\' . $name;
15    if (!class_exists($class)) {
16        exit('请求的控制器' . $class . '不存在！');
17    }
18    return new $class();
19 }
```

在上述代码中，第 9 行代码在 dispatch()方法中调用了 controller()方法；第 10 行代码使用控制器实例调用对应的方法，完成请求分发；第 12～19 行代码定义的 controller()方法用于根据控制器的名称创建控制器实例，其中，第 14 行代码用于拼接控制器类的命名空间，第 15～17 行代码判断控制器类是否存在，第 18 行代码实例化控制器类并返回实例化的对象。

② 在 StudentController 类中重新编写 index()方法，具体代码如下。

```
1 public function index()
2 {
3     echo 'index()方法已执行';
4 }
```

通过浏览器访问 http://www.myframe.test/student/index，输出结果为“index()方法已执行”，说明已经完成了请求分发。

8.3.2 Request 类

Request 类负责获取请求信息，它是对当前请求的封装。通过 Request 类可以获取$_GET、$_POST、$_SERVER 等超全局变量中的数据。与直接访问超全局变量相比，使用 Request

类可以对所有的请求数据进行统一处理，提供一种面向对象、简单易用的操作方式。这里以获取$_SERVER 超全局变量的请求信息为例进行讲解，$_GET 和$_POST 与之类似，读者可根据需要自己实现。

下面实现 Request 类，通过$_SERVER 中的 PATH_INFO 获取 URL 路径信息，在 App 类中使用 Request 实例获取请求信息，具体步骤如下。

① 创建 myframe\Request.php 文件，编写 server()方法和 pathinfo()方法，其中 server()方法用于获取$_SERVER 中的数据，pathinfo()方法用于解析 PATH_INFO，具体代码如下。

```
1 <?php
2 namespace myframe;
3
4 class Request
5 {
6     protected $pathinfo;
7     public function pathinfo()
8     {
9         if (is_null($this->pathinfo)) {
10            $this->pathinfo = ltrim($this->server('PATH_INFO', ''), '/');
11        }
12        return $this->pathinfo;
13    }
14    public function server($name, $default = null)
15    {
16        return isset($_SERVER[$name]) ? $_SERVER[$name] : $default;
17    }
18 }
```

在上述代码中，pathinfo()方法在解析 PATH_INFO 时，会自动过滤最左边的“/”；server()方法有两个参数，第 1 个参数用于在$_SERVER 中获取指定键名的元素，第 2 个参数表示元素不存在时使用的默认值。

② 在 App 类中声明属性$request，具体代码如下。

```
protected $request;
```

③ 在 App 类中定义构造方法，实例化 Request 类后，将对象保存为$this->request 属性，具体代码如下。

```
1 public function __construct()
2 {
3     $this->request = new Request();
4 }
```

④ 在 App 类的 routeCheck()方法中，将原来的前两行代码注释，并使用 pathinfo()方法获取请求信息，具体代码如下。

```
1 public function routeCheck()
2 {
3     // $path = isset($_SERVER['PATH_INFO']) ? $_SERVER['PATH_INFO'] : '';
4     // $path = trim($path, '/');
5     $path = $this->request->pathinfo();
6     ……（原有代码）
7 }
```

通过浏览器访问 http://www.myframe.test/student/index，观察程序是否正确执行。如果程序正确执行，说明在自定义框架中实现了使用 Request 类处理请求信息。

8.3.3 Response 类

Response 类负责处理响应信息。将响应输出的代码封装到 Response 类中，开发人员不再需要使用其他输出语句输出数据，输出数据的工作由 Response 类处理。下面讲解如何实现 Response 类，具体步骤如下。

① 创建 myframe\Response.php 文件，在类中定义$code、$header 和$data 属性，分别表示响应状态码、响应头和响应数据，具体代码如下。

```
1 <?php
2 namespace myframe;
3
4 class Response
5 {
6     protected $code = 200;
7     protected $header = [];
8     protected $data = '';
9 }
```

② 编写构造方法，在创建对象时传入基本参数，具体代码如下。

```
1 public function __construct($data = '', $code = 200, array $header = [])
2 {
3     $this->data = $data;
4     $this->code = $code;
5     $this->header = array_merge($this->header, $header);
6 }
```

③ 编写 send()方法，该方法用于输出数据，具体代码如下。

```
1 public function send()
2 {
3     http_response_code($this->code);
4     foreach ($this->header as $name => $value) {
5         header($name . (is_null($value) ? '' : ':' . $value));
6     }
7     echo $this->data;
8 }
```

在上述代码中，第 3 行代码用于发送响应状态码。第 5 行代码用于在发送响应头时，判断$value 是否为 NULL，如果为 NULL，则只发送$name；如果不为 NULL，则按照"$name:$value"格式发送响应头。第 7 行代码用于输出数据。

④ 为了方便使用 Response 类，在 Response 类中编写 create()静态方法，该方法用于创建本类对象，具体代码如下。

```
1 public static function create($data = '', $code = 200, array $header = [])
2 {
3     return new static($data, $code, $header);
4 }
```

⑤ 为了方便测试 Response 类，在 StudentController 类中编写 test()方法，使用 return 关键字返回字符串，具体代码如下。

```
1 public function test()
2 {
```

```
3     return 'test()方法已执行';
4 }
```

⑥ 在 App 类的 dispatch()方法中，接收控制器的返回结果并创建 Response 实例，将 Response 实例返回，具体代码如下。

```
1 public function dispatch(array $dispatch)
2 {
3     ……（原有代码）
4     $data = $instance->$action();          // 接收控制器的返回结果
5     return Response::create($data);        // 返回 Response 实例
6 }
```

⑦ 在 App 类的 run()方法中返回 Response 实例，具体代码如下。

```
1 public function run()
2 {
3    $dispatch = $this->routeCheck();
4    return $this->dispatch($dispatch);      // 返回 Response 实例
5 }
```

⑧ 在 public\index.php 中，修改启动应用的代码，调用 send()方法将结果输出，具体代码如下。

```
(new App())->run()->send();
```

通过浏览器访问 http://www.myframe.test/student/test，如果输出结果为“test()方法已执行”，说明程序正确执行。

8.3.4 Container 类

在框架中，有许多类只希望被实例化一次，例如，数据库操作类。为了避免一个类被重复实例化，通常将这些类的对象放到容器中。Container 类表示容器，它用于创建对象，并将创建的对象放在容器中，当再次创建相同类的对象时，如果容器中存在则直接返回，不必重复创建。

例如，在 8.3.2 小节实现的 App 类的构造方法中创建了 Request 实例，当其他类要用到 Request 实例的时候还要再创建一次，会带来资源的浪费。因此，将 App 类中的 Request 实例放在容器中，就可以避免此类问题出现。

需要说明的是，在项目中，并不是所有的对象都适合放在容器中。如果某个类的对象在整个项目中只有一个，并且会在多个类中使用，则适合放在容器中；如果某个类会被多次实例化，并且用完就释放，则不适合放在容器中。容器中的对象会一直存在，直到框架运行结束后才会释放。

下面编写代码实现 Container 类，使 Container 类能够管理框架中的对象，具体步骤如下。

① 创建 myframe\Container.php 文件，实现将对象保存在数组中，具体代码如下。

```
1 <?php
2 namespace myframe;
3
4 class Container
5 {
6    protected $instances = [];
7    public function make($class)
8    {
```

```
9         if (!isset($this->instances[$class])) {
10            $this->instances[$class] = new $class();
11        }
12        return $this->instances[$class];
13    }
14 }
```

在上述代码中，make()方法用于创建对象，其参数$class 表示类名。在创建后，会将对象保存在$this->instances 数组中，使用类名区分每个对象。第 9 行代码用于判断对象是否已经创建过，以避免重复创建。

② 在 Container 类中声明静态属性$instance 保存自身对象，具体代码如下。

```
protected static $instance;
```

③ 在 Container 类中定义静态方法 getInstance()创建自身对象，具体代码如下。

```
1 public static function getInstance()
2 {
3     if (is_null(static::$instance)) {
4         static::$instance = new static();
5     }
6     return static::$instance;
7 }
```

在上述代码中，第 3 行代码用于判断对象是否被创建过，如果没有创建，执行第 4 行代码进行创建，并保存在$instance 静态属性中。

④ 修改 App 类的构造方法，通过 Container::getInstance()创建容器对象，通过容器对象的 make()方法创建 Request 对象，具体代码如下。

```
1 public function __construct()
2 {
3     $this->request = Container::getInstance()->make(Request::class);
4 }
```

在上述代码中，Request::class 用于获取 Request 类的完整类名（包含命名空间），其返回结果是一个字符串，值为“myframe\Request”。

至此，虽然已经实现了通过容器管理对象，但代码还可以进一步简化。将 App 类直接看成一个容器，使 App 类继承 Container 类，通过$this->make()方法创建对象，具体步骤如下。

① 修改 App 类，使 App 类继承 Container 类，具体代码如下。

```
class App extends Container
```

② 修改 App 类的构造方法，使用$this->make()创建 Request 对象，具体代码如下。

```
1 public function __construct()
2 {
3     $this->request = $this->make(Request::class);
4 }
```

③ 修改 App 类的 controller()方法，将创建控制器的操作也通过 make()方法完成，具体代码如下。

```
1 // return new $class();                // 将原来的代码注释
2 return $this->make($class);            // 使用 make()方法创建控制器
```

④ 在 public\index.php 中使用 App::getInstance()创建 App 类的对象，具体代码如下。

```
1 // (new App())->run()->send();         // 将原来的代码注释
```

```
2 App::getInstance()->run()->send();
```

通过浏览器访问 http://www.myframe.test/student/index，如果输出结果为“index()方法已执行”，说明程序正确执行。

8.4 反射

反射主要用于框架或插件的开发，在平常的开发中并不常见，反射用于实现对象的调试、类信息的获取等。本节将对反射的使用方法进行详细讲解。

8.4.1 反射 API

反射是 PHP 针对面向对象编程提供的一种“自省”的过程。可以将其理解为根据“目的地”寻找“出发地或来源”。例如，对某个对象进行反射，找到这个对象所属的类、拥有的方法和属性、方法的参数、文档注释等详细信息。

在 PHP 中使用反射，主要通过反射 API 来完成。反射 API 常用的类与接口如表 8-2 所示。

表 8-2 反射 API 常用的类与接口

类/接口	说明
Reflection	反射类
Reflector	反射接口
ReflectionClass	获取类的相关信息
ReflectionObject	获取对象的相关信息
ReflectionMethod	获取方法的相关信息
ReflectionProperty	获取类的属性的相关信息
ReflectionParameter	获取函数或方法参数的相关信息
ReflectionExtension	获取扩展的相关信息
ReflectionFunction	获取函数的相关信息
ReflectionFunctionAbstract	ReflectionFunction 的父类
ReflectionException	用于反射异常处理
ReflectionClassConstant	获取类常量的信息
ReflectionType	获取参数或者返回值的类型

在表 8-2 中，Reflector 是反射接口，其余的都是反射类。

反射 API 常用的方法如表 8-3 所示。

表 8-3 反射 API 常用的方法

类名	方法名	功能描述
ReflectionClass	getMethod()	获取一个类方法的 ReflectionMethod 对象
	getName()	获取类名
	getConstructor()	获取类的构造函数

续表

类名	方法名	功能描述
ReflectionClass	getProperties()	获取一组属性
	hasMethod()	检查方法是否已定义
	hasProperty()	检查属性是否已定义
	newInstance()	通过指定的参数创建一个新的类实例
	newInstanceArgs()	通过数组参数创建一个新的类实例
ReflectionMethod	invoke()	实现执行操作
	invokeArgs()	带参数执行
	isPublic()	判断方法是不是公开方法
ReflectionFunctionAbstract	getNumberOfParameters()	获取参数数目
	getParameters	获取参数
ReflectionProperty	getDocComment()	获取属性文档注释
	getName()	获取属性名称
	getValue()	获取属性值
	isDefault()	检查属性是不是默认属性
	isPrivate()	检查属性是不是私有属性
	isProtected()	检查属性是不是保护属性
	isPublic()	检查属性是不是公有属性
	isStatic()	检查属性是不是静态属性
ReflectionParameter	getClass()	获得类型提示类
	getDefaultValue()	获取默认属性值
ReflectionExtension	getFunctions()	获取扩展中的函数
	getINIEntries()	获取 ini 配置
	getVersion()	获取扩展版本号
	info()	输出扩展信息

为了让读者更好地理解，下面演示如何使用反射获取类属性的信息，具体步骤如下。

① 在 VS Code 编辑器中打开 C:\web\apache2.4\htdocs 目录，创建 Upload.php 文件，用于后续通过反射来获取其基本信息，具体代码如下。

```
1  <?php
2  // 定义一个类，用于测试
3  class Upload
4  {
5      /**
6       * 上传文件信息
7       */
8      private $file = [];
9      /**
10      * 上传文件保存目录
11      */
12     public $upload_dir = '/upload/';
13 }
```

② 创建 reflect.php 文件，引入 Upload.php，获取 Upload 类的所有属性，输出其中的公有属性，具体代码如下。

```
1 <?php
2 require './upload.php';
3 // 获取类中所有的属性
4 $reflect = new ReflectionClass('Upload');
5 $properties = $reflect->getProperties();
6 echo '<pre>';
7 var_dump($properties);
8 // 获取 public 属性的文档注释、属性名、属性值
9 foreach($properties as $property) {
10     if ($property->isPublic()) {
11         var_dump($property->getDocComment());            // 文档注释
12         var_dump($property->getName());                  // 属性名称
13         var_dump($property->getValue(new Upload));       // 属性值
14     }
15 }
16 echo '</pre>';
```

在上述代码中，第 4 行代码获取 Upload 类的反射对象；第 5 行代码通过反射对象调用 getProperties() 方法获取 Upload 类的所有属性；第 9～15 行代码遍历所有属性，获取公有属性的文档注释、属性名和属性值。

reflect.php 文件的运行结果如图 8-2 所示。

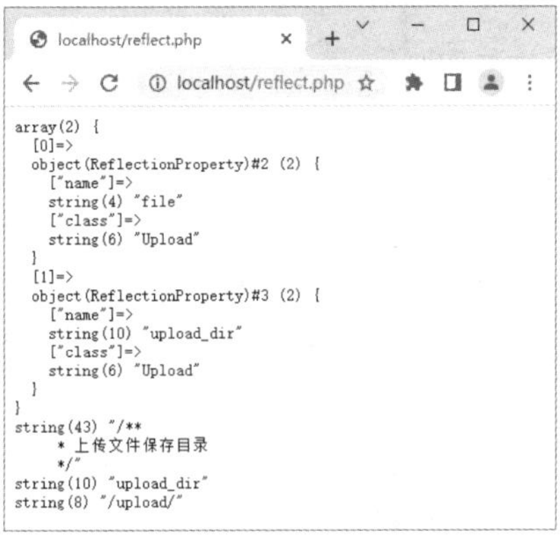

反射机制使得程序能够在运行时自省和自我分析，程序可以检查和了解自身的结构和行为，帮助开发人员对代码进行审查和优化。在生活中，我们也要时刻自省，及时发现并纠正错误。

图8-2　reflect.php文件的运行结果

8.4.2　依赖注入

依赖注入是许多框架都有的功能。依赖是指一个类依赖另一个类的对象，通过依赖注入可以将当前类依赖的对象注入进来以便使用。

依赖注入分为构造方法的依赖注入和普通方法的依赖注入。构造方法的依赖注入是指框架通过类的构造方法的参数为类注入依赖的对象；普通方法的依赖注入是指框架通过类的普通方法的参数为类注入依赖的对象。

为了方便读者理解使用依赖注入和不使用依赖注入的区别，下面分别用代码演示。

当不使用依赖注入时，若要创建一个对象，需要手动实例化类，示例代码如下。

```
1 public function __construct()
2 {
3     $this->request = new Request();
4 }
```

在上述代码中，构造方法中实例化了 Request 类，这种方式的缺点是 Request 类的对象会被重复创建。

当使用依赖注入时，不需要手动实例化类，直接通过参数接收依赖的对象即可，示例

代码如下。

```
1 public function __construct(Request $request)
2 {
3     $this->request = $request;
4 }
```

在上述代码中，第 1 行代码表示接收 Request 类的对象$request；第 3 行代码将$request 保存在$this->request 属性中。

8.4.3 【案例】利用反射实现依赖注入

1. 需求分析

了解了反射 API 和依赖注入后，接下来在自定义框架中实现依赖注入。自定义框架需要借助反射 API 获取构造方法和普通方法依赖的对象，将依赖的对象创建后注入。

2. 开发步骤

① 实现构造方法的依赖注入。修改 myframe\Container.php 的 make()方法，创建对象前使用 ReflectionClass 类获取构造方法的参数，根据参数获取类名，实例化该构造方法依赖的类并完成依赖注入。

② 实现普通方法的依赖注入。修改 myframe\App.php 的 dispatch()方法，创建普通方法前使用 ReflectionMethod 类获取普通方法依赖的对象，在调用普通方法时传入依赖的对象，完成依赖注入。

3. 代码实现

本书在配套源码包中提供了本案例的开发文档和完整代码，读者可以参考进行学习。

8.5 异常处理

在前面的开发中，当程序出现错误时，如果想要提前退出程序，可以使用 exit 语句实现。然而在实际开发中，这种方式会给用户带来不好的体验，也不利于调试程序。针对错误的处理，PHP 提供了异常处理机制，通过该机制可以使用面向对象的方式处理异常。在项目中合理地运用异常处理机制可以提高程序的健壮性，当发生错误时调试程序也会更加方便。本节将针对 PHP 的异常处理进行详细讲解。

8.5.1 异常的抛出和捕获

PHP 提供了 Exception 类表示程序中的异常，通过实例化该类可以创建异常对象，创建后的异常对象使用 throw 关键字抛出，语法格式如下。

```
$e = new Exception('异常信息');
throw $e;
```

上述语法格式可以简写成“throw new Exception('异常信息');”。创建异常对象后，使用异常对象的 getMessage()方法可以获取异常信息。

使用 try...catch 语句可以捕获程序中抛出的异常并进行处理，try...catch 语句的语法格式如下。

```
try {
    // 可能会抛出异常的代码
```

```
} catch (Exception $e) {
    // 进行异常处理的代码
}
```

在上述语法格式中，try 块中包含可能会出现异常的代码，当 try 块中的代码发生异常时，程序会跳转到对应的 catch 块，在 catch 块接收 Exception 类的对象$e。

值得一提的是，catch 块后面还可以添加 finally 块，无论程序是否发生异常，finally 块中的代码都会执行。如果不需要 finally 块，可以将其省略。

在使用 try...catch 语句时，应注意以下事项。

- 每个 try 块应至少有一个对应的 catch 块或 finally 块。catch 块可以有多个，用于针对不同的异常类型进行处理，捕获到异常后执行对应的 catch 块。
- 发生异常时，PHP 会尝试查找第一个匹配的 catch 块来执行，如果直到脚本结束时都没有找到匹配的 catch 块且无 finally 块，将会出现 Fatal error 错误。

为了让读者更好地理解异常的抛出和捕获，下面通过代码进行演示，具体步骤如下。

① 在 VS Code 编辑器中打开 C:\web\apache2.4\htdocs，创建 exception01.php 文件，具体代码如下。

```
1 <?php
2 function division($num1, $num2)
3 {
4     if (!$num2) {
5         throw new Exception('除数不能为 0');  // 抛出异常
6          echo '抛出异常后，后面的代码不执行。'; // 测试此行代码是否会执行
7     }
8     return $num1 / $num2;
9 }
```

上述代码定义了 division()函数，函数的参数$num1 是被除数，$num2 是除数，第 4～8 行代码判断如果除数为 0 则抛出异常。其中，第 5 行代码实例化了异常对象并使用 throw 关键字抛出异常。

② 在 try 块调用 division()函数。调用 division()函数时，将第 2 个参数设为 0，在 catch 块输出异常信息，在 finally 块中换行输出“异常处理完成”，具体代码如下。

```
1 try {
2     echo division(1, 0);       // 调用函数
3     echo '当上一行代码抛出异常时，后面的代码不会执行';
4 } catch (Exception $e) {       // Exception 表示异常类，$e 表示异常对象
5     echo $e->getMessage();     // 获取异常信息
6 } finally {
7     echo '<br>异常处理完成';
8 }
9 echo '<br>异常处理完成后，后面的代码会继续执行';
```

在上述代码中，调用 division()函数时，除数为 0，该函数会抛出异常。在 division()函数中创建异常对象时，传入了异常信息“除数不能为 0”，在 catch 块中就可以通过$e->getMessage()获取异常信息。

通过浏览器访问 exception01.php，运行结果如图 8-3 所示。

从图 8-3 的输出结果可以看出，使用 throw 抛出异常后，该语句后面的代码将不会执行，try 块中 division()函数后面的代码也不会执行。当 catch 块中的代码执行完成后，finally

块中的代码就会执行。整个异常处理完成后，后面的代码会继续执行。

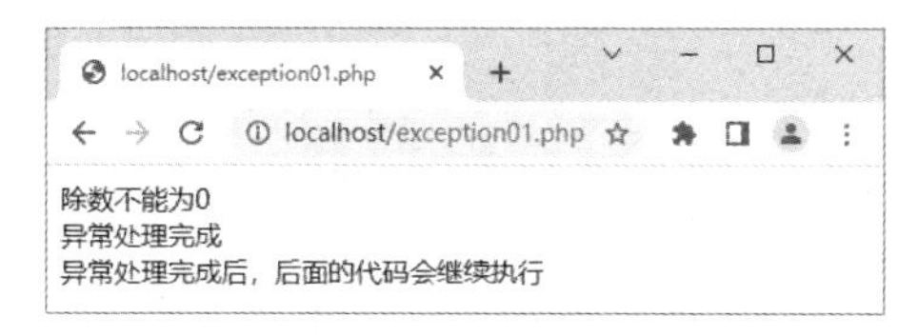

图8-3　exception01.php的运行结果

8.5.2　自定义异常类

自定义异常类用于表示特定类型的异常。自定义的异常类需要继承 Exception 类，在自定义异常类中可以根据需求完成异常处理。

下面演示如何自定义异常类，具体步骤如下。

① 创建 MyException.php 文件，具体代码如下。

```
1  <?php
2  class MyException extends Exception
3  {
4      protected $msg = '自定义异常信息';
5      public function getCustomMessage()
6      {
7          return $this->getMessage() ? : $this->msg;
8      }
9  }
```

在上述代码中，当 MyException 类发生异常时，自定义方法 getCustomMessage()用于获取异常信息。该方法会尝试读取$this->getMessage()中的异常信息，如果没有，则返回$this->msg 定义的默认异常信息。

② 创建 exception02.php 文件，具体代码如下。

```
1  <?php
2  require './MyException.php';
3  $email = 'myframe.test';
4  try {
5      if (!filter_var($email, FILTER_VALIDATE_EMAIL)) {
6          throw new MyException('E-mail 地址不合法');
7      }
8  } catch (MyException $e) {
9      echo $e->getCustomMessage();  // 输出结果：E-mail 地址不合法
10 }
```

在上述代码中，第 5～7 行代码用于判断$email 变量保存的 E-mail 地址是否合法，如果不合法，执行第 6 行代码，通过 MyException 类抛出异常；第 9 行代码用于输出异常信息。

8.5.3　多异常捕获处理

一个 try 块除了对应一个 catch 块外，还可以对应多个 catch 块。在 catch 块中使用 throw 关键字抛出异常时，可以使用不同的异常类对象返回不同的描述信息。

下面演示多异常的捕获处理，创建 exception03.php 文件，具体代码如下。

```
1 <?php
2 require './MyException.php';
3 $email = 'tom@example.com';
4 try {
5     if (!filter_var($email, FILTER_VALIDATE_EMAIL)) {
6         throw new Exception(' E-mail 地址不合法');
7     } elseif (substr($email, strrpos($email, '@') + 1) === 'example.com'){
8         throw new MyException('不能使用 example.com 作为邮箱地址');
9     }
10 } catch (MyException $e) {
11     echo $e->getCustomMessage();   // 输出结果：不能使用 example.com 作为邮箱地址
12 } catch (Exception $e) {
13     echo $e->getMessage();         // 输出结果：E-mail 地址不合法
14 }
```

在上述代码中，第 5 行代码判断$email 是不是一个合法的 E-mail 地址，不合法时执行第 6 行代码抛出 Exception 异常，然后执行第 13 行代码输出异常信息；第 7 行代码判断$email 的域名部分是否为“example.com”，如果是，执行第 8 行代码抛出 MyException 异常，然后执行第 11 行代码输出异常信息。

8.5.4 异常嵌套

异常嵌套是指在一个 try 块中嵌套 try...catch 语句。例如，PHP 抛出的异常信息对用户来说并不友好，可在捕获异常后，再次抛出异常，返回给用户更加友好的提示信息。

下面演示异常嵌套，创建 exception04.php 文件，具体代码如下。

```
1 <?php
2 require './MyException.php';
3 try {
4     try {
5         throw new Exception();
6     } catch (Exception $e) {
7         throw new MyException('发生异常，请稍后再试');
8     }
9 } catch (MyException $e) {
10     echo $e->getMessage();    // 输出结果：发生异常，请稍后再试
11 }
```

在上述代码中，第 5 行代码抛出了 Exception 异常；第 6～8 行的 catch 块对 Exception 异常进行处理，并在第 7 行代码再次抛出 MyException 异常；第 9～11 行的 catch 块对 MyException 异常进行处理。

多学一招：set_exception_handler()函数

在实际开发中，为了保证程序正常运行，会在所有可能出现异常的地方使用 try...catch 语句进行异常监视，但是程序出现异常的地方总是无法预料的。为了保证程序能够正常运行，可以使用 set_exception_handler()函数处理没有进行过异常处理的代码。

例如，删除 exception04.php 文件的第 2 行代码，第 7 行代码在实例化 MyException 类时会发生 Fatal error 错误。此时，可以使用 set_exception_handler()函数进行异常处理，修改 exception04.php 的第 2 行代码，具体代码如下。

```
1 function exception_handler($e)
2 {
3     echo $e->getMessage();    // 输出结果: Class 'MyException' not found
4 }
5 set_exception_handler('exception_handler');
```

在上述代码中，第 1～4 行代码自定义了 exception_handler()函数用于处理异常；set_exception_handler()函数必须在可能会发生异常的代码前定义，该函数的参数为 exception_handler。运行上述代码，Fatal error 错误会变成 MyException 类未找到的提示信息。

8.5.5 【案例】在框架中处理异常

1. 需求分析

在项目开发阶段，开发人员通常会直接在页面中输出错误信息来调试程序。但对于生产环境的项目，直接显示错误报告可能会泄露服务器的重要信息。为了避免服务器信息泄露，下面在自定义框架中实现异常处理。

2. 开发步骤

① 在 App 类中添加$debug 属性，表示是否开启异常处理。默认值为 true 表示开启，值为 false 表示关闭，只有开启才会显示详细的错误报告。

② 修改 App 类的 run()方法，将原有代码写在 try 块中，在 catch 块中捕获异常。

③ 修改 App 类中的 routeCheck()方法、controller()方法、dispatch()方法，使用 Exception 类抛出异常。

3. 代码实现

本书在配套源码包中提供了本案例的开发文档和完整代码，读者可以参考进行学习。

本章小结

本章主要讲解了自定义框架的自动加载、框架底层代码的实现、反射 API，以及异常的处理。通过本章的学习，读者应熟悉框架的工作原理，能够实现自定义框架的基础搭建和异常处理。

课后练习

一、填空题

1. App 类主要是为了实现________。
2. ________可以解决类之间的依赖关系问题。
3. 在框架中，________类负责处理请求。
4. 安装 Composer 依赖包的命令是________。
5. 卸载 Composer 依赖包的命令是________。

二、判断题

1. Composer 可以管理项目依赖类库的下载和版本更新。(　　)
2. 依赖注入只能对构造方法进行注入。(　　)
3. 容器类的主要功能就是管理对象实例，缓存已经创建好的实例。(　　)

4. 利用 PHP 的反射技术可获取一个对象所属的类。(　　)
5. 一个 try 块只能对应一个 catch 块。(　　)

三、选择题

1. 下列选项中，不是反射类的是（　　）。

A. Container　　B. Reflector　　C. ReflectionClass　　D. Reflection

2. PHP 提供的异常类是（　　）。

A. App　　B. Exception　　C. Response　　D. Request

3. 下列选项中，关于 App 类的说法正确的是（　　）。

A. App 类用于保存实例化的对象
B. App 类可以实现应用的初始化
C. App 类负责获取请求信息
D. App 类负责获取响应信息

4. 下列选项中，关于容器类的说法错误的是（　　）。

A. 容器类用于保存各个类的实例
B. 容器类可以创建类的实例，同时也可以创建自身的实例
C. 如果容器类中有已经创建好的实例，则直接返回
D. 容器类能够缩短框架的运行时间，提高效率

5. 下列选项中，关于 Composer 的说法错误的是（　　）。

A. Composer 不需要安装就能直接使用
B. 可以实现类的自动加载
C. 可以管理项目的依赖类库
D. 可以自定义依赖包上传到资源库供别人使用

四、简答题

1. 请简述 App 类和 Container 类的作用。
2. 请列举 5 个反射 API 的常用方法。

五、程序题

在自定义框架中实现读取本地文件中的内容并输出。

第 9 章

PDO扩展和Smarty模板引擎

学习目标

★ 掌握 PDO 扩展的使用方法，能够使用 PDO 扩展操作数据库。

★ 掌握数据库操作类的封装，能够在自定义框架中封装数据库操作类。

★ 掌握 Smarty 模板引擎的使用方法，能够在自定义框架中使用 Smarty 模板引擎。

在第 7 章和第 8 章中，我们已经创建好了自定义框架并且完成了框架的基本功能。为了能够在框架中操作数据库和渲染数据，本章将介绍 PDO 扩展和 Smarty 模板引擎，在自定义框架中封装数据库操作类和使用 Smarty 模板引擎。

9.1 PDO 扩展

PDO 扩展是 PHP 数据库的一个常用扩展，它提供了面向对象语法，使得在 PHP 程序中操作数据库变得更加方便、快捷。本节将对 PDO 扩展的使用进行详细讲解。

9.1.1 开启 PDO 扩展

PDO 扩展为 PHP 操作数据库定义了一个轻量级的接口，从而可以用一套相同的接口操作不同的数据库。目前支持的数据库包括 Firebird、FreeTDS、MySQL、Microsoft SQL Server、Oracle、PostgreSQL、SQLite、Sybase 等。

PDO 支持的每个数据库都对应不同的扩展文件。如果想让 PDO 支持 MySQL 数据库，需要在 php.ini 配置文件中找到“;extension=pdo_mysql;”，去掉分号注释开启扩展。修改配置文件后重新启动 Apache，在 test.php 中使用 phpinfo()函数查看扩展是否开启成功，如图 9-1 所示。

从图 9-1 可看出，在 PDO support 一栏中显示了 enabled，表示开启了 PDO 扩展。

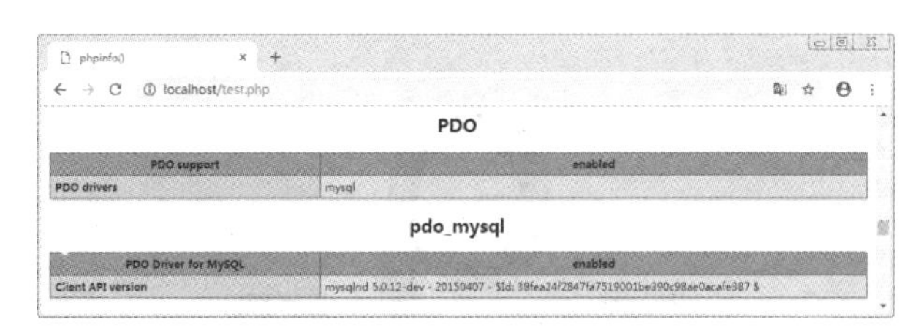

图9-1 开启PDO扩展

9.1.2 连接和选择数据库

PDO 扩展提供了 PDO 类，能够用于连接和操作数据库。使用 PDO 类操作数据库前，需要先实例化 PDO 类，传递连接数据库的参数，基本语法格式如下。

```
PDO::__construct (
    string $dsn,                    // 数据源名称
    string $username,               // 用户名（可选参数）
    string $password,               // 密码（可选参数）
    array $driver_options           // 包含键值的驱动连接选项（可选参数）
)
```

在上述语法格式中，“PDO::”表示 PDO 类，$dsn 由 PDO 驱动程序名称、冒号和 PDO 驱动程序特有的连接语法组成。例如，连接 MySQL 数据库时，PDO 驱动程序名称为 mysql，它特有的连接语法包括主机名、端口号、数据库名称、字符集等；连接 Oracle 数据库时，PDO 驱动程序名称为 oci，它特有的连接语法只包括数据库名称和字符集。

下面演示 MySQL 数据库和 Oracle 数据库的$dsn，示例代码如下。

```
$mysqldsn = 'mysql:host=主机名;port=端口号;dbname=数据库名称;charset=字符集';
$oracledsn = 'oci:dbname=数据库名称;charset=字符集';
```

上述示例代码展示了 MySQL 数据库和 Oracle 数据库的$dsn，其他数据库的 PDO 驱动名称以及特有的连接语法可以参考 PHP 手册。

下面演示如何连接 MySQL 服务器，在 VS Code 编辑器中打开 C:\web\apache2.4\htdocs 目录，创建 pdo01.php 文件，使用 PDO 连接 MySQL 服务器并选择 myframe 数据库，具体代码如下。

```
1 <?php
2 $dsn = 'mysql:host=localhost;port=3306;dbname=myframe;charset=utf8mb4';
3 $pdo = new PDO($dsn, 'root', '123456');
4 var_dump($pdo);    // 输出结果：object(PDO)#1 (0) { }
```

在上述代码中，实例化 PDO 类后，会得到 PDO 对象。如果实例化 PDO 类失败则会抛出 PDO 异常。

9.1.3 执行 SQL 语句

PDO 类对象的 query()方法和 exec()方法用于执行 SQL 语句。这两个方法的区别在于，query()方法返回的是 PDOStatement 类对象，该对象主要用于解析结果集、实现预处理和事务处理等；exec()方法返回的是受影响的行数，使用 exec()方法执行 SELECT 语句时不会返回查询结果。通常使用 query()方法执行查询类的 SQL 语句，如 SELECT 语句；使用 exec()方法执行操作类的 SQL 语句，如 INSERT 语句、UPDATE 语句和 DELETE 语句。执行 SQL 语句后，使用 lastInsertId()方法获取最后插入行的 id 值。

下面演示如何执行 SQL 语句。修改 pdo01.php 文件，使用 query()方法和 exec()方法执行

SQL 语句，具体代码如下。

```
1 <?php
2 $dsn = 'mysql:host=localhost;port=3306;dbname=myframe;charset=utf8mb4';
3 $pdo = new PDO($dsn, 'root', '123456');
4 $sql = 'SELECT * FROM `student`';
5 var_dump($pdo->query($sql));
6 // 输出结果：object(PDOStatement)#2 (1) {  ["queryString"]=> string(23) "SELECT
  * FROM `student`" }
7 $sql = "INSERT INTO `student` (`name`) VALUES ('Leon')";
8 var_dump($pdo->exec($sql));            // 输出结果：int(1)
9 var_dump($pdo->lastInsertId());        // 输出结果：string(1) "5"
```

从上述代码的输出结果可以看出，执行 query()方法后返回的结果是 PDOStatement 类对象，PDOStatement 类对象用于处理结果集（处理结果集的相关内容会在 9.1.4 小节中详细讲解），执行 exec()方法后返回的是受影响的行数，第 9 行代码调用的 lastInsertId()方法返回最后插入行的 id 值。

9.1.4　处理结果集

使用 query()方法执行 SQL 语句后，返回的结果是 PDOStatement 类对象。通过 PDOStatement 类对象可以对结果集进行处理，常用的处理结果集的方法有 fetch()、fetchColumn()和 fetchAll()。下面对这 3 个方法分别进行讲解。

1. fetch()

fetch()方法用于从结果集中获取下一行数据，基本语法格式如下。

```
PDOStatement::fetch (
int $mode = PDO::FETCH_DEFAULT,                          // 返回方式（可选参数）
int $cursorOrientation =  PDO::FETCH_ORI_NEXT,           // 可滚动游标（可选参数）
int $cursorOffset = 0                                    // 游标的偏移量（可选参数）
)
```

在上述语法格式中，$mode 用于控制结果集的返回方式；$cursorOrientation 是 PDOStatement 对象的一个可滚动游标，用于获取结果集中的某一行数据，默认值为 PDO:: FETCH_ORI_NEXT；$cursorOffset 表示可滚动游标的偏移量。

$mode 的值必须是 PDO::FETCH_*系列常量中的一个，$mode 的可选值如表 9-1 所示。

表 9-1　$mode 的可选值

可选值	说明	返回值
PDO::FETCH_ASSOC	以关联数组的方式提取结果集中的数据	每一行的数据将被返回为一个关联数组，其中键是列名，值是对应的数据值
PDO::FETCH_NUM	以索引数组的方式提取结果集中的数据	每一行的数据将被返回为一个索引数组，其中索引从 0 开始，值为对应的数据值
PDO::FETCH_BOTH	同时以关联数组和索引数组的方式提取结果集中的数据	每一行的数据将被返回为一个混合数组，其中既包含字符串键名也包含数字键名，即每个列名对应两个键名
PDO::FETCH_OBJ	以匿名对象的方式提取结果集中的数据	每一行的数据将被返回为一个匿名对象，其中属性名对应列名，属性值对应数据值
PDO::FETCH_LAZY	以延迟加载的方式提取结果集中的数据，只有在访问数据时才会从数据库中取出	在访问数据时，会返回一个包含该行数据的对象，对象的属性名对应列名，属性值对应数据值

续表

可选值	说明	返回值
PDO::FETCH_BOUND	将结果集中的列值分配给 PDOStatement::bindColumn()方法绑定的变量	返回 true，并分配结果集中的列值给 PDO Statement::bindColumn()方法绑定的 PHP 变量
PDO::FETCH_CLASS	将结果集中的数据映射为指定请求类的实例	返回一个请求类的实例，其中的属性会被赋值为结果集中对应的列值
PDO::FETCH_INTO	将结果集中的数据映射为指定被请求类的实例	返回一个被请求类已存在的实例，其中命名的属性会被赋值为结果集中对应的列

下面演示如何使用 fetch()方法处理结果集。创建 pdo02.php 文件，使用 fetch()方法获取查询的数据，具体代码如下。

```
1 <?php
2 $dsn = 'mysql:host=localhost;port=3306;dbname=myframe;charset=utf8mb4';
3 $pdo = new PDO($dsn, 'root', '123456');
4 $sql = 'SELECT `id`, `name` FROM `student` LIMIT 2';
5 $res = $pdo->query($sql);
6 while ($row = $res->fetch(PDO::FETCH_ASSOC)) {
7     echo $row['id'] . ' - ' . $row['name'] . '<br>';
8 }
```

在上述代码中，第 5 行代码将查询的结果集保存到$res 变量中；第 6 行代码在循环语句中调用 fetch()方法获取结果集中的下一行数据，直到结果集中没有数据时，终止循环。上述代码的运行结果如图 9-2 所示。

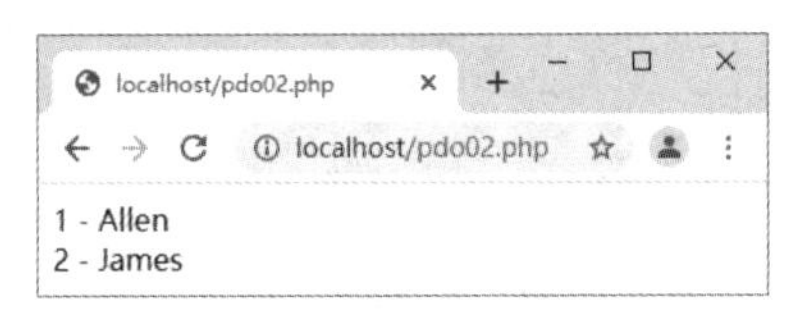

图9-2 pdo02.php的运行结果

2. fetchColumn()

fetchColumn()方法用于获取结果集中的单独一列，该方法执行成功返回获取的数据，执行失败返回 false。fetchColumn()方法的基本语法格式如下。

```
string PDOStatement::fetchColumn (int $column = 0)
```

在上述语法格式中，$column 用于设置行中列的索引号，默认从 0 开始，表示第一列数据。

下面演示如何使用 fetchColumn()方法处理结果集。修改 pdo02.php 文件，使用 fetchColumn()方法获取结果集中的第 2 列数据，示例代码如下。

```
1 while ($column = $res->fetchColumn(1)) {
2     echo ' ' . $column;                    // 输出结果：Allen James
3 }
```

3. fetchAll()

fetchAll()方法用于获取结果集中的所有行数据，其基本语法格式如下。

```
array PDOStatement::fetchAll (
    int $mode,                              // 返回方式（可选参数）
    mixed $fetch_argument,                  // 可滚动游标（可选参数）
```

```
    array $ctor_args = array()              // PDO::FETCH_CLASS 的参数（可选参数）
)
```

在上述语法格式中，$mode 用于控制结果集中数据的返回方式，默认值为 PDO::FETCH_BOTH；$ctor_args 表示当$fetch_style 的值为 PDO::FETCH_CLASS 时，自定义类构造方法的参数；$fetch_argument 根据$mode 参数值的变化而有不同的意义，$mode 的可选值具体如表 9-2 所示。

表 9-2 $mode 的可选值

可选值	作用	返回值
PDO::FETCH_COLUMN	提取结果集中的单个列的值	返回指定索引位置的列值，索引从 0 开始计数
PDO::FETCH_CLASS	将结果集中的数据映射为指定类的对象	返回一个指定类的对象，其中的属性会被赋值为结果集中对应的列值
PDO::FETCH_FUNC	使用自定义的回调函数处理结果集中的每一行数据	返回回调函数处理后的结果

下面演示如何使用 fetchAll()方法处理结果集。修改 pdo02.php，使用 fetchAll()方法以关联数组形式获取结果集，示例代码如下。

```
1 $data = $res->fetchAll(PDO::FETCH_ASSOC);
2 print_r($data);
```

上述代码的输出结果如下。

```
Array (
  [0] => Array ( [id] => 1 [name] => Allen )
  [1] => Array ( [id] => 2 [name] => James )
)
```

多学一招：将变量绑定到结果集中的某一列

PDOStatement 类提供的 fetch()方法的参数设置为 PDO::FETCH_BOUND 时，执行成功后会分配结果集中的列值给 bindColumn()方法绑定的变量。

下面演示如何将变量绑定到结果集中的某一列。修改 pdo02.php 文件，具体代码如下。

```
1 $res->bindColumn('id', $id);                // 将变量$id 绑定到结果集$res 的 id 列
2 $res->bindColumn('name', $name);            // 将变量$name 绑定到结果集$res 的 name 列
3 while ($res->fetch(PDO::FETCH_BOUND)) {     // 获取绑定到变量中的数据
4     echo $id . ' - ' . $name . '<br>';
5 }
```

在上述代码中，bindColumn()方法的第 1 个参数表示结果集$res 中的列名（如 id），也可以是列号，默认从 1 开始；第 2 个参数表示绑定到列上的变量名。

9.1.5 预处理机制

在 PHP 程序中编写 SQL 语句时，如果将发送的数据和 SQL 语句写在一起，每条 SQL 语句都需要解析器进行分析、编译和优化，效率低。预处理机制是先定义和发送模板形式的 SQL 语句，这样的语句用占位符替代实际的数据，称为预处理 SQL 语句，解析器会预先编译预处理 SQL 语句，再处理相关数据。使用预处理机制可以避免数据中有特殊字符（如单引号）而导致的语法问题出现，提高程序运行效率。下面将从预处理方法和数据绑定两

方面讲解预处理机制。

1. 预处理方法

通过 PDO 中的预处理方法 prepare()和 execute()可以实现预处理机制，下面对这两个方法的使用分别进行讲解。

（1）prepare()方法

prepare()方法用于准备预处理 SQL 语句，其基本语法格式如下。

```
PDOStatement PDO::prepare (
    string $query,
    array $options = array()
)
```

在上述语法格式中，$query 是预处理 SQL 语句，该语句中动态变化的量（如查询、更新、删除的条件、插入的数据等）可用占位符代替。PDO 支持两种占位符，分别为问号占位符“?”和参数占位符“:参数名称”，在一个 SQL 模板中只能选择使用一种占位符。$options 是可选参数，表示设置一个或多个 PDOStatement 对象的属性值。该方法执行成功后返回 PDOStatement 类对象，执行失败返回 false 或抛出异常。

（2）execute()方法

当调用 prepare()方法后，预处理 SQL 语句并不会执行，此时可以调用 execute()方法执行。

execute()方法的语法格式如下。

```
PDOStatement::execute($input_parameters)
```

在上述语法格式中，$input_parameters 是可选参数，表示为预处理 SQL 语句中的占位符绑定数据。如果预处理 SQL 语句中不包含占位符，可省略此参数。

下面演示如何使用预处理方法。创建 pdo03.php 文件，具体代码如下。

```
1 <?php
2 $dsn = 'mysql:host=localhost;port=3306;dbname=myframe;charset=utf8mb4';
3 $pdo = new PDO($dsn, 'root', '123456');
4 $sql = 'SELECT * FROM `student`';
5 $stmt = $pdo->prepare($sql);
6 var_dump($stmt->execute());            // 输出结果：bool(true)
```

在上述代码中，第 4 行代码定义了预处理 SQL 语句；第 5 行代码调用 prepare()方法准备预处理 SQL 语句，prepare()方法返回的$stmt 是 PDOStatement 类对象；第 6 行代码用于执行预处理 SQL 语句。上述代码的输出结果为 true，说明执行成功。

2. 数据绑定

当预处理 SQL 语句中有占位符时，有 3 个方法可以为占位符绑定数据，分别是 execute()方法、bindParam()方法和 bindValue()方法。

bindParam()方法和 bindValue()方法的区别是，bindParam()方法是将占位符绑定到指定的变量名上，使用 execute()方法执行预处理 SQL 语句时，只需要修改变量名的值；而 bindValue()方法是将值绑定到占位符上，使用 execute()方法执行预处理 SQL 语句时，每修改一次值，都需要重复执行一次 bindValue()方法和 execute()方法。

下面对预处理语句中为占位符绑定数据的 3 个方法进行讲解。

（1）execute()方法

execute()方法的参数$input_parameters 是一个数组，该数组的元素个数必须与预处理

SQL 语句中的占位符数量相同。当占位符是问号占位符时，$input_parameters 必须是一个索引数组；当占位符是参数占位符时，$input_parameters 必须是一个关联数组。

下面演示如何使用 execute()方法为问号占位符绑定数据。修改 pdo03.php 文件，具体代码如下。

```
1 <?php
2 $dsn = 'mysql:host=localhost;port=3306;dbname=myframe;charset=utf8mb4';
3 $pdo = new PDO($dsn, 'root', '123456');
4 $sql = 'INSERT INTO `student` (`name`, `mobile`) VALUES (?, ?)';
5 $stmt = $pdo->prepare($sql);
6 $stmt->execute(['Charles', '1111']);
7 $stmt->execute(['Andy', '2222']);
8 $stmt->execute(['Bruce', '3333']);
```

在上述代码中，第 4 行代码定义了预处理 SQL 语句；第 5 行代码调用 prepare()方法准备预处理 SQL 语句，prepare()方法返回的$stmt 是 PDOStatement 类对象；第 6～8 行代码为问号占位符绑定数据并执行预处理 SQL 语句。

下面演示使用 execute()方法为参数占位符绑定数据。为参数占位符绑定数据时，可以使用“:参数名”或“参数名”的形式。修改 pdo03.php 中的第 4～8 行代码，具体代码如下。

```
1 $sql = 'INSERT INTO `student` (`name`, `mobile`) VALUES ' . '(:name, :mobile)';
2 $stmt = $pdo->prepare($sql);
3 $stmt->execute([':name' => 'Charles', ':mobile' => '1111']);
4 $stmt->execute([':name' => 'Andy', ':mobile' => '2222']);
5 $stmt->execute(['name' => 'Bruce', 'mobile' => '3333']);
```

在上述代码中，第 3～4 行代码使用“:参数名”的形式为参数占位符绑定数据；第 5 行代码使用“参数名”的形式为参数占位符绑定数据。

（2）bindParam()方法

使用 bindParam()方法为问号占位符绑定数据时，bindParam()方法的第 1 个参数是一个以 1 开始的数字，表示对应预处理中的第几个问号占位符；使用 bindParam()方法为参数占位符绑定数据时，bindParam()方法的第 1 个参数是“:参数名”或“参数名”的形式。

使用 bindParam()方法为问号占位符和参数占位符绑定数据的示例代码如下。

```
// 绑定问号占位符
$stmt->bindParam(1, $name);
$stmt->bindParam(2, $entry_date);
// 绑定参数占位符
$stmt->bindParam(':参数名', $name);
$stmt->bindParam('参数名', $entry_date);  // 省略“:”
```

按照上述任意一种方式为占位符绑定指定的变量后，即可进行变量的赋值和预处理 SQL 语句的执行，示例代码如下。

```
list($name, $entry_date) = ['Charles', '2019-1-1'];
$stmt->execute();
list($name, $entry_date) = ['Andy', '2019-1-1'];
$stmt->execute();
```

（3）bindValue()方法

bindValue()方法和 bindParam()方法的第 1 个参数的使用方法相同；bindValue()方法的第 2 个参数用于传入一个值，它无须进行变量的绑定，使用较为方便。

使用 bindValue()方法为问号占位符和参数占位符绑定数据的示例代码如下。

```
// 绑定问号占位符
$stmt->bindValue(1, 'Charles');
$stmt->bindValue(2, '2019-1-1');
$stmt->execute();
// 绑定参数占位符
$stmt->bindValue(':参数名', 'Charles');
$stmt->bindValue('参数名', '2019-1-1');   // 省略“:”
$stmt->execute();
```

9.1.6 PDO 错误处理

在使用 SQL 语句操作数据库时，难免会出现各种各样的错误，如语法错误、逻辑错误等。为了避免 SQL 语句出现语法错误或逻辑错误，我们既可以利用前面学习过的异常处理方式手动捕获 PDOException 类异常，也可以使用 PDO 提供的错误处理模式进行错误处理。PDO 提供了 3 种错误处理模式，具体介绍如下。

① PDO::ERRMODE_SILENT：此模式表示在发生错误时不进行任何操作，只简单地设置错误代码，通过 PDO 类的 errorCode()方法和 errorInfo()方法获取最后一次操作的错误码和错误信息。

② PDO::ERRMODE_WARNING：此模式表示在发生错误时，将错误作为警告抛出，不中断程序的运行。

③ PDO::ERRMODE_EXCEPTION：此模式是默认的错误处理模式，它表示在错误发生时抛出相关异常。此模式在项目调试当中较为实用，可以快速地找到存在问题的代码。

在程序中设置错误处理模式的语法格式如下。

```
PDO::setAttribute(PDO::ATTR_ERRMODE, $value);
```

在上述语法格式中，setAttribute()方法用于设置 PDO 的属性，将第 1 个参数设为 PDO::ATTR_ERRMODE 表示设置错误处理模式；$value 表示设为哪种错误处理模式，如 PDO::ERRMODE_WARNING。

下面演示如何设置 WARNING 错误处理模式。创建 pdo04.php 文件，具体代码如下。

```
1  <?php
2  $dsn = 'mysql:host=localhost;port=3306;dbname=myframe;charset=utf8mb4';
3  $pdo = new PDO($dsn, 'root', '123456');
4  // 设置错误模式
5  $pdo->setAttribute(PDO::ATTR_ERRMODE, PDO::ERRMODE_WARNING);
6  // 预处理 SQL 语句
7  $stmt = $pdo->prepare('SELECT * FROM `test`');
8  // 执行预处理 SQL 语句，若 execute()方法返回 false 表示执行失败
9  if (false === $stmt->execute()) {
10     echo '错误码：' . $stmt->errorCode().'<br>';    // 输出错误码
11     print_r($stmt->errorInfo());                    // 输出错误信息
12 }
```

上述代码执行后，输出结果如图 9-3 所示。

从图 9-3 可以看出，设置 WARNING 错误处理模式后，在执行代码的过程中发生错误时，会发出一条 Warning 提示信息，但不会中断程序的运行。另外，读者可以更改第 5 行代码，设置成其他错误处理模式，对比在不同模式下发生错误时 PDO 的处理方式。

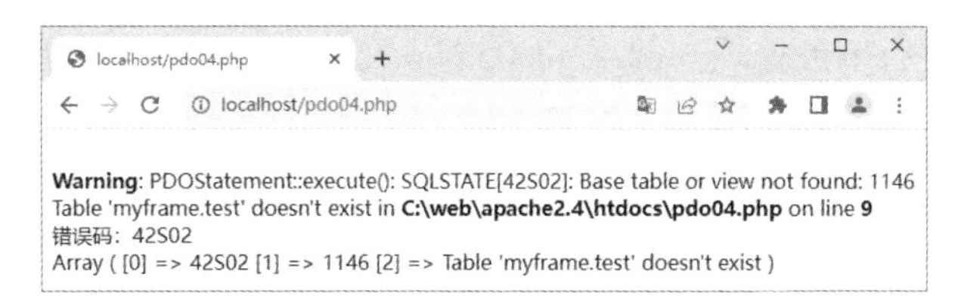

图9-3　WARNING错误处理模式

多学一招：PDO 属性的获取

使用 PDO 类提供的 getAttribute()方法可以获取 PDO 连接的特定属性的值，用于查询和检索与数据库连接相关的各种属性。

getAttribute()方法的语法格式如下。

```
PDO::getAttribute($attribute);
```

在上述语法格式中，$attribute 用于指定要获取的属性的常量值，getAttribute()方法中的常量值是 PDO::ATTR_*系列常量中的一个。$attribute 的可选值如下所示。

- PDO::ATTR_AUTOCOMMIT：连接的自动提交模式。
- PDO::ATTR_CASE：列名在结果集中的大小写方式。
- PDO::ATTR_CLIENT_VERSION：客户端库版本。
- PDO::ATTR_CONNECTION_STATUS：连接状态。
- PDO::ATTR_DRIVER_NAME：驱动程序名称。
- PDO::ATTR_SERVER_INFO：服务器信息。
- PDO::ATTR_SERVER_VERSION：数据库服务器版本。

需要注意的是，不同数据库驱动对应可操作的属性也不同。例如，PDO::ATTR_AUTOCOMMIT 只有在 MySQL、Oracle 以及 Firebird 数据库中可用，建议读者参考相关手册了解和设置属性。

下面演示使用 getAttribute()方法获取 PDO 连接的特定属性的值，示例代码如下。

```
$dsn = 'mysql:host=localhost;port=3306;dbname=myframe;charset=utf8mb4';
$pdo = new PDO($dsn, 'root', '123456');
$driver_name = $pdo->getAttribute(PDO::ATTR_DRIVER_NAME);
echo '驱动程序名称是' . $driver_name;          // 输出结果：驱动程序名称是 mysql
$server_version = $pdo->getAttribute(PDO::ATTR_SERVER_VERSION);
echo '服务器的版本是' . $server_version;       // 输出结果：服务器的版本是 8.0.32
```

9.1.7　PDO 事务处理

事务处理在数据库开发过程中有着非常重要的作用，它可以保证数据库操作的一致性。PDO 类提供了事务处理的相关方法，具体如表 9-3 所示。

表 9-3　PDO 事务处理的相关方法

方法名	说明
PDO::beginTransaction()	开启事务
PDO::commit()	提交事务
PDO::inTransaction()	检查是否在事务内
PDO::rollBack()	回滚事务

下面演示如何进行事务处理。创建 pdo05.php 文件，具体代码如下。

```
1 <?php
2 $dsn = 'mysql:host=localhost;port=3306;dbname=myframe;charset=utf8mb4';
3 $pdo = new PDO($dsn, 'root', '123456');
4 $pdo->setAttribute(PDO::ATTR_ERRMODE, PDO::ERRMODE_EXCEPTION);
5     // 开启事务
6 $pdo->beginTransaction();
7 try {
8     // 执行插入操作
9     $stmt = $pdo->prepare('INSERT INTO `student` (`name`) VALUES (?)');
10    $stmt->execute(['小明']);
11    // 提交事务
12    $pdo->commit();
13 } catch (PDOException $e) {
14    // 回滚事务
15    $pdo->rollBack();
16    echo '执行失败：' . $e->getMessage();
17 }
```

在上述代码中，第 6 行代码用于开启事务，第 12 行代码用于提交事务，第 15 行代码用于回滚事务。执行上述代码后，会向 student 数据表中插入一条用户名为“小明”的数据。如果将第 9 行代码中的占位符“?”修改成“*”，则会执行第 15～16 行代码回滚事务，输出错误信息。

9.2 在自定义框架中封装数据库操作类

在前面实现的自定义框架中，连接数据库是在模型文件 app\Models\Student.php 中完成的，这种方式的缺点是，当需要为不同的数据表创建模型时，无法共享数据库连接。为了统一管理项目中的数据库操作，本节会封装一个 DB 类，实现常用的数据库操作；再封装一个 Model 类，表示基础模型类，由其他数据表的模型类继承。

9.2.1 【案例】封装 DB 类

1. 需求分析

在自定义框架中，DB 类负责数据库操作，主要包括连接数据库、执行 SQL 语句、处理结果集等。SQL 语句分为查询类和执行类。查询类是指 SELECT 语句这种有结果集的操作，执行类是指 INSERT 语句、UPDATE 语句、DELETE 语句等没有结果集的操作。本案例需要在 DB 类中封装实现查询类的操作和执行类的操作。

2. 开发步骤

① 在 VS Code 编辑器中打开 C:\web\www\myframe 目录，在 myframe 目录下创建 DB.php 文件，编写 DB 类。在 DB 类中实现连接数据库，创建 getInstance()和 init()两个静态方法，getInstance()方法用于连接数据库，init()方法用于传入连接配置。

② 在 config 目录下创建 database.php 文件，保存数据库连接配置，在框架中加载配置。

③ 在 DB 类中封装查询类操作，创建 fetchRow()和 fetchAll()方法，实现查询一条数据和查询多条数据。

④ 在 DB 类中封装执行类操作，创建 execute()方法实现执行类操作，创建 lastInsertId()方法获取自动增长字段最后插入的 id 值。

3. 代码实现

本书在配套源码包中提供了本案例的开发文档和完整代码，读者可以参考进行学习。

9.2.2 【案例】封装 Model 类

1. 需求分析

在自定义框架中，Model 类负责对数据表进行增、删、改、查等操作，每个 Model 类对应一张数据表。Model 类使用数据表名称来命名，在 Model 类中根据类名自动识别表名，能够根据条件查询数据，对数据排序和限量。

2. 开发步骤

① 在 myframe 目录下创建 Model.php 文件，实现初始化表名功能。

② 创建查询数据的方法，用于执行 SELECT 语句，具体方法的说明如下。

- get()方法：查询多条记录，其参数为字段数组，如果省略参数表示所有字段。
- first()方法：查询一条记录，其参数为字段数组，如果省略参数表示所有字段。
- value()方法：查询单个字段，其参数为字段名。

③ 创建 where()方法和 orWhere()方法，实现条件查询。

④ 创建 orderBy()方法和 limit()方法，分别实现排序和限量。

⑤ 创建 insert()方法和 insertGetId()方法实现新增数据，insert()方法返回的结果是新增的记录数，insertGetId()方法返回的结果是最后插入的 id 值。

⑥ 创建 update()方法实现修改数据，返回的结果是受影响的行数。

⑦ 创建 delete()方法实现删除数据，返回的结果是被删除的数据条数。

3. 代码实现

本书在配套源码包中提供了本案例的开发文档和完整代码，读者可以参考进行学习。

9.3 Smarty 模板引擎

MVC 设计模式要求将视图与业务逻辑代码分离。为了实现分离的效果，可以借助 Smarty 模板引擎。Smarty 模板引擎提供了一套语法，用于嵌入 HTML 中输出数据。和 PHP 原生语法相比，Smarty 模板引擎的语法更加简单易懂，即使没有 PHP 基础的开发人员也可以快速上手。本节将对 Smarty 模板引擎的使用进行讲解。

9.3.1 安装 Smarty

Smarty 是使用 PHP 语言开发的模板引擎，具有响应速度快、语句自由、支持插件扩展等特点。Smarty 实现了 PHP 代码与 HTML 代码的分离，使 PHP 开发人员专注于数据的处理及功能模块的实现，网页设计人员专注于网页的设计与排版工作。

使用 Composer 可以安装 Smarty 模板引擎。在命令提示符窗口中，切换到 C:\web\www\myframe 目录，执行安装 Smarty 模板引擎的命令，具体命令如下。

```
composer require smarty/smarty=~4.3
```

上述命令执行成功后，打开 composer.json 文件，会看到该文件被自动添加了 Smarty 的相关配置，具体配置如下。

```
1 "require": {
2     "smarty/smarty": "^4.3"
3 }
```

上述配置表示安装的 Smarty 模板引擎是 4.3 版本。

安装 Smarty 模板引擎后，打开 vendor 目录，会看到里面新增了 smarty 目录，Smarty 模板引擎的依赖包保存在该目录中。Smarty 的核心文件在 vendor\smarty\smarty\libs 目录下，该目录中的文件和目录如表 9-4 所示。

表 9-4 vendor\smarty\smarty\libs 目录下的文件和目录

名称	说明
Autoloader.php	Smarty 中实现自动载入文件功能的类
bootstrap.php	实现自动加载 Smarty
debug.tpl	Smarty 中的提示信息模板文件
functions.php	辅助函数文件
Smarty.class.php	Smarty 核心类文件，提供相关方法用于实现 Smarty 模板引擎的功能
plugins	自定义插件目录，存放各类自定义插件的目录
sysplugins	存放系统文件目录

9.3.2 Smarty 的基本使用

Smarty 安装完成后，就可以使用 Smarty 了。在使用 Smarty 之前，先了解 Smarty 的常用语法和方法，具体如表 9-5 和表 9-6 所示。

表 9-5 Smarty 的常用语法

语法	说明
if 指令	条件判断
foreach 指令	循环展示数据
include 指令	引用其他模板文件

表 9-6 Smarty 的常用方法

方法	说明
assign()	向模板页面分配变量
display()	展示模板
fetch()	将模板转化为字符串
block()	定义一个区域块

表 9-5 和表 9-6 仅列举了 Smarty 的常用语法和方法，Smarty 模板引擎还有很多其他功能。需要注意的是，Smarty 的语法和 PHP 的语法在某些地方是不同的，因此在使用时需要注意语法的规范性和兼容性。

Smarty 的语法和方法的使用都比较简单，这里便不花费大量篇幅讲解它们的格式，有需要的读者可以参考 Smarty 官方手册。

下面演示使用 Smarty 查询 student 数据表的数据。在 VS Code 编辑器中打开 C:\web\apache2.4\htdocs 目录，创建 smarty.php 文件，具体代码如下。

```
1 <?php
2 require_once('C:/web/www/myframe/vendor/smarty/smarty/libs/Smarty.class.php');
3 $dsn = 'mysql:host=localhost;port=3306;dbname=myframe;charset=utf8mb4';
4 $pdo = new PDO($dsn, 'root', '123456');
5 $res = $pdo->query('SELECT * FROM `student`');
6 $data = [];
7 while ($row = $res->fetch(PDO::FETCH_ASSOC)) {
8     $data[] = ['id'=>$row['id'], 'name'=>$row['name']];
9 }
10 $smarty = new Smarty();
11 $smarty->assign('data', $data);
12 $smarty->display('student.html');
```

在上述代码中，第 2 行代码用于引入 Smarty 类文件；第 5～9 行代码用于查询 student 数据表的数据；第 10 行代码用于实例化 Smarty 类；第 11 行代码用于向模板发送数据；第 12 行代码用于显示模板，模板的名称为 student.html。

创建 student.html，具体代码如下。

```
1 <body>
2   <table border="1">
3     <tr><th>id</th><th>name</th></tr>
4     {foreach $data as $v}
5       <tr><td>{$v.id}</td><td>{$v.name}</td></tr>
6     {/foreach}
7   </table>
8 </body>
```

在上述代码中，第 4～6 行代码使用 foreach 语句输出学生信息。

使用 Smarty 模板引擎实现了视图与业务逻辑代码的分离，提高了开发效率和代码的可维护性。在生活中，我们也要善于利用现有的工具和资源不断提升自己，推动社会的良性发展。

9.3.3 【案例】在自定义框架中使用 Smarty

1. 需求分析

在自定义框架中使用 Smarty 时，需要配置模板文件目录和编译文件目录。其中，模板文件是指使用 Smarty 语法编写的 HTML 模板文件，编译文件是指 Smarty 模板引擎将模板文件编译成的 PHP 脚本文件。为了使所有的控制器都能使用 Smarty，需要创建基础控制器类，将 Smarty 的初始化代码写在基础控制器类的构造方法中，其他控制器类继承这个基础控制器类。

2. 开发步骤

① 在 VS Code 编辑器中打开 C:\web\www\myframe 目录，在 myframe 目录下创建 Controller.php 文件，用于实现基础控制器类，在基础控制器类中创建 getRootPath()方法，获取项目的根路径，配置模板引擎的视图文件路径和编译文件路径。

② 在 Controller.php 中封装 assign()方法和 fetch()方法。

③ 在 StudentController 中创建 test()方法和模板文件 resources\views\test.html，测试是否可以显示页面和数据。

④ 读取 student 数据表中的数据，输出学生信息，如果学生的性别是男，将学生名称显示为红色。

3. 代码实现

本书在配套源码包中提供了本案例的开发文档和完整代码，读者可以参考进行学习。

本章小结

本章讲解了 PDO 扩展、在自定义框架中封装数据库操作类以及 Smarty 模板引擎的使用方法。通过本章的学习，读者应能够使用 PDO 扩展操作数据库，能够在框架中按需求封装数据库操作类，能够使用 Smarty 模板引擎实现视图与业务逻辑代码的分离。

课后练习

一、填空题

1. PDO 类提供的________方法可返回最后插入行的 id 值。
2. PDO 提供的 3 种错误处理模式分别是________、________、________。
3. Smarty 模板引擎中能够实现判断的指令是________。
4. PDO 中返回以列名为索引的关联数组的常量名是________。
5. 在使用 PDO 连接 MySQL 数据库前，需要在 PHP 配置文件中开启的扩展是________。

二、判断题

1. PDO 支持操作多种数据库，修改 PDO 中的 DSN 就可以使用 PDO 操作相关数据库。（　　）
2. 使用 PDO 无须确保开启对应的扩展，直接就可以使用。（　　）
3. 数据源也叫作 DSN，包含请求连接到数据库的信息。（　　）
4. Smarty 模板引擎中用于循环输出的指令是 foreach。（　　）
5. PDO 使用统一接口操作不同的数据库，使开发和维护程序方便，但不支持事务处理。（　　）

三、选择题

1. 下列选项中，关于 PDO 的说法错误的是（　　）。

A. PDO 的 query()方法执行成功后返回 PDOStatement 对象

B. PDO 支持的数据库有 MySQL、SQL Server、Oracle

C. PDO 的 exec()方法执行成功后返回受影响的行数

D. 在 PHP 程序中可以直接使用 PDO 扩展操作数据库

2. 下列选项中，关于 PDO 的描述错误的是（　　）。

A. 使用 PDO 扩展连接数据库，需要实例化 PDO 对象

B. 实例化 PDO 时，对于某些 PDO 驱动，用户名为可选参数

C. 实例化 PDO 时，对于某些 PDO 驱动，密码为可选参数

D. 实例化 PDO 类时，若成功则返回 PDO 对象，若失败则抛出一个 MySQL 异常

3. 下列选项中，不属于 PDO 支持的数据库是（　　）。

A. MySQL　　B. Oracle　　C. Redis　　D. PostgreSQL

4. 下列选项中，能够获取 SELECT 查询语句结果集的方法是（　　）。

A. query()　　B. exec()　　C. prepare()　　D. execute()

5. 下列选项中，关于 Smarty 的说法错误的是（　　）。

A. Smarty 是使用 PHP 语言开发的模板引擎，实现了 PHP 代码与 HTML 代码的分离

B. Smarty 无须安装，可以直接使用

C. Smarty 具有响应速度快、语句自由、支持插件扩展等特点

D. 使用 Smarty 前，需要配置模板文件目录和编译文件目录

四、简答题

1. 请简述使用 PDO 连接数据库时，传递的数据库连接参数的含义。

2. 请简述 PDO 预处理 SQL 语句执行的步骤。

五、程序题

在自定义框架中，使用 Smarty 显示用户列表，当用户 id 值为偶数时用户名高亮显示。

第10章

项目实战——内容管理系统

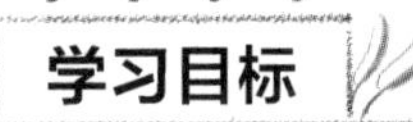

★ 熟悉内容管理系统的页面效果，能够说出内容管理系统的主要功能。

★ 掌握内容管理系统后台功能的实现，能够根据实现步骤实现后台的相关功能。

★ 掌握内容管理系统前台功能的实现，能够根据实现步骤实现前台的相关功能。

PHP 可以开发各种不同类型的项目，内容管理系统（Content Management System，CMS）就是一种比较典型的项目。常见的门户、新闻、博客、文章等类型的网站都可以利用 CMS 进行搭建。CMS 用于对信息进行分类管理，将信息有序、及时地呈现在用户面前，满足人们发布信息、获取信息的需求，保证信息的共享更加快捷和方便。本章将讲解如何基于自定义框架开发内容管理系统。

10.1 项目展示

内容管理系统由多个功能组成，各个功能都紧密关联，每个功能都来自实际需求，需要我们先对需求进行深度剖析后再逐个实现。每一个项目的完成都不是一蹴而就的，在实现过程中可能会碰到各种问题，作为新时代的青年，我们在项目开发的过程中，要勇于攻克难关、灵活解决遇到的问题。

本书的配套源代码包中已经提供了内容管理系统的完整源码，读者可以将代码部署到本地开发环境中运行。

内容管理系统的前台首页如图 10-1 所示。

在图 10-1 所示的页面中，顶部有一个导航栏，导航栏的左侧是网站的 LOGO，右侧是栏目菜单，用户可以在栏目菜单中单击某一项，查看该栏目下的文章。

导航栏的下方是轮播图区域，轮播图可以自动切换。

轮播图的下方是内容区域。内容区域分为左右两栏，左栏用于显示文章列表，右栏（侧边栏）用于显示热门标签、最新文章等。

内容管理系统的后台登录页面如图 10-2 所示。

图10-1　前台首页

图10-2　后台登录页面

在图 10-2 所示的页面中，输入用户名 admin、密码 12345 以及验证码，单击“登录”按钮即可进行登录。其中，验证码是指文本框下方的图片中显示的字符串，这个字符串是随机生成的，每次打开页面时显示的字符串都是不同的。如果图片中的字符串看不清楚，可以通过单击图片更换验证码图片。

登录成功后，就会进入后台首页，页面效果如图 10-3 所示。

图10-3　后台首页

在图10-3所示页面中，顶部右侧显示了当前登录的用户是admin，单击用户名右侧的退出链接可以退出系统。在页面的左侧有一个菜单栏，用户可以在菜单栏中选择一个菜单项进行操作。

10.2 内容管理系统的功能实现

在熟悉了项目的实现效果后，下面讲解内容管理系统的功能实现，主要包括后台功能实现和前台功能实现。由于代码过多，此处不呈现具体代码，读者可通过本书配套源码包获取内容管理系统的开发文档和完整代码，参考进行学习。

10.2.1 后台功能实现

后台功能实现包括后台用户登录、验证码、页面搭建、栏目管理和文章管理等内容，下面对后台功能的实现进行详细讲解。

1. 后台用户登录

后台用户登录通常是系统的管理员登录，登录后对系统进行维护，后台用户登录功能的实现步骤如下。

① 登录MySQL服务器，在myframe数据库中创建用户表，向表中插入一条数据。

② 在VS Code编辑器中打开C:\web\www\myframe目录，创建app\Http\Controllers\admin目录，用于实现后台的功能。

③ 创建LoginController处理登录相关的业务，该控制器中与登录相关的方法如下。

- index()方法：用于显示登录页面，提示用户输入用户名、密码和验证码。
- login()方法：用于接收登录表单，返回登录成功或登录失败的提示。
- logout()方法：用于退出登录。
- captcha()方法：用于显示验证码。

④ 创建myframe\HttpException.php文件，在App.php的run()方法中捕获HttpException；在myframe\Controller.php文件中编写success()方法和error()方法，实现Ajax交互。

⑤ 创建app\User.php模型文件，在login()方法中验证用户名和密码。

⑥ 用户登录成功后，通过Session来记住登录状态，并在下次请求中判断用户是否登录。

⑦ 在logout()方法中清除用户的Session信息，实现退出登录。

2. 验证码

考虑到网站上线后可能会遭受攻击，为了保护后台登录功能的安全，需要增加一个验证码功能，在用户登录时显示一张验证码图片，要求用户输入图片中的字符，只有验证码输入正确，后台才会处理用户的登录请求。验证码功能的实现步骤如下。

① 创建myframe\Captcha.php文件，实现验证码类，create()方法用于自动生成验证码字符，show()方法用于生成验证码图像。

② 在控制器中使用验证码类，生成验证码图像。

③ 判断用户提交表单时输入的验证码是否正确，验证码被验证成功后，该验证码会立即过期，不允许被重复验证。

3. 页面搭建

用户登录成功以后，就会进入后台首页。后台页面主要分为 3 部分，分别是顶部、菜单和内容区域，如图 10-4 所示。

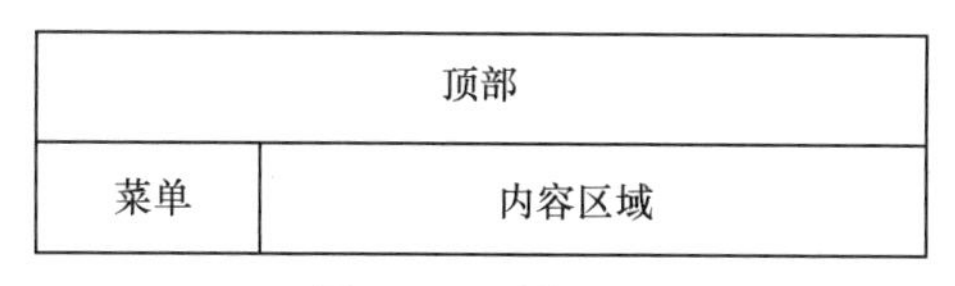

图10-4　后台页面

在图 10-4 中，当用户单击菜单中的某一项，就会更新内容区域显示的内容。后台页面搭建的实现步骤如下。

① 创建 resources\views\admin\layout.html 文件实现后台页面布局。

② 在 Request.php 文件中添加 isAjax()方法，用于判断当前请求是否为 Ajax 请求；在 CommonController 中调用 isAjax()方法，判断如果不是 Ajax 请求就返回布局视图。

③ 在 layout.html 的菜单位置添加“首页”“栏目管理”“文章管理”菜单项。

④ 修改 IndexController 的 index()方法，显示后台首页对应的 admin/index 模板，将系统环境、MySQL 版本、文件上传限制、脚本执行时限以及服务器时间等信息输出到页面中。

4. 栏目管理

在内容管理系统中，栏目用于对内容进行分类，如生活类、咨讯类、编程类等，将不同类型的内容分开，用户可以更高效地找到需要的信息。栏目管理的功能主要包括栏目的查询、添加、修改和删除，栏目管理的实现步骤如下。

① 创建栏目表 cms_category，栏目表的字段有 id、name（栏目名称）和 sort（排序），向栏目表中添加测试数据。

② 创建栏目表对应的模型文件 app\Category.php，在该文件中完成对栏目表的操作。

③ 创建 app\Http\Controllers\Admin\CategoryController.php 文件，在该文件中创建 index()方法，读取栏目列表。

④ 在 CategoryController 中编写 edit()方法，实现修改栏目。

⑤ 在 CategoryController 中编写 delete()方法，实现删除栏目。

5. 文章管理

文章管理功能的开发和栏目管理类似，但文章管理功能还需要支持上传文件。用户可以上传封面图，用于在前台中展示。并且，考虑到文章记录将来会越来越多，需要提供分页查询功能，从而方便用户浏览。文章管理的实现步骤如下。

① 创建文章表 cms_article，文章表的字段有文章 id、所属栏目 id、文章标题、作者名、封面图路径、发布状态、阅读量、文章内容以及创建时间，向文章表中添加测试数据。

② 创建文章表对应的模型文件 app\Article.php，在该文件中完成对文章表的操作。

③ 创建 app\Http\Controllers\Admin\ArticleController.php 文件，在该文件中创建 index()方法，读取文章列表。

④ 创建 myframe\Page.php，实现分页查询，生成分页的导航链接。

⑤ 在 ArticleController 中创建 edit()方法，用于显示添加或修改文章的页面；引入在线编辑器 Ueditor，添加 save()方法保存修改后的文章。

⑥ 在 myframe\Request.php 中创建 hasFile()方法，用于判断当前文章是否有文件上传；创建 file()方法，用于获取文件信息；创建 myframe\Upload.php 文件，实现文件上传。

⑦ 在 ArticleController 中创建 delete()方法，根据文章 id 删除指定文章。

⑧ 由于文章的栏目 id 依赖栏目表的记录，当删除栏目时，该栏目下原有的文章的所属分类就会出现问题。因此，还需要修改 CategoryController，将被删除的栏目下的所有文章的栏目 id 设为 0，表示未选择栏目。

10.2.2 前台功能实现

前台功能实现包括前台首页和文章展示等内容，前台首页是提供给外部的访客访问的，主要用于展示网站的内容，文章展示用于展示文章的详细信息。下面对前台功能的实现进行详细讲解。

1. 前台首页

前台首页的页面布局分为顶部、内容区域和尾部 3 部分。顶部包含栏目导航，用户单击栏目导航链接可以切换当前显示的栏目。内容区域包含轮播图、文章列表和侧边栏，轮播图突出展示网站的热点内容，通过直接编写 HTML 代码实现轮播图。轮播图的下方显示文章列表，如果是首页，显示所有栏目下的文章列表；如果在某个栏目下，显示某个栏目下的文章列表。侧边栏位于文章列表的右侧，侧边栏中会显示热门标签、最新文章和最热文章 3 个模块。其中，热门标签功能在后台没有开发，直接编写 HTML 代码展示；最新文章和最热文章需要查询文章表获取数据。前台首页功能的实现步骤如下。

① 创建 resources\views\layout.html 用于实现前台页面的布局，创建 resources\views\index.html 文件，该文件用于保存首页的内容区域。

② 实现首页的顶部内容，创建 app\Http\Controllers\IndexController.php 文件，通过 index()方法显示前台首页，编写 category()方法查询栏目记录。在 resources\views\layout.html 文件中输出栏目列表，给选中的栏目添加选中样式。

③ 实现首页内容区域的轮播图，轮播图通常是一个通用的组件，在 resources\views 目录下创建 sub 目录，用于保存子页面，将轮播图的代码单独保存到 slide.html 文件中。

④ 实现首页内容区域的文章列表，修改 IndexController 的 index()方法，读取文章列表并实现分页查询；创建 resources\views\sub\list.html 文件，输出文章列表。

⑤ 实现首页内容区域的侧边栏，由于侧边栏会在多个页面显示，在 IndexController 中创建 sidebar()方法实现侧边栏，其他页面使用时直接调用该方法即可；创建 resources\views\sub\sidebar.html 文件，输出热门标签、热门文章和最新文章；在 index.html 中引入侧边栏。

2. 文章展示

当用户在文章列表或者侧边栏中单击某一篇文章的链接后，就会进入文章展示页面，文章展示页面会显示文章的标题、内容、作者、发表时间、阅读量，并且为了方便用户浏览，还会提供上一篇、下一篇切换的链接。文章展示页面的实现步骤如下。

① 在 IndexController 中编写 show()方法，该方法中的参数 id 表示要展示的文章的 id，根据 id 查询文章的详细信息和所属的分类名称。

② 创建 resources\views\show.html 文件，显示文章的详细信息。

本章小结

本章首先展示了内容管理系统的相关功能，然后对内容管理系统中的后台和前台的功能实现进行了分析，并给出了每个功能的实现步骤，读者可以根据这些步骤实现指定的功能。如果在实现功能的过程中遇到问题，可参考开发文档进行代码的调试和修改，最终完成内容管理系统。

第 11 章

Laravel框架

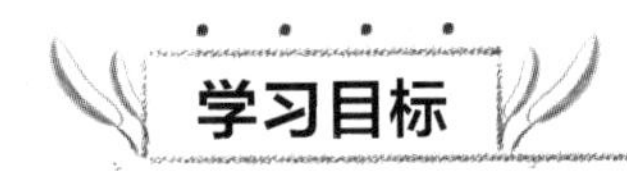

★ 了解 Laravel 框架，能够说出 Laravel 框架的特点。
★ 掌握 Laravel 框架的创建，能够创建 Laravel 项目。
★ 了解 VS Code 编辑器的配置，能够说出配置文件中各个配置项的作用。
★ 了解 Laravel 框架的目录结构，能够说出各个目录的作用。
★ 掌握 Laravel 框架中路由的使用方法，能够配置路由、设置路由参数、给路由设置别名和分组。
★ 掌握 Laravel 框架中控制器的使用方法，能够创建控制器、配置控制器路由和接收用户输入。
★ 掌握 Laravel 框架中视图的使用方法，能够使用视图展示数据。
★ 掌握 Laravel 框架中模型的使用方法，能够使用模型完成数据操作。

Laravel 框架自发布以来备受 PHP 开发人员的喜爱，其用户数量增长速度十分快。本章将讲解 Laravel 框架的相关内容，主要包括 Laravel 框架的基础知识、路由、控制器、视图和模型等内容。

11.1 初识 Laravel

11.1.1 Laravel 概述

Laravel 是一套简洁、优雅的 Web 应用框架，具有富于表达性且简洁的语法。它提供了强大的工具用于开发大型应用，这些工具包括自动验证、路由、Session、缓存、数据库迁移、单元测试等。

Laravel 框架具有目前大部分框架都具有的共同特点，具体如下。

① 单入口。为了让框架统一管理所有的请求，整个项目对外只提供一个入口。

② MVC 开发模式。利用 MVC 可以更好地协同开发，为后期的维护提供方便。

③ ORM（Object Relational Mapping，对象关系映射）方式操作数据库，将数据库中的表和记录转换为对象和属性，使用面向对象的方式进行数据库操作。

④ 支持 AR（Active Record，活动记录）模式，允许在模型类中定义方法来处理数据的业务逻辑。

任何新工具或新技术都不是轻而易举就能开发出来的，Laravel 框架也不例外，在这背后需要研发人员付出巨大的努力。在生活中，我们也要不畏艰难，踏踏实实做事，努力克服困难，实现自己的目标。

11.1.2 创建 Laravel 项目

本书基于 Laravel 10.0 进行讲解，该版本要求运行环境的 PHP 版本必须大于或等于 8.1。本书在第 1 章已经讲解了 PHP 8.2 的安装和配置，使用该版本可以正确运行 Laravel 10.0。

Laravel 框架需要使用 Composer 安装。使用 Composer 安装 Laravel 框架前，需要先配置虚拟主机，并确保在 php.ini 中打开必要的扩展。创建 Laravel 项目的具体步骤如下。

① 编辑 php.ini，找到扩展的配置，取消“;”注释将扩展打开，如下所示。

```
extension=curl
extension=fileinfo
extension=gd
extension=mbstring
extension=openssl
extension=pdo_mysql
```

② 编辑 httpd.conf，开启 rewrite 模块。找到相应配置，取消“#”注释即可，如下所示。

```
LoadModule rewrite_module modules/mod_rewrite.so
```

③ 编辑 httpd-vhost.conf，为项目配置一个虚拟主机，具体配置如下。

```
<VirtualHost *:80>
   DocumentRoot "C:/web/www/laravel/public"
   ServerName www.laravel.test
   ServerAlias laravel.test
</VirtualHost>
<Directory "C:/web/www/laravel/public">
    Options -indexes
    AllowOverride All
    Require all granted
</Directory>
```

④ 创建 C:\web\www\laravel 目录，在该目录下安装 Laravel 框架，具体命令如下。

```
composer create-project laravel/laravel --prefer-dist ./ 10.0.*
```

在上述命令中，create-project 表示需要通过 composer 创建项目；laravel/laravel 是 Laravel 框架在仓库中的名称；--prefcr-dist 表示使用压缩包的方式下载，可以节省时间；“./”表示安装路径，此处指定为当前目录；10.0.*是版本号，表示安装 10.0 系列的最新版本。

上述命令的执行结果如图 11-1 所示。

如果看到图 11-1 所示的结果，说明 Laravel 项目已经创建完成。

⑤ 重启 Apache 服务，使修改后的配置生效。

⑥ 编辑 hosts 文件，添加如下解析记录。

```
127.0.0.1 www.laravel.test
127.0.0.1 laravel.test
```

⑦ 通过浏览器访问 http://www.laravel.test，页面效果如图 11-2 所示。

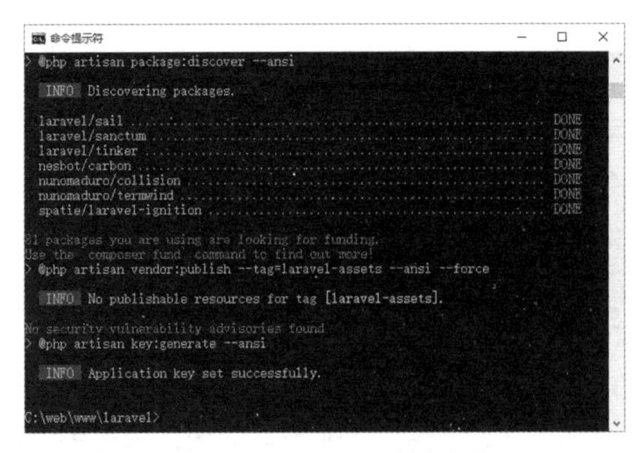

图11-1　Laravel项目创建完成

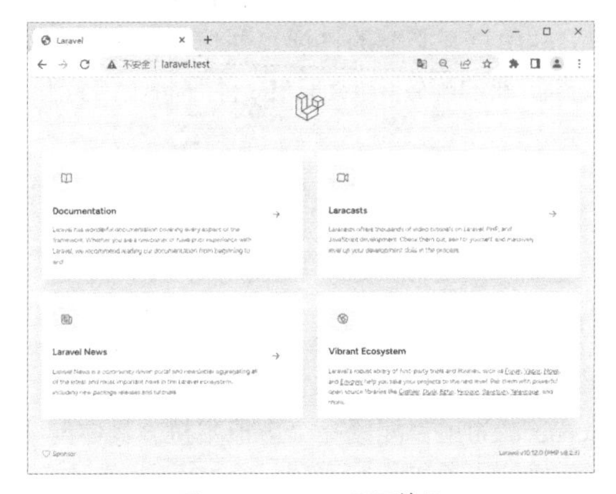

图11-2　Laravel页面效果

图 11-2 是 Laravel 框架默认的欢迎页面，页面中显示了 laravel 的文档、视频教程、Laravel 门户网站和工具库的超链接。

11.1.3　配置 VS Code 编辑器

关于 VS Code 编辑器的安装、使用和扩展的配置，在第 1 章中已经讲过。本小节讲解如何配置 VS Code 编辑器以适合 Laravel 项目的开发。

首先使用 VS Code 编辑器打开 C:\web\www\laravel 目录，如图 11-3 所示。

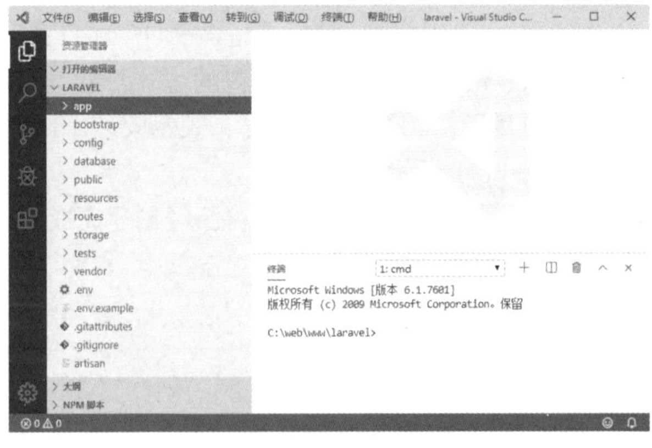

图11-3　打开Laravel项目

打开项目后，创建.vscode 目录，并在目录中创建 settings.json 文件，对代码进行语法检查和自动格式化，具体配置如下。

```
1 {
2     "php.suggest.basic": false,
3     "php.executablePath": "C:/web/php7.2/php.exe",
4     "phpcs.standard": "psr2",
5     "files.eol": "\n"
6 }
```

在上述配置中，“php.suggest.basic”指定是否启用基本的 PHP 代码建议功能，设置为 false 表示关闭代码建议功能；“php.executablePath”指定 php.exe 文件的路径；“phpcs.standard”指定 PHP 代码风格规范，设置为“psr2”表示根据 PSR-2 进行代码风格检查；“files.eol”指定文件行尾的结束符，设置为“\n”表示使用换行符作为文件的行尾结束符。

11.1.4 Laravel 目录结构

在创建 Laravel 项目时，Composer 在 C:\web\www\laravel 目录下保存了一些文件和目录。Laravel 项目的一级目录如表 11-1 所示。

表 11-1　Laravel 项目的一级目录

目录	作用
app	框架核心目录，保存项目中的控制器、模型等
bootstrap	和框架的启动相关的文件
config	存放一些配置文件
database	数据库迁移文件及数据填充文件
public	存放入口文件 index.php 和前端资源文件（如 CSS、JavaScript 等）
resources	存放视图文件、语言包和未编译的前端资源文件
routes	存放框架中定义的所有路由
storage	存放编译后的模板、Session 文件、缓存文件、日志文件等
tests	自动化测试文件
vendor	存放通过 Composer 加载的依赖

实际开发中，还有一些子目录和文件会被经常使用。 Laravel 项目常用的子目录和文件如表 11-2 所示。

表 11-2　Laravel 项目常用的子目录和文件

类型	路径	作用
目录	app\Http	存放与 HTTP 请求相关的文件
目录	app\Http\Controllers	存放控制器文件
文件	app\Http\Controllers\Controller.php	控制器的基类文件
目录	app\Http\Middleware	中间件目录
目录	app\Models	模型目录
文件	app\Models\User.php	User 模型文件
文件	bootstrap\app.php	创建 Laravel 应用实例

续表

类型	路径	作用
文件	config\app.php	全局配置文件
文件	config\auth.php	Auth 模块的配置文件
文件	config\database.php	数据库配置文件
文件	config\filesystem.php	文件系统的配置文件
目录	database\factories	存放工厂模式的数据填充文件
目录	database\migrations	存放数据库迁移文件
目录	database\seeders	存放数据填充器文件
目录	resources\views	存放视图文件
文件	routes\web.php	定义路由的文件
目录	storage\app	存放用户上传的文件
目录	storage\framework	存放与框架自身相关的文件
目录	storage\logs	存放日志文件
文件	public\index.php	入口文件
文件	.env	环境变量配置文件
文件	artisan	脚手架文件
文件	composer.json	Composer 依赖包配置文件

11.2　路由

在 Laravel 中，路由用于定义请求的 URL 与对应的处理逻辑之间的映射关系。路由决定了当用户访问某个 URL 时，应该调用哪个控制器的哪个方法来处理该请求。开发人员需要先在路由配置文件中定义路由，由 Laravel 负责根据路由来进行处理。本节将对 Laravel 框架的路由进行详细讲解。

11.2.1　配置路由

Laravel 框架的路由需要在 routes\web.php 文件中进行配置，将该文件打开后，会看到里面已经添加了一个路由配置。具体示例如下。

```
Route::get('/', function () {
    return view('welcome');
});
```

上述代码用于配置 Laravel 中的默认根路由，其匹配的路径为“/”，表示当用户访问域名时自动打开一个初始页面，也就是图 11-2 显示的效果。根路由一般表示网站的首页。

view()函数表示要显示的视图，参数 welcome 是视图文件的名称，对应的视图文件为 resources\views\welcome.blade.php。该文件是一个用 Blade 模板引擎的语法编写的 HTML 模板。Blade 模板引擎是 Laravel 自带的模板引擎。关于视图的使用方法具体会在 11.4 节中讲解。

定义路由的语法格式如下。

```
Route::请求方式('请求 URI', 匿名函数或控制器相应的方法);
```

在上述语法格式中，请求方式可以是 get、post、put、patch、delete 以及 options。其中，

get 和 post 是最常用的方式，其他几种方式常用于开发服务器接口（如 RESTful API），在普通的网站开发中比较少见。

在 Route 类中还提供了 match()和 any()这两个静态方法。match()用于在一个路由中同时匹配多个请求方式，any()用于在一个路由中匹配任意请求方式，其语法格式如下。

```
// 同时匹配 get 和 post 请求方式
Route::match(['get', 'post'], '请求 URI', 匿名函数或控制器相应的方法);
// 匹配任意请求方式
Route::any('请求 URI', 匿名函数或控制器相应的方法);
```

需要注意的是，如果请求方式或 URI 在路由中无法匹配，Laravel 会报错。因此，在 Laravel 中编写任何控制器的方法前，都需要先定义路由。

请求 URI 可以简单理解为一个完整 URL 地址中从域名后面的“/”开始的路径，不含请求参数。下面演示完整的 URL 对应的请求 URI，具体如表 11-3 所示。

表 11-3　请求 URI 示例

完整 URL	请求 URI
http://www.laravel.test/	/
http://www.laravel.test/hello/123	/hello/123
http://www.laravel.test/hello/456?a=1	/hello/456

在上述定义的路由中，请求 URI 中的“/”可以省略，如将上述代码中的“/hello”修改为“hello”，运行结果不变。

下面在路由文件中定义路由，用于匹配“/hello”，具体代码如下。

```
1 Route::get('/hello', function () {
2     return 'hello';        // 返回一个字符串给浏览器，以方便测试
3 });
```

通过浏览器访问 http://www.laravel.test/hello，运行结果如图 11-4 所示。

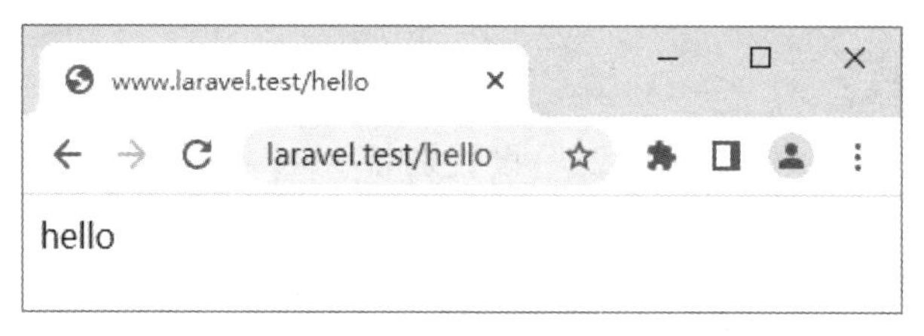

图11-4　访问自定义路由

11.2.2　路由参数

Laravel 允许在请求 URI 中传递一些动态的参数，称为路由参数。通过路由参数可以传递一些请求信息，如 id。在传统的 PHP 开发中，id 通常使用查询字符串来传递，这种方式的 URL 不太美观，如“http://.../find?id=1”。而路由参数方式的 URL 更加美观，如“http://.../find/1”，这种方式是将 id 的值 1 直接写在请求 URI 中。

路由参数分为必选参数和可选参数，必选参数的语法为“{参数名}”，可选参数的语法为“{参数名?}”。

下面演示如何使用必选参数，示例代码如下。

```
1 Route::get('find/{id}', function ($id) {
2     return '输入的 id 为' . $id;
3 });
```

在上述代码中，路由参数通过“{id}”的形式来进行传递，该参数名与回调函数中的参数$id 对应，获取到的参数值会保存在$id 中。

下面演示如何使用可选参数，示例代码如下。

```
1 Route::get('find2/{id?}', function ($id = 0) {
2     return '输入的 id 为' . $id;
3 });
```

在上述代码中，“{id?}”表示它是一个可选参数。在设置可选参数后，需要为回调函数的参数$id 设置一个默认值，此处“id = 0”表示使用 0 作为默认值。如果没有给$id 设置默认值，在省略可选参数时会报错。

11.2.3 路由别名

路由别名是指给路由设置一个方便使用的名称。那么在什么情况下需要给路由设置别名呢？例如，在视图中使用地址为“/hello/123”的路由，示例代码如下。

```
<a href="/hello/123">hello</a>
```

如果视图中有很多处代码都使用了上述路由，当路由发生改变时，所有使用这个路由的代码都需要修改，会非常麻烦。此时，可以给路由“/hello/123”设置别名。设置路由别名后，当在其他地方用到这个路由地址的时候，可以不用书写原来的地址，而是通过别名来引用这个地址。

给路由设置别名需要调用 name()方法，具体语法格式如下。

```
Route::请求方式('请求 URI', 匿名函数或控制器相应的方法)->name('路由别名');
```

在上述语法格式中，在 name()方法中指定路由的别名。

下面给路由“/hello/123”设置别名，示例代码如下。

```
1 Route::get('/hello/123', function () {
2     return 'hello';
3 })->name('hello');
```

在上述代码中，给路由“/hello/123”设置别名“hello”。

设置别名后，在视图中就可以通过别名来引用这个地址。只要别名不变，无论路由地址怎么修改，都不会对视图代码造成影响。在视图中使用路由别名的示例代码如下。

```
<a href="{{ route('hello') }}">hello</a>
```

在上述代码中，“{{ route('hello') }}”是一种视图语法，用于根据路由别名输出路由地址。关于视图语法的具体使用，我们将在后面的内容中详细讲解，此处读者仅了解即可。

11.2.4 路由分组

为了方便路由的管理，我们可以对路由进行分组，对路由分组后，可以对成组的路由进行统一管理。

路由分组使用 Route::group()来实现，其基本语法格式如下。

```
Route::group(公共属性数组, 回调函数);
```

在上述语法格式中，公共属性数组用于指定同组路由的公共属性，如前缀（prefix）、中间件（middleware）等，其他公共属性可以参考 Laravel 官方文档。回调函数中的代码用于定义同组路由，当公共属性为前缀时，这些路由的地址都是剔除公共前缀之后的地址。

例如，路由文件中有如下路由。

```
/admin/login
/admin/logout
/admin/index
/admin/user/add
/admin/user/del
```

上述路由的共同点是，开头的地址都是“/admin/”。“/admin/”称为路由的前缀，通过前缀就可以对路由进行分组。

下面演示路由分组的实现，具体代码如下。

```
1 Route::group(['prefix' => 'admin'], function () {
2     Route::get('login', function () {
3         return '这里是/admin/login';
4     });
5     Route::get('logout', function () {
6         return '这里是/admin/logout';
7     });
8     Route::get('user/add', function () {
9         return '这里是/admin/user/add';
10    });
11 });
```

在上述示例代码中，在公共属性数组中指定路由的前缀是“admin”，回调函数中分别定义每个路由，定义路由的请求URI不需要再添加“admin”。

11.3 控制器

Laravel中的控制器主要用于接收用户的请求，调用模型处理数据，最后通过视图展示数据。本节将对控制器的使用进行详细讲解。

11.3.1 创建控制器

控制器文件的保存目录为app\Http\Controllers。控制器文件应包含命名空间的声明和引入，以及控制器类的定义。这些代码不容易记忆，且容易出错。为此，Laravel提供了自动生成控制器的命令，只需要记住这个命令，就可以自动生成控制器。

自动生成控制器的命令如下。

```
php artisan make:controller 目录名/控制器名
```

在上述命令中，php artisan表示使用Laravel提供的artisan工具；make:controller表示生成控制器，在后面书写控制器名。控制器是可以分目录管理的，不同模块的控制器保存在不同的目录下。控制器的名称采用大驼峰的形式，在控制器名称后面需要加上Controller后缀，例如“TestController”。

需要说明的是，“php”命令需要确保已经将PHP程序添加到环境变量中才可以使用。在Windows系统中通过安装向导安装Composer时，会自动添加环境变量。“php artisan”命令表示使用php执行当前目录下的一个文件名为“artisan”的PHP脚本文件。虽然该文件没有扩展名，但不影响php程序识别。

下面演示使用命令创建 TestController 控制器，具体步骤如下。

① 在命令提示符窗口中切换到 C:\web\www\laravel 目录，创建一个 TestController 控制器，具体命令如下。

```
php artisan make:controller TestController
```

上述命令执行后，会生成 app\Http\Controllers\TestController.php 文件。

② 使用编辑器打开 app\Http\Controllers\TestController.php 文件，具体代码如下。

```
1 <?php
2
3 namespace App\Http\Controllers;
4
5 use Illuminate\Http\Request;
6
7 class TestController extends Controller
8 {
9     //
10 }
```

在上述代码中，TestController 被放在了 App\Http\Controllers 命名空间下，该控制器继承了当前目录下的 Controller 控制器基类。第 5 行代码导入了 Request 类，该类用于接收用户的请求信息，具体会在后面的内容中讲解。

③ 创建一个 Admin/TestController 控制器，具体命令如下。

```
php artisan make:controller Admin/TestController
```

上述命令执行后，会生成 app\Http\Controllers\Admin\TestController.php 文件。

④ 使用编辑器打开 app\Http\Controllers\Admin\TestController.php 文件，具体代码如下。

```
1 <?php
2
3 namespace App\Http\Controllers\Admin;
4
5 use App\Http\Controllers\Controller;
6 use Illuminate\Http\Request;
7
8 class TestController extends Controller
9 {
10     //
11 }
```

在上述代码中，TestController 类的命名空间放在了 App\Http\Controllers\Admin 中。由于在该命名空间下没有 Controller 控制器基类，所以需要通过第 5 行代码将 Controller 控制器基类的命名空间引入。

11.3.2 控制器路由

控制器路由是路由的一种定义方式。前面我们讲解的路由定义是通过传入一个回调函数来处理请求，而控制器路由则是引入要使用的控制器的命名空间。指定控制器的方法来处理请求，只需将回调函数修改为“[控制器类名, 方法名]”的形式。

下面演示如何定义控制器路由，示例代码如下。

```
use App\Http\Controllers\Admin\TestController as AdminTestController;
Route::get('admin/test1', [AdminTestController::class,'test1']);
```

在上述代码中，引入了 TestController 控制器的命名空间并将该控制器重命名为 AdminTestController，回调函数中声明了调用 AdminTestController 类中的 test1()方法。

为了测试上述路由的效果，在 app\Http\Controllers\Admin\TestController.php 文件中编写 test1()方法，具体代码如下。

```
1 public function test1()
2 {
3     return '这是 test1()方法';
4 }
```

通过浏览器访问 http://www.laravel.test/admin/test1，可以看到页面中输出了“这是 test1()方法”。

11.3.3 接收用户输入

在控制器中，接收用户输入的方式主要有两种，一种是通过 Request 实例接收用户输入，另一种是通过路由参数接收用户输入。下面分别进行讲解。

1. 通过 Request 实例接收用户输入

Request 实例保存了当前 HTTP 请求的信息，通过它可以获取用户输入的数据。Request 实例提供了多个方法来获取用户输入和请求信息，常用的方法如下。

- query()方法：返回 URL 查询参数的关联数组。
- path()方法：获取请求路径信息。
- url()方法：获取请求的完整 URL。
- method()方法：获取请求的方式，如 GET、POST。
- has()方法：可以检查请求数据中是否存在指定的键名。
- all()方法：获取所有请求数据，以关联数组的形式返回。
- input()方法：获取特定的请求数据，该方法的第 1 个参数是键名；第 2 个参数是可选参数，用于设置参数的默认值。

在实现接收用户输入的数据时，一共分为 3 步。第 1 步是在文件中导入 Illuminate\Http\Request 命名空间，第 2 步是在方法中通过依赖注入获得$request 对象，第 3 步是调用$request 对象的方法获取用户输入的数据。

下面演示使用 input()方法接收用户输入，在 TestController 中演示 Request 实例的使用方法，具体代码如下。

```
1 <?php
2
3 namespace App\Http\Controllers;
4
5 use Illuminate\Http\Request;                     // 导入命名空间
6
7 class TestController extends Controller
8 {
9     public function input(Request $request)    // 依赖注入
10    {
11        $name = $request->input('name');        // 调用 input()方法获取数据
12        return 'name 的值为' . $name;
13    }
```

```
14 }
```

从上述代码可以看出，$request 对象就是 Request 实例，它是由框架自动创建的。第 9 行代码中的参数 Request $request 表示该方法依赖 Request 实例。框架在调用 input()方法前，会把已经创建好的 Request 实例自动传给 input()方法，然后就可以在 input()方法中通过形参 $request 来使用 Request 实例。

使用 Request 实例可以接收请求数据和路由参数，下面我们分别进行演示。

（1）接收请求数据

在路由中给 input()方法配置路由规则，具体代码如下。

```
use App\Http\Controllers\TestController;
Route::get('test/input', [TestController::class,'input']);
```

下面我们通过查询字符串的方式为 name 传入一个参数值“xiaoming”，具体 URL 如下。

```
http://www.laravel.test/test/input?name=xiaoming
```

在浏览器中访问该 URL，可以看到运行结果为“name 的值为 xiaoming”。

（2）接收路由参数

修改路由文件，在路由中匹配 name 参数，具体代码如下。

```
Route::get('test/input/{name}', [TestController::class,'input']);
```

修改 TestController 的 input()方法，具体代码如下。

```
1 public function input(Request $request)
2 {
3     $name = $request->name;
4     return 'name 的值为' . $name;
5 }
```

在 URL 中为 name 传递一个参数值 xiaoming，具体 URL 如下。

```
http://www.laravel.test/test/input/xiaoming
```

通过浏览器打开上述 URL 后，可以看到运行结果为“name 的值为 xiaoming”。

2. 通过路由参数接收用户输入

在定义路由规则时定义$name 参数，具体代码如下。

```
Route::get('test/input/{name}', [TestController::class,'input']);
```

在 input()方法中接收$name 参数，具体代码如下。

```
1 public function input($name)
2 {
3     return 'name 的值为' . $name;
4 }
```

在 URL 中为 name 传入参数值“xiaoming”，具体 URL 如下。

```
http://www.laravel.test/test/input/xiaoming
```

通过浏览器打开上述 URL 后，可以看到运行结果为“name 的值为 xiaoming”。

11.4 视图

在前面的开发中，为了输出程序的运行结果，通常是在控制器中使用 return 返回字符串。为了更好地输出一个 HTML 页面，我们可以利用视图来实现。本节将对视图进行详细讲解。

11.4.1　创建视图文件

视图文件保存在 resources\views 目录中，用户也可以在该目录下创建子目录，将不同模块的视图放在不同的子目录中。视图文件的名称以“.blade.php”或“.php”结尾，前者表示使用 Blade 模板引擎，后者表示不使用模板引擎。当使用 Blade 模板引擎时，可以在视图文件中使用模板语法，如{{ $title }}表示输出变量$title 的值，也可以使用 PHP 原生语法，如 <?php echo $title; ?>。如果不使用模板引擎，则只能使用 PHP 原生语法。另外，如果存在同名的“.blade.php”和“.php”文件，前者会被优先使用。

在控制器中加载视图文件使用 view()函数，在 view()函数中指定视图名称，视图名称的前面还可以添加路径。例如，将视图文件放在 home\test 子目录中，则有如下两种写法。

```
return view('home/test/show');          // 写法 1，用“/”分隔
return view('home.test.show');          // 写法 2，用“.”分隔
```

上述写法对应的视图文件路径为 resources\views\home\test\show.blade.php。

需要注意的是，如果需要在视图文件中引入静态资源（如 CSS 文件、JavaScript 文件、图片），则应将静态资源保存在项目的 public 目录下，因为该目录是站点的根目录。例如，将样式文件 style.css 保存到 public\css\style.css 中，在视图中应使用如下代码引入。

```
<link rel="stylesheet" href="/css/style.css">
```

下面演示视图文件的使用。创建视图文件后，在控制器中加载视图文件，具体步骤如下。

① 创建 resources\views\show.blade.php 文件，具体代码如下。

```
1  <!DOCTYPE html>
2  <html>
3    <head>
4      <meta charset="UTF-8">
5      <title>Document</title>
6    </head>
7    <body>
8      当前显示的视图文件是 show.blade.php
9    </body>
10 </html>
```

② 创建视图文件后，在 TestController 控制器中创建 show()方法，加载视图文件，具体代码如下。

```
1 public function show()
2 {
3     // 加载视图文件 resources\views\show.blade.php
4     return view('show');
5 }
```

在上述代码中，view()函数的参数表示视图名称，不需要传入文件扩展名。

③ 为了使 show()方法可以被访问，将该方法添加到路由，具体代码如下。

```
Route::get('test/show', [TestController::class, 'show']);
```

④ 通过浏览器访问，运行结果如图 11-5 所示。

图11-5　查看视图

11.4.2　向视图传递数据

在视图文件中并不能直接访问控制器中的变量，而是需要在控制器中为视图传递数据。使用 view()函数或 with()方法可以为视图传递数据，示例代码如下。

```
// 方式 1：通过 view()函数的第 2 个参数传数据
return view(视图文件, 数组);
// 方式 2：通过 with()方法传数据
return view(视图文件)->with(数组);
// 方式 3：通过连续调用 with()方法传数据
return view(视图文件)->with(名称, 值)->with(名称, 值)…
```

在上述代码中，前两种方式是传入数组，将数组中的键作为视图中的变量名，将数组中的值作为视图中的变量值；第 3 种方式是单独传每个变量。

下面演示如何在控制器中向视图传递数据，具体步骤如下。

① 在 TestController 的 show()方法中准备一个数组，将其传给视图，具体代码如下。

```
1 public function show()
2 {
3     $data = [
4         'content' => '文本内容'
5     ];
6     return view('show', $data);
7 }
```

在上述代码中，$data 数组中的每个元素对应视图中的每个变量。

② 修改 resources\views\show.blade.php 视图文件，输出$content 的值，具体代码如下。

```
1 <body>
2   {{ $content }}
3 </body>
```

③ 通过浏览器访问，可以看到页面中显示的结果为“文本内容”。

另外，读者也可以尝试将代码换成用 with()函数来实现，具体代码如下。

```
return view('show')->with('content', '文本内容');
```

多学一招：compact()函数

compact()是 PHP 的内置函数，经常会在 Laravel 中用到。compact()函数用于将多个变量打包成一个数组，其参数数量表示要打包的变量名，个数不固定，返回的结果是打包后的数组。下面通过代码演示 compact()函数的使用，具体代码如下。

```
1 public function show()
2 {
3     $content = '文本内容';
4     $arr = [1, 2];
5     $data = compact('content', 'arr');
```

```
6     return view('show', $data);
7 }
```

在上述代码中，第 5 行表示将变量$content 和$arr 打包成一个数组，将变量名 content 和 arr 作为数组中的键名。

在视图文件中输出变量，具体代码如下。

```
1 <body>
2   <p>{{ $content }}</p>
3   <p>{{ implode(',', $arr) }}</p>
4 </body>
```

11.4.3　遍历操作

在视图中输出数组时，需要对数组进行遍历，此时可以使用“@foreach”模板语法来实现。该语法类似 PHP 中的 foreach 语句，具体语法格式如下。

```
@foreach ($variable as $key => $value)
  循环体
@foreach
```

在上述语法格式中，$variable 表示待遍历的数组，$key 表示每个元素的键名，$value 表示每个元素的值。其中，$key 和$value 的变量名可以自定义。如果不需要访问数组的键名，可以省略“$key =>”。

下面使用“@foreach”模板语法遍历数组，在 TestController 的 show()方法中定义$data 数组，将数组发送给视图，具体代码如下。

```
1 public function show()
2 {
3     $data = array(
4         (object)['id' => 1, 'name' => 'Tom'],
5         (object)['id' => 2, 'name' => 'Jack'],
6         (object)['id' => 3, 'name' => 'Lisa']
7     );
8     return view('show', ['data' => $data]);
9 }
```

在上述代码中，第 4～6 行代码使用“(object)”将数据转换成对象，以便在视图中以访问对象属性的方式输出数据。

在视图文件中遍历$data 数组，输出每条记录的值，具体代码如下。

```
1 <body>
2   <h1>遍历操作</h1>
3   @foreach ($data as $v)
4     {{ $v->id }} - {{ $v->name }} <br>
5   @endforeach
6 </body>
```

通过浏览器访问，即可看到$data 数组中的所有数据以“id – name”的形式展示。

11.4.4　判断操作

在视图文件中还可以使用“@if”模板语法进行判断操作。该语法类似 PHP 中的 if 语句，具体语法格式如下。

```
@if (条件表达式 1)
```

```
  语句 1
@elseif （条件表达式 2）
  语句 2
@elseif （条件表达式 3）
  语句 3
……
@else
  以上条件都不满足时执行的语句
@endif
```

在上述语法格式中，当不需要@elseif、@else 时，可以省略它们。

下面演示使用“@if”模板语法判断数据。在 TestController 的 show()方法中使用 date()函数获取当前是星期几，将获取结果传给视图，具体代码如下。

```
1 public function show()
2 {
3     $week = date('N');    // 获取今天是星期几（1～7）
4     return view('show', ['week' => $week]);
5 }
```

在视图文件中根据$week 的值显示不同的结果，具体代码如下。

```
1 <body>
2   今天是：
3   @if ($week == 1)
4     星期一
5   @elseif ($week == 2)
6     星期二
7   ……（此处读者可以添加更多判断）
8   @elseif ($week == 7)
9     星期日
10  @endif
11 </body>
```

通过浏览器访问，页面中会显示当前的日期是星期几。

11.4.5　模板继承

在一个网站中，通常会有很多相似的页面，这就意味着这些相似的页面需要编写重复的代码。为了让重复的页面代码只写一次，可以利用模板继承来实现。

模板继承是指将一个完整页面中的公共部分放在父页面中，将不同的部分放在不同的子页面中，子页面通过继承父页面来获得完整的页面，如图 11-6 所示。

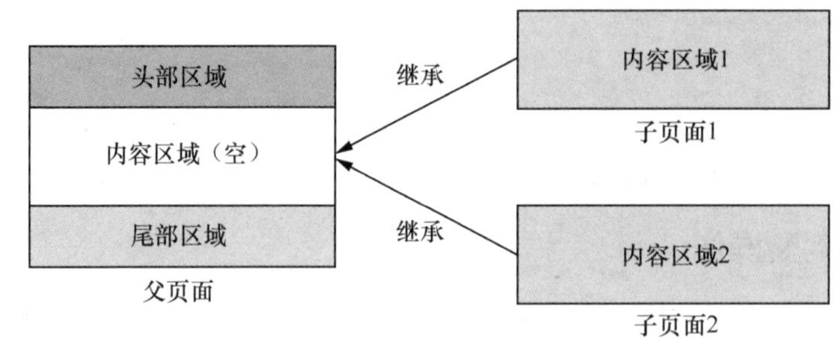

图11-6　模板继承示意图

在图 11-6 中，父页面的头部区域和尾部区域是页面中的公共部分，由于每个页面的内容区域不同，所以内容区域被拆分到多个子页面中。

为了实现模板继承，需要先在父页面中使用@yield 定义占位符，然后在继承父页面的子页面中填充内容。当子页面需要显示父页面中的公共部分时，会从父页面继承这些公共部分，从而得到完整的页面。

@yield 的语法格式如下。

```
@yield('区块名称')
```

子页面继承父页面的语法格式如下。

```
@extends('需要继承的父页面')
@section('区块名称')
  区块内容
@endsection
```

在上述语法格式中，“需要继承的父页面”的写法类似控制器中的 view()函数的写法，值为父页面的文件名，“区块名称”对应父页面中的区块名称。

在理解了模板继承的概念后，下面通过具体操作演示如何实现模板继承，具体步骤如下。

① 创建父页面文件 resources\views\parent.blade.php，具体代码如下。

```
1 <!DOCTYPE html>
2 <html>
3   <head>
4     <meta charset="UTF-8">
5     <title>Document</title>
6   </head>
7   <body>
8     <header>头部区域</header>
9     <div>
10      @yield('content')
11    </div>
12    <footer>尾部区域</footer>
13  </body>
14 </html>
```

在上述代码中，第 10 行代码的@yield()用于在父页面中定义一个区块，其参数是区块的名称，表示将子页面中对应的内容显示在此区块中。

② 创建子页面文件 resources\views\child.blade.php，具体代码如下。

```
1 @extends('parent')
2 @section('content')
3   <section>区块内容</section>
4 @endsection
```

在上述代码中，parent 表示 resources\views\parent.blade.php 文件，content 对应父页面中的区块名称。

③ 在 TestController 的 show()方法中通过 view()函数加载子页面，具体代码如下。

```
1 public function show()
2 {
3     return view('child');
4 }
```

④ 通过浏览器访问，运行结果如图 11-7 所示。

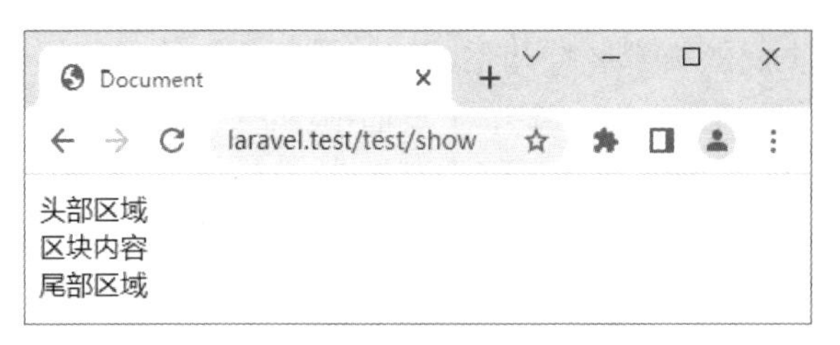

图11-7　模板继承页面效果

⑤ 查看网页源代码，可以看到子页面和父页面已经合并在一起，如图 11-8 所示。

```
view-source:www.laravel.test/
不安全 | view-source:www.larav...
自动换行
1  <!DOCTYPE html>
2  <html>
3    <head>
4      <meta charset="UTF-8">
5      <title>Document</title>
6    </head>
7    <body>
8      <header>头部区域</header>
9      <div>
10         <section>区块内容</section>
11     </div>
12     <footer>尾部区域</footer>
13   </body>
14 </html>
15
```

图11-8　模板继承页面的网页源代码

11.4.6　模板包含

模板包含的思路与模板继承正好相反，它是把多个页面中相同的部分抽取到子页面中，然后通过@include()将公共部分包含进来，得到完整的页面，如图 11-9 所示。

在图 11-9 中，主页面只有内容区域中有内容，头部区域和尾部区域的内容被拆分到两个子页面中。当主页面需要显示子页面时，会从主页面中包含子页面。

模板包含使用@include()实现，其参数是模板文件的名称。下面通过具体操作演示如何实现模板包含，具体步骤如下。

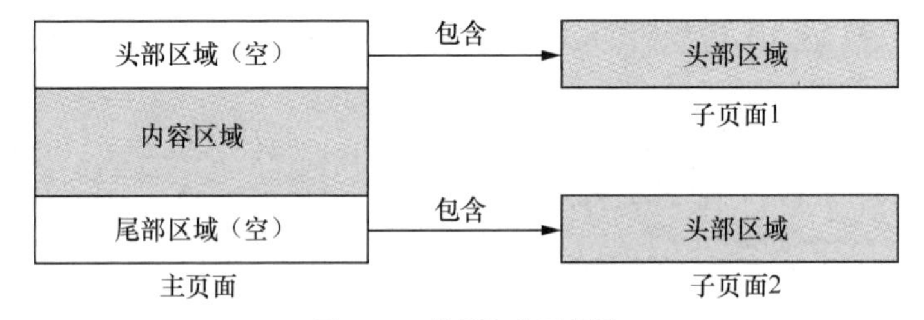

图11-9　模板包含示意图

① 创建主页面文件 resources\views\main.blade.php，具体代码如下。

```
1 <!DOCTYPE html>
2 <html>
3   <head>
4     <meta charset="UTF-8">
5     <title>Document</title>
6   </head>
7   <body>
```

```
8      @include('header')
9      <div>内容区域</div>
10     @include('footer')
11   </body>
12 </html>
```

在上述代码中，第 8 行和第 10 行代码使用@include()实现模板包含。

② 创建头部区域文件 resources\views\header.blade.php，具体代码如下。

```
<header>头部区域</header>
```

③ 创建尾部区域文件 resources\views\footer.blade.php，具体代码如下。

```
<footer>尾部区域</footer>
```

④ 在 TestController 的 show()方法中通过 view()加载主页面，具体代码如下。

```
1 public function show()
2 {
3     return view('main');
4 }
```

⑤ 通过浏览器访问，运行结果如图 11-10 所示。

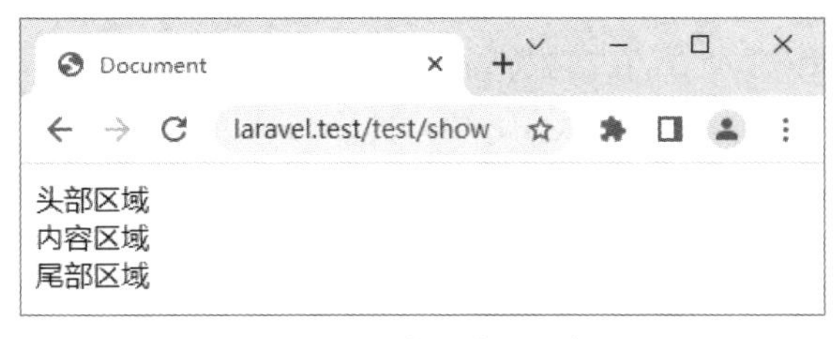

图11-10　模板包含页面效果

11.5 模型

Laravel 框架内置了一个名称为 Eloquent 的模型组件，用于实现 ORM（对象关系映射）。ORM 可以简单理解为将数据表（关系）映射为对象，通过表的对象对表进行操作。从代码层面来说，Eloquent 采用了目前在大部分框架中非常流行的 Active Record（活动记录）模式，实现了一种简单、美观的数据库操作方式。本节将对 Eloquent 模型的使用进行详细讲解。

11.5.1 定义模型

在 Laravel 中，每张数据表都对应一个模型。利用模型可以实现对数据表数据的查询、添加、修改、删除等操作。模型文件默认保存在 app\Models 目录下，文件命名形式为“表名（首字母大写）.php”，如 Student.php、User.php。

使用 php artisan 命令可以自动创建模型，具体命令如下。

```
php artisan make:model 模型名
```

例如，为数据库中的 student 表创建一个 Student 模型，可以执行如下命令。

```
php artisan make:model Student
```

上述命令执行后，会自动创建 app\Models\Student.php 文件，该文件的代码如下。

```
1 <?php
2 
3 namespace App\Models;
```

```
4
5 use Illuminate\Database\Eloquent\Factories\HasFactory;
6 use Illuminate\Database\Eloquent\Model;
7
8 class Student extends Model
9 {
10    use HasFactory;
11 }
```

在默认情况下，Laravel 会自动将 Student 模型名转换为表名，并使用复数形式，即 students。如果数据表的名称没有使用复数形式，需要在模型类中使用$table 属性指定表名，示例代码如下。

```
1 class Student extends Model
2 {
3    protected $table = 'student';
4 }
```

需要注意的是，上述指定的表名，是不包含前缀的表名。这里所说的前缀是指在配置文件 config\database.php 中通过 prefix 为数据表添加前缀，默认不添加前缀。如果将 prefix 设为 pre_，则 Student 模型对应的表名为 pre_student。

在模型类中还可以添加其他可选的属性，具体属性说明如下。

- $primaryKey：用于设置主键的名称，默认值为 id。由于模型的一些方法需要通过主键才能实现，如果主键名称有误，会导致程序出错。
- $timestamps：是否自动维护时间戳，默认为 true。当设为 true 时，模型会自动维护表中的 created_at（创建时间）和 updated_at（更新时间）字段。
- $fillable：表示允许某些字段可以被添加或修改，格式为一维数组形式。当使用模型的 create()方法添加数据时，需要在$fillable 数组中填写字段。
- $guarded：表示禁止某些字段被添加或修改，与$fillable 只能二选一。

由于$timestamps 属性默认是开启的，我们需要为 student 表添加 created_at 和 updated_at 字段。添加这两个字段的具体 SQL 语句如下。

```
ALTER TABLE student ADD created_at TIMESTAMP NULL DEFAULT NULL;
ALTER TABLE student ADD updated_at TIMESTAMP NULL DEFAULT NULL;
```

如果不想添加这两个字段，也可以在模型类中关闭自动维护时间戳，具体代码如下。

```
public $timestamps = false;
```

11.5.2 在控制器中使用模型

模型的使用方式有两种，一种是静态调用，另一种是实例化模型，具体代码如下。

```
// 方式 1：静态调用
Student::get();
// 方式 2：实例化模型
$student = new Student();
$student->get();
```

对于上述两种方式，如果只使用模型类的内置方法，则无须实例化模型，使用方式 1 更加简单；而如果需要用到必须实例化才能使用的方法，则应使用方式 2。

为了在控制器中使用模型，需要先在控制器文件中引入模型的命名空间。例如，在控制器中引入 Student 模型类的命名空间，示例代码如下。

```
use App\Models\Student;
```

添加上述代码后，就可以在控制器中使用 Student 模型了。

为了保证能够在控制器中通过模型访问数据库，需要修改.env 文件中的数据库相关的配置，具体配置如下。

```
DB_CONNECTION=mysql
DB_HOST=127.0.0.1
DB_PORT=3306
DB_DATABASE=myframe
DB_USERNAME=root
DB_PASSWORD=123456
```

上述配置用于设置数据库的连接信息，DB_CONNECTION 表示连接 MySQL 数据库，DB_HOST 设置为 127.0.0.1 表示连接本地的数据库，DB_PORT=3306 表示端口号是 3306，DB_DATABASE=myframe 表示连接数据库 myframe，DB_USERNAME=root 表示连接 MySQL 数据库的用户名是 root，DB_PASSWORD=123456 表示连接 MySQL 数据库的密码是 123456。

11.5.3　利用模型添加数据

利用模型添加数据时，需要先为模型设置数据。为模型设置数据后调用 save()方法即可添加数据。为模型设置数据有 3 种方式，下面分别进行讲解。

1. 为模型的属性赋值

实例化模型后，可以直接给模型对象的属性赋值。模型的属性与数据表中的字段对应。赋值完成后调用 save()方法即可添加数据，示例代码如下。

```
1  $student = new Student();
2  $student->name = 'save';
3  $student->age = '20';
4  dump($student->save());        // 添加数据
5  dump($student->id);            // 获取自动增长 id
```

上述代码执行后，会看到 save()方法的返回值为 true，并且在 student 表中可以查询到新添加的数据。

2. 使用模型的 fill()方法填充数据

fill()方法用于以数组的方式为模型填充数据，数组的键名对应数据表中的字段名。在使用 fill()方法前，需要先在模型类中定义允许填充的字段，示例代码如下。

```
protected $fillable = ['name', 'gender'];
```

通过 fill()方法填充数据，并调用 save()方法添加数据，示例代码如下。

```
1  $data = ['name' => 'fill', 'gender' => '女'];
2  $student = new Student();
3  $student->fill($data);
4  $student->save();
```

3. 使用 create()方法创建模型并填充数据

create()方法是模型类的静态方法，它可以在创建模型的同时为模型填充数据。在使用 create()方法前，同样也需要在模型类中定义允许填充的字段，示例代码如下。

```
protected $fillable = ['name', 'gender'];
```

创建模型并填充数据，最后将数据保存，示例代码如下。

```
1  $data = ['name' => 'tom', 'gender' => '男'];
2  $student = Student::create($data);
```

```
3 $student->save();
```

11.5.4 利用模型查询数据

利用模型查询数据，有 3 个常用的方法，分别是 find()方法、get()方法和 all()方法。下面我们分别进行讲解。

1. find()方法

find()方法用于通过主键查找数据库中的记录，语法格式如下。

```
$查询结果 = 模型名::find($id);
```

在上述语法格式中，find()方法中的$id 表示数据表中的主键，即 id 值。当需要一次查询多个 id 的数据时，可以传入多个 id 组成的数组。find()方法的返回值是模型对象，如果需要将其转换为数组，可以通过调用模型对象的 toArray()方法来实现。如果 find()方法没有找到记录，则返回 null。

需要注意的是，find()方法只能根据模型的主键查找。如果想要使用其他字段查找数据，可以在 find()方法前使用 where()方法，where()的第 1 个参数是要查询的字段名，第 2 个参数是查询条件。如果想要指定查询的字段信息，可以使用 select()方法。

模型的 find()方法用于根据主键查询记录，如果不存在则返回 null，示例代码如下。

```
1 // 查询主键为 4 的记录，返回模型对象
2 $student = Student::find(4);
3 dump($student->name);          // 获取 name 字段的值
4 dump($student->toArray());     // 将模型对象转换为数组
5 // 添加查询条件，返回 name 和 gender 字段
6 $student = Student::where('name', 'tom')->select('name', 'gender')->find(1);
7 dump($student);
8 // 查询主键为 1、2、3 的记录，返回对象集合
9 $students = Student::find([1, 2, 3]);
10 dump($students);
```

在上述代码中，第 2 行代码用于查询主键为 4 的记录，相当于 WHERE id = 4，返回的结果是 Student 模型的实例对象，通过对象的属性可以访问字段的值；第 3 行代码使用 dump()方法输出查询的结果；第 6 行代码在 find()方法前调用 where()方法，查询 name 值为 tom 的数据，调用 select()方法指定查询的字段为 name 和 gender；第 9 行代码用于一次性查询 id 为 1、2、3 的记录，返回的结果是对象集合，可以用 foreach 来遍历这个集合。

2. get()方法

模型的 get()方法返回的结果是对象集合，示例代码如下。

```
1 $students = Student::where('id', '1')->get();
2 dump(get_class($students[0]));    // 输出结果："App\Models\Student"
```

在上述代码中，使用 get_class()函数获取一个对象的类名。从输出结果可以看出，获取到的是 App\Models\Student 类对象。

3. all()方法

模型的 all()方法用于查询表中所有的记录，返回模型对象集合，示例代码如下。

```
1 // 查询所有记录，返回对象集合
2 $students = Student::all();
3 dump($students);
4 // 查询所有记录的 name 和 age 字段，返回对象集合
5 $students = Student::all(['name', 'gender']);
```

```
6 dump($students);
```

需要注意的是，在 all()方法的前面不能调用 where()、select()等查询方法。

11.5.5　利用模型修改数据

利用模型修改数据有两种方式，一种是先查询数据，再保存数据，使用 save()方法实现；另一种是直接修改数据，使用 update()方法实现。

save()方法既可以实现添加数据，又可以实现修改数据。添加数据时，首先创建模型实例，此时的模型实例的主键值为空，设置属性的值后调用 save()方法添加数据；修改数据时，使用 find()方法根据 id 获取要修改数据的模型对象，此时模型对象的主键值不为空，修改模型对象的属性值后调用 save()方法即可。

下面演示使用 save()方法和 update()方法修改数据，示例代码如下。

```
1  // 方式 1：先查询后保存
2  $student = Student::find(5);
3  if ($student) {
4      $student->name = 'test';
5      $student->email = 'test@laravel.test';
6      $student->save();
7  } else {
8      dump('修改失败：记录不存在');
9  }
10 // 方式 2：直接修改
11 Student::where('id', 7)->update(['name' => 'test', 'gender' => '女']);
```

在上述代码中，第 2 行代码用于查询 id 为 5 的记录，查询后，判断该记录是否存在。如果存在，则执行第 4～6 行代码，完成修改操作；如果不存在，则执行第 8 行代码报错。第 11 行代码用于直接修改 id 为 7 的记录的 name 和 gender 的值。

11.5.6　利用模型删除数据

使用模型的 delete()方法可以删除数据。利用模型删除数据也有两种方式，一种是先查询后删除，另一种是直接删除。如果需要在删除前进行一些操作，则推荐使用先查询后删除的方式。利用模型删除数据的示例代码如下。

```
1  // 方式 1：先查询后删除
2  $student = Student::find(5);
3  if ($student) {
4      $student->delete();
5  } else {
6      dump('删除失败：记录不存在');
7  }
8  // 方式 2：直接删除
9  $data = Student::where('id', 8)->delete();
10 dump($data);
```

在上述代码中，第 2 行代码用于查询 id 为 5 的记录，查询后，判断该记录是否存在。如果存在，则执行第 4 行代码，完成删除操作；如果不存在，则执行第 6 行代码报错。第 9 行代码用于直接删除 id 为 8 的记录。

本章小结

本章对 Laravel 框架的基础内容进行了讲解，主要包括创建 laravel 项目和 laravel 目录结构以及介绍路由、控制器、视图和模型等内容。通过对本章的学习，读者应掌握 Laravel 框架的基本使用方法，并尝试将第 10 章使用自定义框架实现的内容管理系统换成使用 Laravel 框架来实现，从而积累 Laravel 框架的开发经验。

课后练习

一、填空题

1. Laravel 框架中的相关配置文件保存在________。
2. Laravel 框架中的控制器文件保存在________。
3. 给路由设置别名通过调用________方法来实现。
4. 框架中视图文件的扩展名为________。
5. 使用________函数实现路由分组。

二、判断题

1. Laravel 框架中只能给 get 和 post 请求定义路由。（　　）
2. 使用 Laravel 提供的 artisan 工具可以快速创建控制器。（　　）
3. 在视图中使用<if>语句进行条件判断。（　　）
4. 模板继承是把页面相同的部分抽取到子页面，将公共部分包含进来，得到完整的页面。（　　）
5. Laravel 框架中可以通过数组定义路由。（　　）

三、选择题

1. 下列关于 Laravel 框架的说法，错误的是（　　）。

A. Laravel 是基于 MVC 设计模式的免费开源"PHP 框架"
B. Laravel 采用单一入口和 MVC 的设计思想
C. Laravel 根据 URL 找到控制器和操作进行访问
D. Laravel 可以通过 Composer 进行安装

2. 以下关于使用 Laravel 10 框架的描述，错误的是（　　）。

A. 要求 PHP 版本必须大于等于 8.0
B. 采用 Eloquent ORM 和 Active Record 模式
C. 内置命令行工具 artisan，用于创建代码框架
D. 提高了代码重用性，可轻松创建具有动态内容的布局

3. 下列关于视图中语法使用的描述，错误的是（　　）。

A. @foreach 实现变量遍历
B. @if 实现页面判断
C. 使用 compact()函数打包向页面发送的变量
D. @extends 实现页面包含

4. Laravel 框架中，用于生成控制器的命令是（　　）。
A. php artisan make:controller TestController
B. php artisan create:controller TestController
C. php artisan make:controller Test
D. php make:controller TestController

四、简答题

1. 请简述什么是 Laravel 框架。
2. 请简述利用 Laravel 的模型添加数据、查询数据、修改数据和删除数据的常用方法。

五、程序题

创建 user 数据表，使用模型完成对该表的增、删、改、查操作。